工程材料丛书

军队"双重"建设教材

装备材料失效分析

主　编　胡会娥　李国明

副主编　陈　珊　迟钧瀚

科　学　出　版　社

北　京

内 容 简 介

全书系统介绍装备材料失效分析的思路及程序、基本理论与技术、常见的失效形式及典型的失效分析案例。第1~3章阐明失效及失效分析的内涵，从方法论的层面介绍失效分析的思路及程序，并介绍各种失效分析技术和方法及其选用原则；第4~7章从宏观现象、微观特征、失效原因、分析方法、预防措施等多方面介绍常见的装备材料失效形式，包括断裂、疲劳、腐蚀、磨损等；第8章汇总各种失效分析案例。本书力求理论与实践相结合，有利于指导读者开展实际的失效分析。

本书可作为普通高等学校材料专业教材，也可作为装备维修、管理、建造与质检岗位相关人员的辅助教材，以及相关工程技术人员的参考资料。

图书在版编目（CIP）数据

装备材料失效分析/胡会娥，李国明主编. —北京：科学出版社，2023.11
（工程材料丛书）
军队"双重"建设教材
ISBN 978-7-03-074705-1

Ⅰ.① 装…　Ⅱ.① 胡…　②李…　Ⅲ.① 工程材料-失效分析-教材
Ⅳ.① TB3

中国国家版本馆 CIP 数据核字（2023）第 018603 号

责任编辑：王　晶/责任校对：高　嵘
责任印制：彭　超/封面设计：苏　波

科 学 出 版 社 出版
北京东黄城根北街 16 号
邮政编码：100717
http://www.sciencep.com

武汉市首壹印务有限公司印刷
科学出版社发行　各地新华书店经销
*
开本：787×1092　1/16
2023 年 11 月第 一 版　印张：13 1/4
2023 年 11 月第一次印刷　字数：308 000
定价：**89.00** 元
（如有印装质量问题，我社负责调换）

前　言

随着装备技术快速发展，复杂性不断提升，且面临的环境更加复杂多变，装备及设施发生失效的可能性逐渐增加，相应的影响也日益显著。如船体结构断裂和穿孔、发动机曲轴磨损、轴承材料失效、海水管路腐蚀穿孔等问题时有发生。又如，舰载机及相应的辅助机构系统结构复杂、服役环境苛刻，一旦发生失效则可能危及整个航母平台的运作。在此背景下，失效事故的快速诊断对提高装备的建造、维护和服役性能显得极为重要。装备的维修、管理、建造与质检岗位相关人员应具有正确判断失效模式、确定失效原因、制定预防失效措施的基本知识。

本书系统阐述装备材料失效分析的思路及程序、基本理论与技术、常见的失效形式及典型的失效分析案例。主要特点是强调理论与实践相结合，案例丰富，便于读者建立失效分析的逻辑思维，掌握失效分析的基本程序，有利于指导读者开展实际的失效分析。

本书由胡会娥、李国明任主编，陈珊和迟钧瀚任副主编。第 1 章和第 8 章由迟钧瀚编写；第 2 章和第 7 章由陈珊编写；第 3 章和第 4 章由胡会娥编写；第 5 章和第 6 章由李国明编写。全书由胡会娥负责统稿，迟钧瀚负责校订。海军工程大学孔小东教授审阅了书稿，在此表示衷心感谢。同时，书中引用并参考了部分教材和资料，在此一并表示感谢。

由于编者水平有限，书中难免存在不足之处，恳请专家、读者批评指正，以便在后期及时修改。

作　者

2022 年 9 月

目　录

第 **1** 章 概 论

1.1 失效与失效分析

1.1.1 失效

机械零部件、微电子元件和仪器仪表等各种材料形成的构件（工程上也习惯称为零件）都具有一定的功能，承担各种各样的工作任务，如承担载荷、传递能量、完成各种规定动作等。当这些零件失去它应有的功能时，称该零件失效。传统的零件失效多指金属零件失效，即由名义上各向同性材料制成的零件失效。

零件失效即失去其原有功能，包括下面三种情况。

（1）零件由于断裂、腐蚀、磨损、变形等完全丧失其原有功能。

（2）零件在外部环境作用下，部分失去其原有功能。虽然能够工作，但不能完成规定功能，如磨损导致尺寸超差等。

（3）零件虽然能够工作，也能完成规定功能，但若继续使用，不能确保安全可靠性。如经过长期高温运行的压力容器及其管道，其内部组织已经发生变化，当达到一定的运行时间时，继续使用就存在开裂的可能。

失效（failure）在英文中意指达不到预期的或需要的功能，按词义可译为"失灵""失事""故障""不足"等。在国内有时俗称"损坏""事故"等。上述名词的含义有许多相似之处，常常混用。为防止混乱，在 1980 年 12 月召开的中国机械工程学会机械产品失效分析讨论会上，我国学者正式将其确定为"失效"。

应特别指出，"失效"与"事故"是两个不同的概念，必须加以区别。"事故"是一种后果，它可能是由"失效"引起的，也可能是其他原因造成的。

1.1.2 失效分析

失效分析通常指为寻找失效原因和预防措施所进行的一切技术活动，即研究失效现象的特征和规律，从而找出失效的模式和原因。同时，失效分析又是一门综合性的质量系统工程，是解决材料、工程结构、系统组元等质量问题的工程学。它的任务是既要揭示产品功能失效的模式和原因，弄清失效的机理和规律，又要找出纠正和预防失效的措施。

按照失效分析工作进行的时序和主要目的，失效分析可分为事前分析、事中分析和事后分析。

事前分析主要采用逻辑思维方法（如故障树分析法、事件时序树分析法和特征-因素图分析法等），主要目的是预防失效事件的发生。

事中分析主要采用故障诊断与状态监测技术，用于防止运行中的设备发生故障。

事后分析是采用实验检测技术与方法，找出某个系统或零件失效的原因。

通常所说的失效分析指事后分析，本书介绍的内容也侧重于事后分析。实际上，事前分析和事中分析都是在事后分析积累的大量统计资料的基础上进行的。

失效分析学（失效学）是人类长期生产实践的总结，与其他学科相比，有两个显著的特点：一是实用性强，有很强的生产使用背景，与国民经济建设存在密切关系。二是综合性强，涉及多个学科领域和技术部门。

应指出，失效分析与生产现场所进行的废品分析在所涉及的专业知识、采用的思想方法及分析手段等方面，有许多共同之处。但是，两者在分析的对象、分析的目的及判断是非的依据等方面是不同的。

失效分析的对象是在使用中发生失效的产品。这些产品通常是经过出厂检验合格的，即符合技术标准要求的产品（在个别情况下也有漏检的废品）。分析的主要目的是寻找失效原因。漏检和技术标准不合理都可能是失效的原因，如果属于后者，则应对技术标准进行修改。

废品分析的对象是不符合技术标准的产品或半成品。它所讨论的问题是产品或半成品为什么不符合技术标准的要求。至于产品的技术标准是否正确则不属于废品分析要解决的问题。

在失效分析时应将两者区分开来。例如，在分析某零件发生断裂的原因时，不能简单地根据该产品的某项技术指标不符合标准要求，就作为判断失效原因的依据。

例 1-1　模数为 7 的传动齿轮，采用 20CrMnTi 钢制造，经渗碳淬火并低温回火处理。技术要求是：渗碳层的硬度 58～63 HRC[①]，心部硬度 32～48 HRC，马氏体及残余奥氏体≤4 级，渗碳层深度为 1.3～1.5 mm。该齿轮在使用中发生断齿失效，试分析断齿原因。

分析一　按技术要求对该齿轮进行常规检查，其结果是：渗碳层硬度为 62 HRC，心部硬度为 42 HRC，马氏体及残余奥氏体为 3 级，均符合要求，但渗碳层深度为 1.1 mm，不符合技术要求。对于这个齿轮，如果在出厂前发现渗碳层深度低于技术要求而判为不合格品，这是无可非议的。但是现在要处理的问题是齿轮为什么发生断齿，那就不能简单地认定是渗碳层深度不足而引起的。

分析二　按失效分析的观点，在进行上述常规检查后应进一步分析。分析表明，断口为宏观脆性断裂（掉下的齿形呈凸透镜状），众多初裂纹源于表面加工缺陷处，经快速扩展后引起断裂，属过载类型的宏观脆性断裂。根据上述分析，该齿轮断齿失效是由齿根加工质量不良产生的严重应力集中引起的。其改进措施应是提高齿根的加工质量，减少应力集中及防止过载。实践证明这一分析结论是正确的。按照分析一的观点，如果增

①HRC 是采用 150 kg 载荷和 120° 金刚石锥压入器求得的硬度，用于硬度极高的材料。

加渗碳层的深度至 1.3～1.5 mm，虽然符合技术要求，但由于渗碳层的脆性进一步加大，这不但解决不了此类断齿问题，而且会增加此类断齿的危险性。

同样，失效分析所进行的研究工作也不能等同于某一学科某一问题的实验研究和理论分析。失效分析研究工作侧重点在于一个零件所发生的具体失效原因和失效过程，具有很强的工程针对性和实时性；而一般的实验研究目的带有一定的普遍性。普遍性的研究可以作为失效分析的理论基础，而失效分析又可以成为理论研究的出发点，两者既有区别，又相互联系，相互促进。例如，一个零件发生脆性断裂，初步分析有回火脆性的可能。失效分析的过程就是确定该零件所用材料的回火脆性特点和零件的回火工艺，是否具备回火脆性断裂的特征和条件，同时要考察零件的加工、安装、使用历史，从而得出结论。而同一种材料的回火脆性特性的研究则可以不考虑加工、使用等因素，可以在实验室条件下揭示材料发生回火脆性的本质和条件以及影响因素。

1.2　失效分析的意义

1.2.1　失效分析的经济特性

产品发生失效后，往往造成整机的破坏甚至整个企业的生产停顿，由此将造成更大的间接损失。一次重大的失效可能导致一场灾难性的事故，而通过失效分析，可以避免和预防类似失效，从而提高设备安全性。设备的安全性是一个大问题，从航空航天器到电子仪表，从电站设备到旅游娱乐设施，从大型压力容器到家用液化气罐，都存在失效的可能性。通过失效分析确定失效的可能因素和环节，从而有针对性地采取防范措施，可起到事半功倍的效果。例如，对于一些高压气瓶，通过断裂力学分析可知，要保证气瓶不发生脆性断裂（突发性断裂），必须提高其断裂韧度，通常采用高安全设计来确定构件尺寸。这样，即使发生开裂，在裂纹穿透瓶壁之前，不发生突然断裂。容器泄漏后，易于发现，不至于酿成灾难性事故。

由此可知，产品的失效，不仅会造成巨大的直接经济损失，同时会造成间接的经济损失及人员伤亡。比如重大工程构件的失效、许多量大面广但不被人们注意的小型零件的失效等。但是，无论是哪种类型的失效，通过失效分析，明确失效模式，找出失效原因，采取改正或预防措施，使同类失效不再发生，或者把产品的失效限制在预先规定的范围内，都可以挽回巨额的经济损失，并可获得良好的社会效益。

1.2.2　失效分析的质量特性

有些产品在使用中之所以会失效，常常是由于产品本身有缺陷，而这些缺陷在多数情况下出厂前是可以通过相应的检查手段发现的。如果因出厂漏检而进入市场，这表明工厂的检验制度不够完善或者检验的技术水平不够高。

产品在使用中发生的早期失效，有相当大的部分是因为产品的质量有问题。通过失效分析，将其失效原因反馈到生产厂并采取相应措施，将有助于产品质量的不断提高。这一工作是失效分析和预防技术研究的重要目的和内容。

有些产品在加工制造中留下较大的加工刀痕或热处理工艺控制不当形成不良组织，在以后的服役过程中，裂纹源就在此处产生，从而导致早期断裂。例如，某发电厂使用的灰浆泵，在一年内连续出现灰浆泵主轴断裂，最严重时，一根主轴的使用时间不到24 h，经分析，主轴均为疲劳断裂，是表面加工刀痕过大引起的。某小型艇的传动连杆热处理过程中在连杆表面形成粗大的马氏体针状组织，导致其在使用过程中过早断裂。

通过失效分析，切实找出导致构件失效的原因，从而提出相应的有效措施，提高产品的质量和可靠性。如某坦克厂生产的扭力轴，长期存在疲劳寿命不高的质量问题。该厂曾多次改进热处理工艺及滚压强化措施但未能得到显著效果。后来利用失效分析技术，发现疲劳寿命不高的主要原因是钢中存在过量的非金属夹杂物，将此信息反馈冶金厂，通过提高冶金质量，使扭力轴的疲劳寿命由原来的10万次左右提高到50万次以上。某碱厂购进的40Cr钢活塞杆在试车时就发生断裂，经过对断裂进行失效分析，提出了改进热处理工艺的措施。改进后的活塞杆使用近一年没有出现任何问题。

在材料的研究过程中，由于钢材中过量氢的存在而引起的氢脆，促使真空冶炼和真空浇注技术的出现，大大提高了钢材的冶金质量。不锈钢的晶间腐蚀断裂，可以通过降低钢中的碳含量或利用加钛和铌来稳定碳的办法予以解决。这些措施的提出是由失效分析发现，不锈钢的晶间腐蚀是由碳化物沿晶界析出引起的。

由于失效分析是对产品在实际使用中的质量与可靠性的客观考察，由此得出的正确结论用以指导生产和质量管理，将产生改进和革新的效果，企业和管理组织应根据实际情况设立有效的失效分析组织和质量控制体系，图1-1为美国以工程为基础的一种可靠性组织形式。

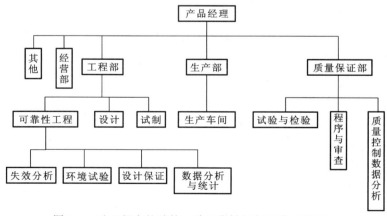

图1-1　以工程为基础的一种可靠性组织形式（美国）

1.2.3　失效分析的管理特性

对于重大事故，必须分清责任。为了防止误判，必须依据失效分析的科学结论进行处理。例如，某军工厂一重要产品锻压时发生成批开裂事故，开始主观地认为是操作工人有意进行破坏并进行了处分。后经分析表明，锻件开裂是由铜脆引起的，并非人为破坏。又如，减速器上的行星齿轮采用 45 钢制造，齿轮在井下使用仅一个多月就因严重磨损而报废，为了更换该齿轮，须将减速器卸下送到机修厂检修，一般需停产 4～5 天，造成很大损失。经失效分析发现，该齿轮并未按要求进行热处理。

对于进口产品存在的质量问题，及时地进行失效分析，则可向外商进行索赔，以维护国家的利益。例如，某磷肥厂由国外引进的价值几十万美元的设备，使用不到 9 个月，主机叶片发生撕裂。将此事故通知外商后，外商很快返回了处理意见，认为是操作者违章作业引起的应力腐蚀断裂。该厂在使用中的确存在 pH 控制不严的问题，而叶片的外缘部位也确实有应力腐蚀现象，表面上事故的责任应在我方。但进一步分析表明，此叶片断裂的起裂点并不在应力腐蚀区，而发生在叶片的焊缝区，这是由焊接质量不良（有虚焊点）引起的。依此分析后与外商再次交涉，外商才承认产品质量有问题，同意赔偿损失。随着我国经济与世界经济的进一步接轨，相信失效分析工作的意义会更大，也会更加受到国内相关部门的关注与支持。

1.2.4　失效分析的规范特性

科学技术的发展及生产力的不断提高，要求对原有的技术规范及标准进行相应的修订。各种新产品的试制及新材料、新工艺、新技术的引入也需要及时制定相应的规范及标准。这些工作的正确进行，都需依据产品在使用条件下所表现的行为来确定。如果不了解产品在服役中是如何失效的、不了解为避免这种失效应采取的相应措施，原有规范和标准的修订及新标准的制定将失去科学的依据。

例如，某车辆重负荷齿轮，采用固体渗碳处理，其渗碳层的深度、硬度及金相组织等均有相应的技术要求。在使用中发现，产品的主要失效形式为齿根的疲劳断裂。为提高齿根的承载能力，改进渗碳工艺，加大了齿轮的模数，该齿轮的使用性能得以显著提高。当对产品的性能提出更高要求时，齿轮的主要失效形式为齿面的黏着磨损及麻点剥落。为此，试制了高浓度浅层碳氮共渗表面硬化工艺，该齿轮的使用寿命又有大幅度的提高。在老产品的改型及新工艺的引入过程中，产品的技术规范和标准多次进行了修改。因为该项工作始终是以产品在使用条件下所表现的失效为基础的，所以确保了产品的性能得以稳定和不断地提高。相反，如果旧的规范及标准保持不变，就会对生产的发展起到阻碍作用。在产品的技术规范和标准变更过程中，如果不以失效分析工作为基础，也很难达到预期的结果。

1.2.5 失效分析对学科的促进性

失效分析在近代材料科学与工程的发展史上占有极为重要的地位。可以毫不夸张地说，材料科学的发展史实际上是一部失效分析史。材料是用来制造各种产品的，它的技术突破往往成为技术进步的先导，而产品的失效分析又会促进材料的发展。失效分析在整个材料链中的作用可用图 1-2 来表示。

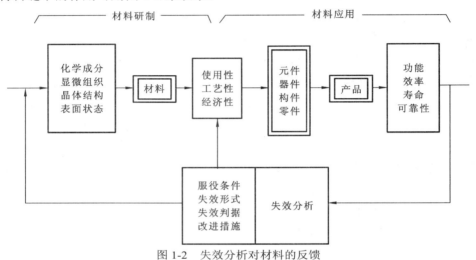

图 1-2 失效分析对材料的反馈

1. 材料强度与断裂

可以说，整个强度与断裂学科的产生和发展都是与失效分析紧密相连的。近代对材料学科的发展具有里程碑意义的"疲劳与疲劳极限""氢脆与应力腐蚀""断裂力学与断裂韧度"等研究都是在失效分析的促进下完成的。

在 19 世纪初，频繁的火车断轴给工程界造成巨大冲击。长期在铁路部门工作的维勒（Wöhler）设计了各种疲劳试验机，经过大量实验，提出了疲劳极限的概念，并从中获得了 S-N 曲线。一百多年来，人们对各种材料的 S-N 曲线进行了研究，从而推动了由静强度到疲劳强度设计的进步。1954 年 1 月 10 日和 4 月 8 日，英国两架彗星号喷气式客机在厄尔巴岛和那不勒斯上空相继失事，后续进行了详尽的调查和周密的实验，在一架彗星号整机上模拟实际飞行时的载荷实验，经过 3 057 冲压周次（相当于 9 000 飞行小时），压力舱壁突然破坏，裂纹从应急出口门框下后角处发生，起源于一铆钉孔处。之后又在彗星号飞机上进行了实际飞行时的应力测试和所用铝材的疲劳实验，并与从海底打捞上来的飞机残骸进行对比分析，最后得出结论，事故是由疲劳引起的。这次规模空前的失效分析揭开了疲劳研究的新篇章。

在第一次世界大战期间，随着飞机制造业的发展，高强度金属材料相继出现，并用于制造各类重要构件，但随后发生的多次飞机坠毁事件给高强度材料的广泛应用造成了威胁。失效分析发现，飞机坠毁的原因是构件中含有过量氢而引起的脆性断裂。含有过量氢的金属材料，其强度指标并不降低，但材料的脆性大大增加了，故称为氢脆。这一观点由我国金属学家李薰等首先提出。20 世纪 50 年代美国发生多起电站设备断裂事故，也被证实是由氢脆引起的。

对许多大型化工设备不锈钢件的断裂原因分析发现，具有一定成分和组织状态的合金在一定的腐蚀介质和拉应力作用下，可能出现有别于单纯介质和单纯拉应力作用所引起的脆性断裂，这种断裂称为应力腐蚀断裂。此后，氢脆和应力腐蚀逐步发展成为材料断裂学科中另一重大领域而被广泛重视。

目前以断裂力学（损伤力学）和材料的断裂韧度为基础的裂缝体强度理论广泛应用于大型构件的结构设计、强韧性校核、材料选择与剩余寿命估算，因而成为当代材料科学发展中的重要组成部分。这一学科的建立和发展也与失效分析工作有密切的关系。

对蠕变、弛豫和高温持久强度等的研究也是和各种热力机械，特别是高参数锅炉、汽轮机和燃气轮机的失效分析紧密联系的。随着超临界、超超临界发电机组的投入使用，这一问题将越来越得到重视。

2. 材料开发与工程应用

把失效分析所得到的信息反馈给冶金工业，可促进现有材料的改进和新材料的研制，例如：在严寒地区使用的工程机械和矿山机械，其金属构件常常会发生低温脆断，由此专门研制了一系列的耐寒钢。海洋平台构件常在焊接热影响区发生层状撕裂，经过长期研究发现这与钢中的硫化物夹杂有关，后来研制了一类 Z 向钢。在化工设备中经常使用的高铬铁素体不锈钢对晶间腐蚀很敏感，在焊接后尤其严重。经分析，只要把碳、氮含量控制到极低水平，就可以克服这个缺点，由此发展了一类铁素体不锈钢超低间隙元素钛合金，又称 ELI 钛合金。

大量的失效分析表明，飞机起落架等构件，需采用超高强度钢，由于又要保证足够的韧性，于是发展了改型的 300M 钢，即在 4340 钢中加入适量的 Si 以提高抗回火性，提高了钢的韧性。

对于机械工业中最常用的齿轮类零件，麻点和剥落是主要的失效形式，于是发展了一系列控制淬透性的渗碳钢，以保证齿轮合理的硬度分布。

对于矿山、煤炭等行业的破碎和采掘机械等，磨损是主要的失效形式，从而发展了一系列耐磨钢和耐磨铸铁，开发了耐磨焊条和一系列表面抗磨技术。

失效分析极大地促进了铝合金的发展。20 世纪 60 年代初期的 7 系（Al-Zn-Mg-Cu 系列）高强度铝合金应用很广，如 7075-T6、7079-T6 等，在使用中发现其易于产生剥落腐蚀，且在板厚方向对应力腐蚀敏感。后来陆续发展了 7075-T76、7178-T76、7175-T76，既保持了较高强度水平，又有较高的抗应力腐蚀性能。

材料中的夹杂、合金元素的分布不均等经常会导致材料失效，这极大地促进了冶金技术、铸造、焊接和热处理工艺的发展。

腐蚀、磨损失效的研究，促进了表面工程这一学科的形成与发展。现在，表面工程技术已经广泛应用于不同的构件和材料，保证了材料的有效使用。

1.3　失效分析的研究现状与发展趋势

任何产品在使用中都有一定的失效概率，而失效的结果往往十分危险和严重。通过科学的分析，许多失效可以减少或完全避免。因此，世界各国，特别是工业发达国家，在失效分析方面做了大量工作，培养了大批失效分析的专业人才，积累了丰富的分析经验。

1.3.1　国外的失效分析研究现状

国外的失效分析工作有以下几方面的特点。

1. 建立了比较完整的失效分析机构

在德国，失效分析中心主要建在联邦及州立的材料检验中心。原联邦德国的 11 个州共建立了 523 个材料检验站，分别承担各自富有专长的失效分析任务。例如，斯图加特大学的材料检验中心的主要任务是负责电站，特别是核电站、压力容器及管道的安全可靠性问题。阿里昂兹保险集团有专门从事失效分析的技术队伍，专门研究损失在 10 万马克以上的事故，以降低保险范围内的失效概率。每家企业和公司均有专门从事失效分析的研究机构。例如，奔驰汽车公司为了同日本汽车业相抗衡，建立了先进的疲劳试验台和振动台，对于重要零、部件及整机进行破坏性试验。为了进行事故现场的勘查和分析，还备有流动车辆，以便及时判断事故原因。

在日本，国立的失效分析研究机构有金属材料技术研究所、产业安全研究所和原子力研究所等。在企业界，新日铁、日立、三井、三菱等都有失效分析机构，另外各工科大学都有很强的研究力量。

美国的失效分析中心遍布各个部门，有政府办的，也有公司及大学办的。例如：国防尖端部门、原子能及宇航故障分析集中在国家的研究机构中进行；宇航部件的故障分析在肯尼迪航天中心故障分析室进行；阿波罗航天飞机的故障分析在约翰逊航天中心和马歇尔太空飞行中心进行；民用飞机故障在波音公司及洛克维尔公司的失效分析中心进行；福特汽车公司、通用电气公司及西屋电气公司的技术发展部门均承担着各自的失效分析任务；许多大学也承担着各自的失效分析任务，理海大学、加州大学、华盛顿大学承担着公路和桥梁方面的失效分析工作；有关学会，如美国金属学会（American Society of Metals，ASM）、美国机械工程师协会（American Society of Mechanical Engineers，ASME）和美国材料与试验协会（American Society for Testing and Materials，ASTM）均开展了大量的失效分析工作。

2. 制定失效分析文件、事故档案及数据库

失效分析工作是一项复杂的技术工作，为了快速、准确、可靠地找出失效的原因及

预防措施，应使失效分析工作建立在科学的基础上进行，以防误判并少走弯路。为此，在一些工业发达国家均制定了失效分析指导性文件，对失效分析的基础知识、概念及定义，失效的分类及分析程序均进行了明确规定。各研究中心还建立了事故档案及数据库，以便有案可查，定期进行统计分析，并及时反馈到有关部门。

3. 大力培养失效分析专门人才

各工科院校均开设了失效分析课程，使未来的工程师具备独立从事失效分析工作的基本知识和技能。各单位也对在职职工进行有计划的失效分析技术培训。

4. 大力开展失效分析技术的基础研究工作

系统研究材料的成分、工艺、组织、几何结构对各个失效行为的影响，以期优化耐用性能，主要包括：研究失效的微观机制与宏观失效行为间的关系；系统研究材料及构件在机械力、热应力、磨损及腐蚀条件下的失效行为、原因及预防措施；开展特种材料（包括工程塑料）及特殊工况条件下失效行为的研究。

5. 大力开展失效分析及预防监测手段的研究工作

研究先进的测试技术，对运行中的设备及构件进行监测。例如，研制了大型轴承失效监测仪、轴承温度报警装置、玻璃纤维端镜监控系统及各类无损探伤手段等。利用多种先进的测试技术对锅炉、压力容器、防爆电机、发电设备、核能装置、车辆的操纵系统及行走部件等危及人身安全的产品定期地进行检查与监督，均收到了较好的结果。

1.3.2　国内的失效分析研究现状

早期，我国工业处于仿制—研制阶段，失效分析工作只是为生产中的问题提供一些咨询，并没有得到足够的重视，也没有统一的组织形式。随着我国工业水平的不断提高，失效分析的早期工作形式、内容及采用的方法和手段已经不能满足客观上的需要。目前，我国的工业产品和工程结构日趋大型化、精密化和复杂化。这类产品发生的失效将会造成更大的财产损失和人员伤亡。这就要求一切产品必须具有比以往更高的可靠性和安全性，从而对失效分析工作提出更高的要求。

我国的失效分析工作近年来有很大的发展，主要表现在以下几个方面。

1. 认真总结经验，积极开展交流活动

中国机械工程学会失效分析分会（前身为中国机械工程学会失效分析工作委员会）成立于 1986 年 8 月，1993 年更名为中国机械工程学会失效分析分会，是中国机械工程学会 33 个专业分会中十分活跃的分会之一。失效分析分会已在全国发展了 7 个专业委员会（组）、44 个全国性失效分析网点单位、上千名失效分析专家和失效分析工程师，是一个有较强实力的全国性群众学术组织。自成立以来，失效分析分会积极开展国内外学

术活动，先后直接主持过 7 次国内外学术交流会，参加会议的人数有 2 千多人，在同行中产生了很好的影响。如 1987 年第一次会议以普及失效分析为主，起到了很好的宣传动员作用、1992 年第二次会议以总结交流我国开展机电装备失效分析和预测预防科学实践经验为主，起到了良好的推动本领域技术进步的作用；1998 年组织召开三次全国性学术会议（全国机电装备失效分析预测预防战略研讨会）以研讨失效分析和预测预防学科发展为主，起到了深化认识进而推动学科建设的作用。

2. 健全我国的失效分析组织机构和开展基础研究工作

在中国机械工程学会下设失效分析工作委员会，后提升为失效分析分会，统一组织和领导全国机械行业的失效分析工作。在材料学会、热处理学会和理化学会内成立了相应的组织机构，领导和组织本学科内的失效分析工作。在工矿企业及大专院校也成立了失效分析研究中心、研究所，定期开展各自富有专长的技术活动与社会服务工作。

失效分析基础研究工作也取得了长足进展，在失效模式、失效方法等方面进行了大量工作，但还存在基础研究力量不足，许多问题不够清楚等问题。例如，对金属疲劳断口的物理数学模型及定量反推分析做了一些有益的探索，但是在总体上还处在定性分析的阶段。在失效模式诊断中的综合诊断技术和方法的应用，特别是应力分析和失效模拟技术及方法的综合应用对重要的失效事故分析和预防十分必要，尤其是在对失效结论有争议的情况下。当前已有越来越多的失效分析工作者在具体的失效分析案例研究中，重视应用综合诊断技术和方法，但是这方面的实践和研究还不够系统和深入。只有在正确认识失效机理的基础上，才能进行真正正确的工程失效分析。

3. 开展失效分析专门人才的培养工作

机械工程学会和一些大学派出专家学者出国考察访问，学习和借鉴国外在失效分析方面的工作经验，提出了在我国工科大学设立材料检验检测中心和培养专门人才的建议。自 1983 年起，失效分析课程列为部分工科院校材料科学与工程类专业教学计划中的必修课程，清华大学、浙江大学等高校还将失效分析列为机械类专业或工科类专业的选修课或研究生课程，随后许多大学还举办了各种类型的短训班及在职人员培训班，我国的失效分析技术队伍逐步形成。

相应地，各类失效分析技术相关的资料、丛书、文集等相继出版。中国机械工程学会材料学会主编了"机械产品失效分析丛书"（11 册）、"机械故障诊断丛书"（10 册）、《机械失效分析手册》等。有关工科院校还编写了相应的失效分析教材、交流资料等，一些著名学者也出版了失效分析的专著，为失效分析专业人才的培养奠定了基础。

4. 建立失效分析数据库和网络

我国已相继开发和建设了一些与失效分析工作相关的数据库，如 1987 年由航空材料数据中心建立的材料数据库，1991 年以后上海材料研究所和郑州机械研究所相继建成工程材料数据库和机械强度与疲劳设计数据库，1995 年以后航空材料研究所建成金属材料疲劳断裂数据库、腐蚀数据库等。

目前我国的失效分析工作，正密切配合产品的更新换代，确保产品的质量与可靠性等工作积极开展，将为我国的经济建设及材料科学的进一步发展作出贡献。

1.3.3 失效分析的发展趋势

1. 失效分析成为系统可靠性工程的基础技术

近代工业中，机械设备的重要特点是自动化程度越来越高，结构也越夹越复杂，因而价值也越来越高。由此，对设备可靠性的要求更高。这就要求必须将失效分析中所得到的信息及时而准确地反馈到产品的设计、制造及使用部门，使其成为系统可靠的技术基础。

2. 失效分析继续成为提高产品质量的保证

产品要在市场上有竞争能力，必须首先保证质量，消除一切隐患。这就要求必须加强产品在使用和生产现场的分析工作及基础研究。可以预见，大量的、基本的失效分析工作将在生产一线大力开展，成为提高产品质量的可靠保证。

现在国外已经将失效分析引入产品设计的程序中，图 1-3 为美国海军部门进行船舶设计的流程图，此处已经将失效模式的分析和考虑列入设计程序，国内许多大型设计部门也已进行了这方面的工作，有的高校在设计类专业中也增加了失效分析的课程。

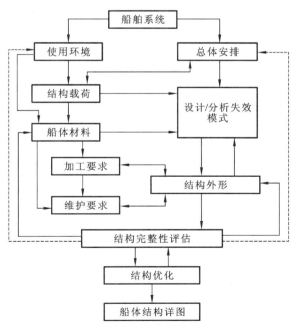

图 1-3 美国海军船舶的设计流程

3. 加强失效分析的普及与基础工作的研究

我国失效分析工作的技术队伍虽然已初步形成，但无论在专业化程度、组织形式方面，还是在技术水平及所采用的手段方面，都还有待进一步提高和改善。失效分析工作的普及问题更需要一大批技术人员来解决。

失效分析的力学基础、物理学基础、化学基础、断口学基础及分析工作的程序化与现代化的技术手段等均需进一步加强。各类失效的机理、失效模式、失效的定量描述等将成为失效分析基础研究的重点。

4. 加强计算机在失效分析工作中的应用

应用计算机进行失效分析工作，将大大提高分析工作的准确性和可靠性。用计算机分析失效，可以排除因分析人员的经验、素质和手段不足而带来的局限性和误判。计算机数据处理、图像处理和信号分析，为失效分析的定量研究提供了基础。当然，用计算机分析失效，必须有大量的资料作依据。为了使个别单位的经验得到推广和发挥更大的作用，建立专门的失效分析数据库和资料库是非常必要的。网络技术的发展，为全球化的诊断与分析技术提供了平台，建立有效的区域性、行业性甚至全球性的失效分析与故障诊断网络和远程诊断已引起国内外众多专家的关注，将会得到大的发展。

第 2 章 失效分析的思路及程序

失效分析过程实际上是一个求知的过程。世界上任何事物都是可以被认识的，没有不可认识的东西，只存在尚未能够认识的东西，金属构件的失效也不例外。实际上金属构件失效总有一个或长或短的变化发展过程，失效过程实质上是材料的累积损伤过程，即材料发生物理和化学变化的过程。而整个过程的演变是有条件的、有规律的，也就是说有原因的。因此，构件失效的这种客观规律性是整个失效分析的理论基础。只要遵循客观规律性去观察问题、分析问题、认识问题，就能达到失效分析的目的。为达到失效分析的目的，就要有指导失效分析全过程的思维路线，要有科学合理的工作程序，并要掌握实际进行失效分析各个程序的基本技能。

2.1 失效分析思路和逻辑方法

失效分析思路是指导失效分析全过程的思维路线。失效分析思路是以构件失效的规律为理论依据，把通过调查、观察、检测和实验获得的失效信息分别加以考察，然后有机结合作为一个统一整体进行综合分析。整个分析过程以获取的客观事实为依据，全面应用逻辑推理的方法来判断失效事件的失效类型，并推断失效的原因。因此，失效分析思路贯穿在整个失效分析过程中。

2.1.1 失效分析思路的重要性

失效分析思路的重要性主要有以下几点。

失效分析与常规研究工作有所不同，通常涉及面广，任务时间紧迫，模拟试验难度大，而且要求工作效率特别高，分析结论要正确无误，改进措施要切实可行。此时，只有正确的失效分析思路指引，才能不走弯路，以最少的付出（时间、人力、物力等）来获取科学合理的分析结论。

构件的失效往往是多种原因造成的，一果多因常常使失效分析的中间过程纵横交错。一些经实践验证行之有效的失效分析思路总结了失效过程的特点及因果关系，对失效分析的进行具有指导意义。因此，在正确的分析思路指导下，查明失效的原因，既有必要，又可靠、可行。

构件失效分析常因情况复杂且证据不足，往往要以为数不多的事实和观察结果为基础，进行假设和推理，得出必要的推论，再通过补充调查或专门检验获取新的事实，也就是说要扩大线索找证据。在确定分析方向、明确分析范围（广度和深度）、推断失效过程等方面，需要有正确思路的指导，才能事半功倍。

大多数失效分析的关键性试样十分有限，有时限于即时观察，有时只允许一次取样、一次测量或检验，在程序上走错一步，就可能导致整个分析工作无法挽回，难以进行。必须在正确的分析思路指导下，认真严谨地按程序进行每一步的工作。

总之，掌握并运用正确的分析思路，才可能对失效事件有本质的认识，减少失效分析工作中的盲目性、片面性和主观随意性，大大提高工作效率和质量。因此，失效分析思路不仅是失效分析学科的重要组成部分，而且是失效分析的灵魂。

2.1.2　构件失效过程的特点及原因

失效分析思路是建立在对构件失效过程和原因的科学认识之上的。

1. 失效过程的特点

（1）不可逆性。任何一个构件的失效过程都是不可逆过程，因此某个构件的具体失效过程是无法完全再现的，任何模拟再现试验都不可能完全代替某一构件的实际失效过程。

（2）有序性。构件失效的任一失效类型，客观上都有一个或长或短、或快或慢的发展过程，一般要经过起始状态、中间状态、完成状态三个阶段。在时间序列上，这是一个有序的过程，不可颠倒，是不可逆过程在时序上的表征。

（3）不稳定性。除起始状态和完成状态这两个状态比较稳定之外，中间状态往往是不稳定的、可变的，甚至不连续，不确定的因素较多。

（4）积累性。任何构件失效对该构件所用的材料而言都是一个累积损伤过程，当总的损伤量达到某一临界损伤量时，失效便随之暴露。

任何构件失效都有一个发展过程，而任何失效过程都是有条件的，也就是有原因的，并且失效过程的发展与失效原因的变化同步。

2. 失效原因的几个特点

（1）必要性。无论何种构件失效的累积损伤过程都不是自发的过程，都是有条件的，即有原因的。不同失效类型所反映的损伤过程机理不同，过程的原因（条件）也会不同，缺少必要的条件（原因），过程就无法进行。

（2）多样性和相关性。构件失效过程常常是由多个相关环节事件发展演变而成的，瞬时造成的失效后果往往是多环节事件（原因）失败而酿成的。这些环节全部失败，失效就必然发生；反之，这些环节事件中如果有一个环节不失败，失效就不会发生。因此，可以说每一起失效事件的发生都是由若干起环节事件（或一系列环节事件，即原因组合）相继失败造成的。而这一系列环节事件，可称为相关环节事件或相关原因。这些环节事件之间也仅仅在这一次发生的失效事件中才是相关的，而在另一失效事件中它们之间却可能是部分相关的，甚至根本不相关。另一失效事件则由另一系列环节事件全部失败所造成，也就是说由一个新的相关原因组合所决定。

（3）可变性。主要表现在以下方面：①有的原因可能在失效全过程中发挥作用，但影响力却可能发生变化，有的原因可能只在失效过程某一进程发生作用；②有的原因可能在失效全过程中始终存在，但有的原因却可能随机性地出现或不连续性地存在，这时某一构件失效过程也可能表现出过程的不连续性，甚至可能出现两种或多种失效类型；③原因之间也可能有交互作用。如腐蚀失效，温度升高一般可加速冷凝液对构件的腐蚀，但温度很高时，冷凝液全部挥发后，对构件的腐蚀反而减少。

（4）偶然性。造成构件失效的各种原因中有一部分原因是偶然的，偶然性的原因具有以下特征：①一般出现概率很小；②有时不是技术性的，而是管理不善或疏忽大意造成的；③极少数的意外情况，如人为性破坏或恶作剧等。

3. 失效过程和失效原因之间的联系

失效过程和失效原因之间的联系实际上是一种因果联系，这种因果联系特点如下。

（1）普遍性。客观事物一些最简单、最普遍的关系有一般和个别的关系、类与类的包含关系、因果关系等。因果关系（联系）是普遍联系的一种，没有一个现象不是由一定的原因引起的。当然，构件失效也不例外。

（2）必然性。物质世界是一个无限复杂、互相联系与互相依赖的统一整体。一个或一些现象的产生，会引起另一个或另一些现象的产生，前一个或一些现象就是后一个或一些现象的原因，后一个或一些现象就是前一个或一些现象的结果。因此，因果联系是一种必然联系，当原因存在时，结果必然会产生。当造成某构件失效的一系列环节事件（原因组合）全部失败时，失效就必然发生。

（3）双重性。因果联系是物质发展索链上的一个环节。同一个现象可以既是原因，又是结果。因此，一定要把构件失效过程中观察到的现象既看成结果，又看成原因。

（4）时序性。原因与结果在时序上是先后相继的，原因先于结果，结果后于原因。因此在失效分析中，判明复杂多样的因果联系时，这种时序先后排列千万不要出错。但是，在时间上先后相继的两个现象，却未必就有因果关系。

构件失效的起始状态是失效起始原因的结果（有的结果又可能成为后续过程的原因），失效的完成状态是导致失效的所有（整个）过程状态的全部原因（总和）的结果，它既是失效过程终点的结果，又或多或少保留一系列过程中间状态的（甚至起始状态的）某些结果（或原因），所以是总的结果。

了解并掌握失效过程及其原因的特征，有助于建立正确的失效分析思路。

2.1.3　失效分析思路的方向性及基本原则

1. 方向性

由于失效分析思路是指导失效分析全过程的思维路线，所以思考其方向问题就很重要。在此要明确两个问题：一是不能把失效分析简单地归为从果求因逆向认识失效本质的过程；二是失效分析思路的方向有多种选择。

（1）失效分析不是简单地从果求因的过程，其分析过程具有以下特征。

构件失效的完成状态呈现失效过程的总的结果。已知原因和结果都具有双重性，而且失效过程是一种累积损伤过程。构件失效的完成状态，不仅呈现终态的结果，而且保留中间状态，甚至起始状态的某些结果（或原因）。例如，疲劳断口的实物照片如图2-1所示，不仅观察到失效过程最后的结果，有最终断裂区瞬断撕裂的剪切唇，还能看到中间过程的疲劳裂纹扩展的沙滩条纹，而作为疲劳源的冶金缺陷，也保留在失效构件的断口上。

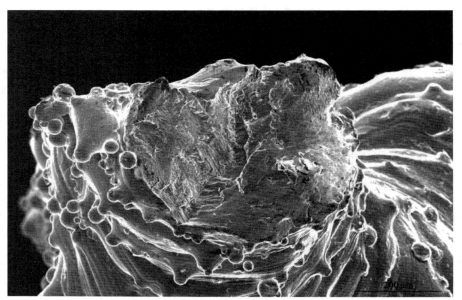

图 2-1　疲劳断口照片

失效分析常常是先判断失效类型，后查找失效原因。失效分析除要查找失效的原因之外，还有判断失效类型的任务，而判断失效类型，主要不是根据终点最后一个结果，而是依据全过程的整体结果。失效类型是连接失效信息和失效原因的纽带，对整个失效分析工作起很大作用。

失效过程的起始状态应作为分析重点。实际上，专家分析失效原因时，在思想中并不把失效过程终点的结果列为分析重点，而是一开始就试图把失效过程的起始状态作为分析重点。例如，调查失效件的原材料保证单、进厂复验单、图纸上和技术条件上的有关规定、大修时该失效件的检修记录、现场履历本记载等；而对于失效件本身，比较关注失效源，如裂纹源、疲劳源、表面加工状态、检验标记、各种痕迹等。

（2）失效分析思路的方向具有如下多种选择。

①顺藤摸瓜。即以失效过程中间状态的现象为原因，推断过程进一步发展的结果，直至过程的终点结果。

尽管不是每次失效分析都能查出失效的直接原因，如疲劳破坏的肇事件断口上，疲劳源区若被严重擦伤，就很难找出疲劳失效的直接原因。但这种做法却可揭示过程中间状态直至过程终点之间的一系列因果联系。

②顺藤找根。即以失效过程中间状态的现象为结果，推断该过程退一步的原因，直至过程起始状态的直接原因。

③顺瓜摸藤。即从过程的终点结果出发，不断由过程的结果推断其原因。

④顺根摸藤。即从过程起始状态的原因出发，不断由过程的原因推断其结果。

⑤顺瓜摸藤＋顺藤找根。

⑥顺根摸藤＋顺藤摸瓜。

⑦顺藤摸瓜＋顺藤找根。

上述①～⑥都是一种单向的因果联系推断，只有⑦才是双向的因果联系推断。从瓜入手，或从根入手，或从藤入手，没有必要一成不变，思路一定要开阔。

总之，不要把自己的思路固定在某一不变的方向。从某种意义上讲，思路是可以设计的，在大方向不变的前提下，有时还要局部变化分析思路。

2. 基本原则

失效分析的思路虽然因失效事件的不同可选择不同的思维路线，采用不同的具体方法手段进行分析工作，但思维过程却要遵守一些基本的原则，并在分析的全过程正确运用，才能保证失效分析工作的顺利和成功。

（1）整体观念原则。一旦有装备构件失效，就要把"装备-环境-人"当作一个系统来考虑。装备中失效构件与邻近非失效构件之间的关系、失效构件与周围环境的关系、失效构件与操作人员的各种关系要统一考虑。尽可能大胆设想装备的失效件可能发生哪些问题、环境条件可能诱发失效件发生哪些问题、人为因素又可能使失效件发生哪些问题，逐个地列出失效因素，以及由其所导致的与失效有关的结果。然后对照调查、检测试验的资料和数据，逐个核对排查从整体考虑列出的问题，确保不会遗漏重要的因素。

（2）立体性原则。即要求分析工作者从多方位综合思考问题。如同系统工程提倡的"三维结构方法"，要求从三个维度来考虑问题，即逻辑维、时间维和知识维。具体结合构件的失效分析，其逻辑维是从构件规划、设计、制造、安装直至使用来思考问题；而时间维即按分析程序的先后，调查、观察、检测、试验直至得出结论；知识维则要全面应用管理学知识、心理学知识及失效分析知识，包括第 1 章所列举的与失效分析相关的各学科领域的知识。

（3）从现象到本质的原则。许多失效特征只表示有一定的失效现象。如一个断裂构件，在断口上能观察到清晰的海滩花样，又知其承受了交变载荷，一般认为该构件是疲劳断裂。这只是认定构件的失效类型，还没有找出疲劳断裂的原因，无法提出防止同一失效现象再发生的有效措施。因此，还应该继续进行分析工作，弄清楚产生疲劳断裂的原因，才能从根本上解决问题。

（4）动态性原则。构件失效是动态发展的结果，经历了孕育、成长、发展至失效的动态过程。另一方面，装备或构件对周围环境的条件、状态或位置来说，都处于相对变化之中，设计参量或操作工艺指标只能是一个分析的参考值。管理人员、操作人员的变动，甚至操作人员的情绪波动，也都应包括在动态性原则当中。

（5）两分法的原则。在失效分析工作中尤其强调对任何事物、事件或相关人证、物证用两分法去看问题。从装备构件的质量来说，名牌产品、进口产品的质量多数是好的，但确实也有经失效分析确定其失效原因属设计不当，或材料问题，或制造工艺不良，或运输安装影响。例如，某石油化工厂进口的尿素合成塔下封头甲胺液出口管，使用 5 年后突然塔底大漏，大量甲胺液外喷，被迫停产。检查原因是接管与封头连接的加强板实际结构和原设计不符，手工堆焊耐腐蚀材料层厚度不够，在腐蚀穿的地方只有 1 层，达不到原设计 3 层的要求。

（6）以信息异常论为失效分析的总指导原则。失效是人、机、环境三者异常交互作用的结果，因此过程中必然会出现一系列异常的变化、异常的现象、异常的后果、异常的事件、异常的因素，这些异常的信息是系统失控的客观反映。尽可能全面捕捉掌握这些异常信息，尤其是最早出现的异常信息，是失效分析的总指导原则。

2.1.4　几种失效分析思路简介

由于失效分析思路的重要性、多向性，且每项构件失效事件又各具特点，寻找合适的失效分析思路指导，以最少的付出完成失效分析任务，是所有失效分析工作者的期盼。本节介绍几种常用的失效分析思路。

1.“撒网”式的失效分析思路

对失效事件从构件及其装备的系统规划设计、选择材料、制造、安装、使用及管理维修等所有环节进行分析，逐个因素排除。这种分析思路不放过任何一个疑点，看来十分全面、可靠，但在失效分析中，往往由于人力、物力、财力和时间的限制，难以在大系统中对每一个环节每一个因素进行详尽的排查。作为大型复杂系统失效分析的前期工作，初步确定失效原因与其中一两个环节有密切关系，甚至只与一个方面的原因有关，“撒大网”的思路也时有应用。

认定是某一环节存在问题，则把该环节划定范围，撒网式地对每一个因素进行详尽的排查，是失效分析中常用的分析思路。如果是在更换了装备构件不久后发生失效事件，则可排查构件的制造、组装、使用的各个影响因素。若确定不是装备构件本身的问题，则可在环境工况的范围或相关人员的范围进行排查。环境工况指工作环境对工作状态的影响，包括装备的介质、温度、压力、流速、载荷变化等；装备外环境包括周围气氛、天气影响、地势影响等；相关人员的各种因素包括不安全的行为和人的局限性。不安全的行为包括：缺乏经验表现的判断错误，训练不够表现的技术不良，主观臆测、违章操作表现的违反指令、规程，心态不佳表现的粗心大意及工作态度不好，缺乏责任心表现的玩忽职守等。人的局限性包括人的生理极限、健康标准等，如人的耐疲劳性、耐湿性，人的五官感受程度及可靠性，认定思维和认识限制等。

2. 按失效类型来分析的思路

按失效类型来分析是应用最多的一种失效分析思路，首先判断失效类型，进而推断失效原因。如断裂失效，则要以裂纹萌生、稳态扩展、失稳扩展以致断裂为主线，观测裂纹的形态、特征和产生的位置，判断裂纹的类型，寻找裂纹萌生的原因，分析裂纹扩展的机理。如在石化装备中，焊接构件出现裂纹甚至开裂，在失效分析中首先确定裂纹在焊缝中的位置，焊接裂纹以其在焊接件上的位置命名，如图 2-2 所示；然后观察裂纹的形态及各种特征，必要时测试成分、组织、焊接残余应力及硬度数据；最后综合人及环境的影响因素，找出断裂失效的原因。又如腐蚀失效，腐蚀的特征暴露在构件的表面上，容易进行宏微观的观测，只要确定是哪种类型的腐蚀，就可以按影响该种腐蚀的各种因素结合构件的使用工况进行分析思考，容易达到失效分析的目的。

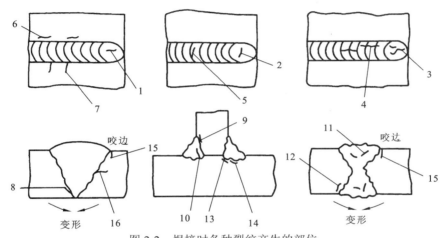

图 2-2　焊接时各种裂纹产生的部位

1-弧坑纵向裂纹；2-弧坑横向裂纹；3-弧坑星形裂纹；4-焊缝纵向裂纹；5-焊缝横向裂纹；6-热影响区纵向裂纹；
7-热影响区横向裂纹；8-热影响根裂纹；9-热影响区显微裂纹；10-焊缝金属根部裂纹；11-焊缝金属显微裂纹；
12-焊趾裂纹；13-踵部裂纹；14-焊道下裂纹；15-变形裂纹；16-层状撕裂纹

3. 逻辑推理思路——失效分析的基本思路

任何一个人不管是否学过逻辑学，是否懂逻辑，只要进行思维，就一定要运用逻辑，作出判断和进行推理。

进行逻辑推理，就是从已有的知识推出未知的知识，也就是从一个或几个已知的判断，推出另一个新的判断的思维过程。而判断则是断定事物情况的思维形态。只要推理依据的已有推出新判断的前提是真实的，推理前提和结论之间的关系是符合思维规律要求的，那么得出的结论或判断一定是可靠的。所以，正确运用逻辑推理，是人们获得新知识的一个重要手段，在失效分析中应充分运用。

通过推理，可以扩大对失效现象的认识，从现有的知识中推出新的知识，从已知推出未知。推理不仅能反映事物现在的内在联系，而且能反映事物的发展趋势。因此，推理是一种特殊的逻辑思考方式，是分析判断失效事件的逻辑手段，实践表明，排除一百种可能性，不如证实一种必然性。在失效分析中逻辑推理思路的作用和意义如下。

（1）推理适合于认识失效事件的反映形式。依据现场调查和专门检验获得的有限数量的事实，形成直观的认识（即直接知识），结合以往经验并运用丰富的知识，进行一系列推理，推断失效的部位、失效时间、失效类型、失效过程、失效的影响和危害等一系列因果联系（即间接知识）。根据推导出来的新的判断，扩大线索，进一步做专门检验和补充调查，使失效分析工作步步深入。因此，推理可扩大对失效事件认识的成果。

（2）推理是失效分析中一个重要的理性认识阶段。要想对失效事件有本质和规律性的认识，就必须在感性认识的基础上，对感性材料连贯起来思索，进行去伪存真、由此及彼、由表及里地思考，采用逻辑加工并构成判断和进行推理。没有这一阶段，认识就不可能深化，也不可能扩大认识领域，更不可能认识事物之间的内在联系及其发展趋势。

（3）推理可在失效分析的各个阶段（全过程）发挥作用。失效分析过程，在一定意义上讲是由一系列的推理链条组成的，形成一个严密的逻辑思维体系，这是失效分析工作科学性的一个重要标志。

（4）推理是审查证明失效证据的逻辑手段。失效证据是证明失效真实情况的一切事实。它必须具备两个条件：是客观存在的事实；能证明失效事件真实可信。

审查、证明失效事件真实的过程，既是收集、查证、核实证据的过程，又是推理判断的过程。从认识运动的顺序上，证明失效事件真实要经过两个过程：从特殊到一般和从一般到特殊。这是两个互相联系又互相区别的过程，由此构成证明的认识过程。

从特殊到一般是指按失效分析程序逐个地收集和查证核实证据，并对这些证据材料逐个加以分析、推理判断，然后进行综合和抽象，得出结论。这个认识过程就是从具体证据到失效类型和原因的认识过程。

从一般到特殊，就是以对失效事件的本质认识为指导，分别考察每个证据同失效事件事实之间是否有内在联系。

只有经历这两个认识过程，全部审查证明过程才算完成逻辑推理。因此，收集、判断、运用证据的过程也是一个推理的过程。

综上所述，逻辑推理的思路，是以真实的失效信息事实为前提，根据已知的失效规律性（理论的）知识和已知的判断，通过严密、完整的逻辑思考，推断出失效的类型、过程和原因，因此，逻辑推理的思路可以作为指导失效分析全过程的思维路线（思考途径），它最能体现和发挥人们在失效分析中的主观能动性和创造性，所以，逻辑推理思路应是失效分析的基本思路。

4. 故障树分析系统工程学的分析思路

在安全工程中有人把故障树分析（fault tree analysis，FTA）称为"事故树分析"；可靠性工程一般把 FTA 称为"故障树分析"；FTA 在失效分析中有时又称为"失效树分析"。FTA 已被公认为当前对复杂安全性和可靠性进行分析的一种好办法。

FTA 是从结果到原因来描绘事件发生的有向逻辑树，是一种图形演绎分析方法，是事件在一定条件下的逻辑推理方法。它可围绕某些特定的状态进行层层深入的分析，表达了系统的内在联系，并指出失效件与系统之间的逻辑关系。定性分析可找出系统的薄弱环节，确定事故原因各种可能的组合方式，定量分析还可以计算复杂系统的事故概率及其他的可靠性参数，进行可靠性设计和预测。

复杂的装备是由相互作用又相互依赖的若干构件或子系统结合成具有特定功能的有机整体。为此，设计时已从功能的内在联系规定了构件、部件、子系统、系统之间比较明确的因果关系。一旦系统发生故障（丧失规定功能的状态），就可以利用系统的原理图、结构图、系统网、工作流程图、操作程序图及结构原理、操作规程、工作原理等一系列由设计（思想）所决定并服务于系统功能的技术资料来构建故障树，从而实现 FTA 所能达到的众多目标。这时所建的故障树，也主要是从功能故障的角度来逐层确定事件及其直接原因的。它关心的是故障发生的部位（即系统的薄弱环节）、故障发生的概率等，从而改进设计，进行可靠性设计或预测等。它并不追究故障的微观机理和物理、化学过程。因此，FTA 在可靠性分析中取得了很大进展。

一旦把 FTA 引入失效分析，情况就不一样了。这里要强调指出：失效分析不是失效性分析。失效分析与可靠分析相对应，而失效性分析与可靠性分析相对应。因此，失效分析不是失效性分析，也不是可靠性分析。可靠性（度）或安全性（度）分析以群体（或系统）为对象，并与时间（寿命）因素密切相关，统计和概率论是其理论基础。而失效分析归根结底是以单个失效构件为对象，重点研究构件丧失规定功能的模式、过程、机理和原因。

通过上述分析可知，失效分析与可靠性分析（或失效性分析）在研究对象、目的和方法上都有重大差异，不能混为一谈。在失效分析中一般不宜采用 FTA，也没有必要采用 FTA。实际上构件失效的机理常常归结为材料损伤，而材料损伤的原因大多是隐性的，不通过一定的检验手段和鉴定是难以发现的（如成分不合格、强度超差、冶金缺陷、渗层太薄、阳极化膜不致密等）。另外，直接原因和间接原因往往也难以区分，至于基本事件的发生概率更不是失效分析本身所能掌握和提供的，所以在失效分析中采用 FTA 一般也行不通。但是在失效分析工作的后期，即综合性分析阶段，FTA 可以作为一种辅助的审查方法加以运用，把整个失效过程用逻辑树图形进行演绎审查，以便发现失效分析中的漏洞。

2.1.5　几种常用的逻辑推理方法

1. 归纳推理

归纳推理是由个别的事物或现象推出该类事物或现象普遍性规律的推理，从分析个别事实开始，然后进行综合概括，即从特殊到一般的推理。一般来说，普遍性的判断归根到底是靠归纳推理提供的，掌握个别事物（现象）的量和共性越多，越有代表性，则所得的普遍性结论的可信度越高。但这种结论仍有或然性，不可绝对化。

2. 演绎推理

演绎推理一般来说，是由一般（或普遍）到个别（或特殊）演绎推理的结论所断定的，没有超过前提所断定的范围。从真实的前提出发，利用正确的推理形式，能够必然地得到真实结论，这是演绎推理的根本作用。

若失效已经判断为某一模式，因每一模式的机理和原因已有一套比较系统的理论，则可以根据已定的模式演绎出新的判断，把调查分析工作引向深入。

3. 类比推理

观察到两个或两个以上失效事件在许多特征上都相同，便推出它们在其他方面也相同，这就是类比推理。

类比应力求全面、完整。既要从局部类比，又要从整体类比，要进行全过程、全方位类比；应以失效对象、失效现象、失效环境等为类比主要内容，而过去的分析结论仅作为参考；类比要注意是否存在差异；类比推理的可靠性取决于两个事件相同特征的数量和质量，相同特征数量越多且质量越相近，则可靠性越高。类比推理有或然性，要避免片面性，多提假设，才能有助于调查深入分析。

4. 选择性推理

当失效事件或事件中的某一情况的发生存在两种以上的可能性可供选择时，用已知的事实否定其中一个可能性，而肯定另一个可能性，则称从否定中求肯定，这种推理方法称为选择性推理，有或然性，不可单独使用。

5. 假设性推理

在证据不足、情况复杂的调查分析中，往往要以为数不多的事实和现象为基础，根据已有的知识，提出相应的假设，然后进行推理，得出结论。

在所有的推理过程中要特别注意如下三点。

（1）推理的前提是必须有客观事实性，不然会推导出错误的结论。

（2）推理是逻辑手段，推论只能为分析研究失效情况提供参考，提供线索，提供方向，但不能作为证据。

（3）逻辑思维应当是辩证的，不是绝对准确的，任何情况下都要遵守形式逻辑的推理规则，这对保证人们思维的一贯性，避免思维混乱和自相矛盾是有意义的。

上述 5 种常用的推理思考方法在整个失效分析过程中的正确、灵活运用和有机组合，就构成了较完整的逻辑推理思路。

2.2　失效分析的程序

　　装备失效过程中如果明确只有一个构件，或只有一个零部件失效，则失效分析比较容易进行。但在有些情况下，不知道是哪一个构件会最先出现问题，哪些构件失效是受牵连的。因此，在进行失效分析时，尤其是情况比较复杂时，除了要有正确的失效分析思路，还应有合理的失效分析程序。由于构件失效的情况多种多样，失效原因往往也错综复杂，很难有一个规范的失效分析程序。一般来说，失效分析程序大本上可以分为接受任务并明确失效分析的目的要求、调查现场及收集背景资料、失效件的观察、检测和试验、确定失效原因和提出改进措施。

2.2.1　接受任务并明确失效分析的目的要求

　　不管任务是上级下达，还是由有关单位委托，在接受任务时都应明确分析的对象及分析的目的要求。任务提出者及任务接受者共同讨论，求得统一认识，以使失效分析工作顺利进行。

　　无论分析的构件是单件还是所有同样名称、型号、功能的构件，都需要分析，只分析构件还是部件或是对构件所存在的装备及系统一并进行分析，失效构件是否得到妥善保护或是已经检查解剖；这种失效情况过去是否发生过，构件的使用、制造、设计、历史等与自己专业知识的相关性等问题都应明确，做到心中有数。

　　当对所分析的失效构件有初步了解后，应明确分析的目的和要求，确定分析的深度和广度。失效分析的目的是尽快恢复装备的功能，使工厂全线正常生产；有仲裁怅的失效分析，要分清失效责任的承担者，包括法律和经济责任；以质量反馈或技术攻关为目的的失效分析，更应做深入细致的工作，针对性的改进措施显得更重要。但不管失效分析是何种目的，失效分析的宗旨都是找出失效的原因，避免同样的失效事件再发生。对于不同目的要求，失效分析的深度和广度将会有很大的差别。失效分析的深度和广度，应以满足目的和进度要求为前提，以最经济的方法取得最有价值的分析结果。不考虑客观要求和经济效益，只追求分析深度和广度的做法，是不切合实际和不可取的。

2.2.2　调查现场及收集背景资料

1. 现场失效信息的收集、保留与记录

　　失效分析人员应尽早进入现场，尽快做好失效信息的收集、保留与记录工作。一方面是因为进入现场的人越多，时间越长，则信息的损失量越大，如某些重要的迹象（散落物、介质）损毁，残骸碎片丢失、污染、移位，断口碰伤，出现其他伪象或增加新的损伤等。另一方面是这项工作完成得快，有利于及早清理现场，恢复生产。

要收集的失效信息一般有两类：一类是已经确认能反映失效事故的过程和起因的现象及物质；另一类是估计可能用得着的物质和值得进一步分析的现象。因此，信息的收集、保留和记录工作必然是同分析工作紧密结合的。收集信息时应考虑广泛的可能性，不应先入为主，不能先认定或基本认定是什么失效原因，再去为此收集证据。应以客观事实为依据来论证失效原因和过程。

现场收集的信息包括物质和记录的文献，应满足如下条件。

（1）能全面地、三维地、定量地反映失效后的现场。

（2）能反映出各个装备或零部件失效先后顺序的各种迹象。

（3）能反映出失效机理的各种现象。

记录的方法包括摄影、录像、笔记、画草图等。但应注意，这些记录上都应有简要的文字来说明各种记录内容之间的关系，如注明左、中、右、前、后和比例尺、时间、局部照片所反映的位置在现场总体照片上的部位（反映局部和整体的关系）等。还要作出失效现场的草图，在其中标出坐标的空间尺度。

2. 调查、访问和收集背景资料

对复杂的失效事故，要特别注意调查、访问和收集背景资料。调查和访问的对象包括事故当事人、在场人、目击者以及与失效信息有关的其他部门人员，如化工厂仪表室和控制室的值班人员、门卫、电话值班人员、消防值班人员等。可以请他们叙述所见的失效发展过程及他们认为的失效原因。调查内容还包括：出事前的各种操作参数，如压力、温度、流量、流速、浓度、转速、电压、电流等；出事前的异常感觉或迹象，如声音、光照、电参数、振动、气温、仪表指示异常及异常气味、烟、火等；有关失效件历史的记忆及文献。

在调查访问中应特别注意保证所得结果可靠真实。要听取多方面的意见，尤其是当提供的情况或意见出现矛盾时，更不要轻易否定或肯定，都要记录下来，待分析到后面再逐步区别；绝对不要有诱导性提问；要仔细注意被访问者的心理状态，要解除涉嫌者或责任者的各种顾虑；不勉强被访问者提供情况；能个别访问的应个别访问，必须开调查会时，应在个别访问之后再进行，以避免产生互相迎合而导致错误结论。

访问调查可以获得很有用的线索和知识。但要真正准确地进行分析，还需有更充足的可靠依据。尤其是涉及诉讼和责任时，更是口说无凭。因此，要充分收集各种有关的科技档案背景资料、工业标准、规程、规范甚至来往信函及协议之类的文件档案。仅就理化机制分析构件失效，可以包括如下内容。

（1）失效装备的工作原理及运行技术数据和有关的规程、标准。

（2）设计的原始依据，如工作压力、温度、介质、应力状态和应力水平、安全系数，预计寿命，设计思想和所采用的公式或规程、标准。

（3）选材的依据，如材料性能数据、焊缝系数等。

（4）实用材料的牌号、性能指标、质量保证书、供应状态、验收记录、供应厂家、出厂时间等。

（5）加工、制造、装配的技术文件，包括毛坯制造工艺（各个环节）的文件，如图纸、工艺卡（工艺流程）及实施记录、检验报告乃至复查无损检验报告等。

（6）运行记录，包括工作压力、温度、介质、时间、开停车情况及开停车次数，异常载荷、反常操作（如超温）及已运行时间等。

（7）操作维修资料如操作规程、试车记录、操作记录、检修记录等。

（8）涉及合同、法律责任或经济责任时，往往还需查阅来往文件和信函。

以上所述各项并非都必须做，应视分析工作需要而重点进行。有了这些资料，一方面可以免于做一些重复性的实验室工作；另一方面使分析工作更有依据。但应该注意，在档案内发现的问题（如不合标准）并不见得就是失效原因。还必须进一步进行理论或实验论证，有时可能需要委托技术力量更强的部门做更深入的计算分析、测试、研究。

2.2.3　失效件的观察、检测和试验

在对失效的现场和背景资料做了调查研究的基础上，还需对收集到的失效件进行观察和检测，以便确定失效类型，探讨失效原因。

1. 观察

在清洗前全面地观察失效件和能收集到的全部残片，包括肉眼观察、低倍率的放大镜或体视显微镜宏观检查，还有高倍率显微镜的微观观察。

首先通过肉眼感知立体形状，识别颜色、光泽、粗糙度等的变化，取得失效件总体情况的概貌。

再利用低倍率的放大镜或显微镜宏观检查补充肉眼分辨率的不足，对失效件本身的特征区及与邻近构件接触部位的宏观形貌做进一步了解，并与设计图纸进行结构及尺寸的核对。尤其是对于断口和腐蚀的局部区域进行低倍率的宏观观察能为微观机制分析提供选点观察做好准备，如断口宏观观察能判别断裂顺序、裂纹源、扩展方向，则微观观察可在确定的裂纹源区、裂纹扩展区及断裂区分别观察不同的特征，寻找异常信息，为失效原因及机理提供有力的证据。

2. 检测

观察只能了解失效件的表观特征，对失效件的本质特征变化尚需通过各种检查测试作进一步了解。根据失效分析的目的和要求检测不同的项目，一般包括如下检测内容。

（1）化学成分分析。包括对失效件材料的化学成分和环境介质及反应物、生成物、痕迹物等的化学成分进行分析。

（2）性能测试。力学性能包括构件材料的强度指标、塑性指标和韧性指标及硬度等；化学性能包括材料在所处环境介质中的电极电位、极化曲线及腐蚀速率等；物理性能如环境介质在所处工艺条件下的反应热、燃烧热等。

（3）无损检测。采用物理的方法，在不改变材料或构件性能和形状的条件下，迅速

而可靠地确定构件表面或内部裂纹和其他缺陷的大小、数量及位置。金属构件表面裂纹及缺陷常用渗透法及电磁法检测，内部缺陷则多用放射性检测，声发射常用于动态无损检测，如探测裂纹扩展情况。

（4）组织结构分析。包括构件金属材料表面和心部的组织及缺陷。常用金相法分析金属的显微组织是否正常，是否存在晶粒粗大、脱碳、过热、偏析等缺陷；夹杂物的类型、大小、数量和分布；晶界上有无析出物，裂纹的数量、分布及其附近组织有无异常，是否存在氧化或腐蚀产物等；再用电子显微镜分析组织和缺陷细节。

（5）应力测试及计算。在大多数构件失效中要考虑构件存在的应力状态与应力水平，这不仅与构件的承载能力有密切关系，而且很多构件的失效类型与应力状态相关。不管哪一种断裂类型，其裂纹扩展能力都是应力的正变函数，应力增加，裂纹扩展速率递增。有多种腐蚀失效是在应力作用下才会产生的，如应力腐蚀开裂（stress corrosion cracking，SCC）与腐蚀疲劳都有与应力相关的裂纹启裂门槛值。构件由于承载而存在的薄膜应力，因温度引起的温差应力以及因变形协调产生的边缘应力，都是可以在设计中进行计算并在构件结构设计时应加以考虑的。但构件在制造成形存留的残余应力及其在安装使用过程中偶然因素附加的应力是难以估算的，有资料报道调查统计，由于残余应力而影响或导致构件的失效达失效总量的50%以上。所以，失效构件的应力往往需要测试及计算，尤其是构件在制造成形存留的残余应力。内应力的测定方法很多，如电阻应变片法、光弹性覆膜法、脆性涂层法、X射线法及声学法等，所有这些方法实际上都是通过测定应变，再通过弹性力学定律由应变计算出应力的数值。构件残余应力的测定是在无外加载荷的作用下进行测定的，目前多用X射线应力测定法进行测定。

3. 试验

在失效分析中，为了给失效分析做出更有力的支持，往往对关键的机理解释进行专项试验，或对失效过程的局部或全过程进行模拟试验。如对于 Cl⁻引起应力腐蚀开裂的失效构件，可以按国家标准的方法进行同材质标准试样的 Cl⁻水溶液（按工况的 Cl⁻浓度及温度）试验，为该金属材料对应力腐蚀开裂的敏感程度做有力的支持。模拟试验就是设计一种试验，使其绝大多数条件同失效件工况相同或相近，但改变其中某些不重要且模拟价高、时间太长、危险太大的影响因素，看是否发生失效。

2.2.4 确定失效原因并提出改进措施

正确判断失效形式是确定失效原因的基础，但失效形式不等于失效原因。还要结合材料、设计、制造、使用等背景和现场情况对照查找。无论是通过哪一种分析思路和方法得出的失效原因，在条件认可或有必要的情况下，应进行失效再现的验证试验。通过验证性试验，若得到预期结果，则证明所找到的原因是正确的，否则还需要再深入研究。

失效分析的根本目的是防止失效的再发生，因而确定失效原因后，还要根据判明的失效原因，提出改进措施，并按措施改进后进行试验，直至跟踪实际运行。如果运行正常，则失效分析工作结束。否则失效分析要重新进行。

失效分析工作完成后，应有总结报告，其中至少应包括以下内容。

（1）失效过程的描述。

（2）失效类型的分析和规模的估计。

（3）现场记录和单项试验记录计算的结果。

（4）失效原因。

（5）处理意见：报废、降级、维修（修复）等。

（6）对安全性维护的建议。

（7）最重要的是知识和经验的总结等。

2.3　失效件的保护、取样及试样清洗、保存

2.3.1　失效件的保护

失效分析工作在某种程度上与公安侦破工作有相似之处，必须保护好事故现场和损坏的实物，因为留下的残骸件是分析失效原因的重要依据，一旦被破坏，会给分析工作带来很多困难。所以，如何保护好失效件是非常重要的，对失效件断口的保护更为重要。失效件断口常常会受到外来因素的干扰，如果不排除这些干扰，将会导致分析过程中出现错误的结论。

断口保护主要是防止机械损伤和化学损伤。

对于机械损伤的防止，应当在断裂事故发生后马上把断口保护起来。在搬运时将断口保护好，在有些情况下还需利用衬垫材料，尽量使断口表面不要相互摩擦和碰撞。有时断口上可能沾上一些油污或沾污物，千万不可用硬刷子刷断口，并避免用手指直接接触断口。

对于化学损伤的防止，主要是防止来自空气和水或其他化学药品对断口的腐蚀。一般可采用涂层的方法，即在断口上涂一层防腐物质，涂层物质的选用原则是涂层物质不腐蚀断口且易于被完全清洗掉。在断裂失效事故现场，对于大的构件，在断口上可涂一层优质的新油脂；对于较小的构件断口，除涂油脂保护外，还可采用浸没法，即将断口浸于汽油或无水酒精中，也可把断口放入装有干燥剂的塑料袋里或采用乙酸纤维纸复型技术覆盖断口表面。注意不能使用透明胶纸或其他黏合剂直接粘贴在断口上，因为许多黏合剂很难清除且很可能吸附水分而引起断口的腐蚀。一定要清洗干净才能观察断口特征。

2.3.2　失效件的取样

为了全面地进行失效分析，需要各种试样，如力学性能测试试样、化学分析试样、

断口分析试样、电子探针分析试样、金相试样、表面分析试样和模拟试验用的试样等。这些试样要从有代表性的部位截取，要对截取全部试样有计划安排。在截取的部位，用草图或照相记录，标明是哪种试样，以免弄混而导致错误的分析结果。

例如，取断口试样时，一般情况下须将整体断口送实验室检验。有时因为断裂件体积大、质量大，无法将整体送实验室，就需从断裂件上截取恰当的断口试样。取样时不能损伤断口，且应保持断口干燥。截取断口的一般方法有火焰切割、锯割、砂轮片切割、线切割、电火花切割等。对于大件，可在大型车床、铣床上进行切割。注意切割时保持离断口一定距离，以防止切割时的热影响引起断口的微观结构及形貌发生变化。切割时可用冷却剂，注意不能使冷却剂腐蚀断口。在很多情况下，失效件不是断口，而是裂纹（两断面没有分离），此时要打开裂纹后再截取断口试样。常用三点弯曲法将裂纹打开（裂纹源位置在两个支点一侧，受力在另一侧），还可使用拉力机拉开、压力机压开、手锤打开（尽量不用此法）等方法。打开时必须十分小心，避免使断口受到机械损坏。如果失效件上有多个断口或多个裂纹，则要找出主裂纹的断口。

2.3.3　试样的清洗

清洗的目的是除去保护用的涂层和断口上的腐蚀产物及外来沾污物，如灰尘等。常用以下几种方法。

（1）用干燥压缩空气吹断口，可以清除黏附在上面的灰尘以及其他外来沾污物；用柔软的毛刷轻轻擦断口，有利于把灰尘清除干净。

（2）对于断口上的油污或有机涂层，可以用汽油、石油醚、苯、丙酮等有机溶剂进行清除，清除干净后用无水乙醇清洗并吹干。若浸没法还不能清除油污，可用超声波清洗、加热溶液等方法去除油脂，但避免用硬刷子刷断口。

（3）超声波清洗能相当有效地清除断口表面的沉淀物，且不损坏断口。超声波振动和有机溶剂或弱酸、碱性溶液结合使用，能加速清除顽固的涂层或灰尘沉淀物。对于氧化物和腐蚀产物，可在使用超声波的同时，在碳酸钠、氢氧化钠溶液中进行阴极电解清洗。

（4）应用乙酸纤维膜复型剥离。对于粘在断口上的灰尘和疏松的氧化腐蚀产物，通常可采用这种方法。用乙酸纤维膜反复 $2\sim5$ 次覆在断口上，可剥离断口上的沾污物。这种方法操作简单，既可去掉断口上的油污，又对断口无损伤，建议用此法清洗一般断口。

（5）使用化学或电化学方法清洗。这种方法主要用于清洗断口表面的腐蚀产物或氧化层，但可能破坏断口上的一些细节，所以使用时必须十分小心。一般只有在其他方法不能清洗掉的情况下经备用试样试用后才可使用。表 2-1 列举了一些常用的化学清洗方法。

表 2-1 化学清洗方法

材料	溶液	时间	温度
铁和钢	①20%NaOH＋200 g/L 锌粉 ②含有 0.15%有机缓蚀剂的 15%浓磷酸 ③浓 HCl＋50 g/L $SnCl_2$＋20 g/L $SbCl_3$	5 min 清除为止 25 min	沸腾 室温 冷（搅拌）
铝和铝合金	①70% HNO_3 ②CrO_3 2%＋H_3PO_4 5%溶液	2～3 min 10 min	室温 80～85 ℃
铜和铜合金	①HCl 15%～20% ②H_2SO_4 5%～10%	2～3 min 2～3 min	室温 室温

2.3.4 试样的保存

各种试验用的试样、供分析鉴定的断口试样和现场收集的碎片等应置于有吸水剂的干燥皿中存放备用，或置于真空器中。

失效分析工作结束后，对重要断口、碎片应该有长期保存措施。

第 3 章　失效分析的基本理论与技术

失效分析所用的检测技术种类繁多，涉及物理、化学、力学、电子等学科和技术领域中的一些专门测试技术，其中金相分析、成分分析、无损检测和力学性能测试等检测测试及分析技术应用更为常见。

失效分析选用实验测试技术和方法时，一般遵循如下原则。

（1）可信性：通常要选成熟的或标准的实验方法。

（2）有效性：要选用有价值的检测技术，这些技术能够提供说明失效源的信息。

（3）可能性：选用可能实现的检测技术。

（4）经济性：尽可能选用费用低的常规检测技术，要以解决问题为原则，不要求全。

3.1　失效分析的基本技能

本节介绍的内容是国内外失效分析工作人员在长期从事失效分析的理论探索和实践中归纳总结出来的行之有效的失效分析技能，区别于常规单项测试技术，是失效分析工作中与分析思路密切结合的各种测试技术的综合运用，往往在失效分析中起着很关键的作用，全面、准确地掌握其要领和方法至关重要。

3.1.1　断口分析

若金属装备及其构件断裂失效，则失效件上一般都形成断口（或把裂纹打开，其两个相对面就是断口）。断口是指失效件的断口表面或横断面。

1. 断口分析的重要性

在断口上真实地记录了金属断裂时的全过程，即裂纹的产生、扩展直至开裂；记录了外部因素对裂纹萌生的影响及材料本身的缺陷对裂纹萌生的促进作用；同时也记录着裂纹扩展的途径、扩展过程及内外因素对裂纹扩展的影响。简而言之，断口上记录着与裂纹有关的各种信息，通过对这些信息的分析，可以找出断裂的原因及影响因素。因此，断口分析在断裂失效分析中占据着特殊重要的地位。可以说断口分析是断裂失效分析的核心，又是断裂失效分析的向导，指引失效分析少走弯路。

2. 断口分析的依据

（1）断口的颜色与光泽。观察断口表面的颜色与光泽时，主要观察有无氧化色、有无腐蚀产物的色泽、有无夹杂物的特殊色彩与其他颜色。

例如，高温工作下的断裂构件，从断口的颜色可以判断裂纹形成的过程和发展速度，深黄色是先裂的，蓝色是后裂的；若两种颜色的距离很靠近，则可判断裂纹扩展的速度很快。

又如，钢件断口若是深灰色的金属光泽，是钢材的原色，则是纯机械断口；断口有红锈则是富氧条件腐蚀的 Fe_2O_3；断口有黑锈是缺氧条件腐蚀的 Fe_3O_4 等。

根据疲劳断口的光亮程度，可以判断疲劳源的位置。如果不是腐蚀疲劳，则源区是最光滑的。

（2）断口上的花纹。不同的断裂类型，可在断口上留下不同形貌的花纹。这些花纹丰富多彩，很多与自然景观相似，并以其命名。

疲劳断裂断口宏观上有时可见沙滩条纹，微观上有疲劳辉纹。

脆性断裂有解理特征，断口宏观上有闪闪发光的小刻面或人字条纹、山形条纹，微观上有河流条纹、舌状花样等。

韧性断裂宏观有纤维状断口，微观上多有韧窝或蛇行花样等。

（3）断口的粗糙度。断口的表面实际上由许多微小的小断面构成，其大小、高度差决定断口的粗糙度。不同材料、不同断裂方式的断口，其断口粗糙度也不同。

一般来说，属于剪切型的韧性断裂的剪切唇比较光滑；而正断型的纤维区则较粗糙。属于脆性断裂的解理断裂形成的结晶状断口较粗糙，准解理断裂形成的瓷状断口则较光滑。疲劳断口的粗糙度与裂纹扩展速度有关（成正比），扩展速度越快，断口越粗糙。

（4）断口与最大正应力的交角。在不同的应力状态、不同的材料及外界环境下形成的断口与最大正应力的交角不同。韧性材料的拉伸断口往往呈杯锥状或呈 45° 切断的外形，它的塑性变形是以缩颈的方式表现出来的，即断口与拉伸轴向最大正应力交角是45°。脆性材料的拉伸断口一般与最大拉伸正应力垂直，断口表面平齐，断口边缘通常没有剪切"唇口"。断口附近没有缩颈现象。韧性材料的扭转断口呈切断型。断口与扭转正应力交角也是 45°。脆性材料的扭转断口呈麻花状，在纯扭矩的作用下，沿与最大主应力垂直的方向分离。

（5）断口上的冶金缺陷。常可在失效件断口上经宏观或微观观察发现夹杂、分层、晶粒粗大、白点、白斑、氧化膜、疏松、气孔、撕裂等冶金缺陷。

3. 断口的宏观观察与微观观察

（1）断口的宏观观察是指用肉眼、放大镜、低倍率的光学显微镜（体视显微镜）或低倍率的扫描电子显微镜来观察断口的表面形貌，这是断口分析的第一步和基础。通过宏观观察收集断口上的宏观信息，可初步确定断裂的性质（脆性断裂、韧性断裂、疲劳断裂、应力腐蚀断裂等），再分析裂纹源的位置和裂纹扩展方向，可以判断冶金质量和热处理质量等。

观察时先用肉眼和低倍率放大镜观察断口各区的概貌和相互关系，然后选择细节、加大倍率观察微细结构。宏观观察时，尽可能拍照记录。

（2）断口的微观观察是用显微镜对断口进行高放大倍率的观察，通常使用金相显微镜和扫描电子显微镜。断口微观观察包括断口表面的直接观察和断口剖面的观察。通过微观观察进一步核实宏观观察收集的信息，确定断裂的性质、裂纹源的位置及裂纹走向、扩展速度，找出断裂原因及机理等。观察时要注意防止片面性，识别假象，要有真实性，收集的信息要具有代表性等。

断口的表面观察与日常观察事物有相似之处，剖面观察时截取剖面要求有一定的方向，通常是用与断口表面垂直的平面来截取（截取时注意保护断口表面不受任何损伤），垂直于断口表面有两种切法：①平行于裂纹扩展方向截取，可研究断裂过程。因为在断口的剖面上能包含断裂不同阶段的各区域。②垂直于裂纹扩展方向截取，在一定位置的断口剖面上，可研究某一特定位置的区域。

剖面观察可观察二次裂纹尖端塑性区的形态、显微硬度变化、合金元素的变化情况等。应用剖面技术，可帮助分析研究断裂原因和机理之间的关系。

3.1.2　裂纹分析

裂纹是一种不完全断裂的缺陷，裂纹的存在不仅破坏了金属的连续性，而且裂纹尖端大多很尖锐，会引起应力集中，促使构件在低应力下提前破断。

裂纹分析的目的是确定裂纹的位置及形成裂纹的原因。裂纹形成的原因往往很复杂，如设计不合理、选材不当、材质不良、制造工艺不当以及维护和使用不当等均有可能导致裂纹的产生。因此，金属的裂纹分析是一项十分复杂而细致的工作，往往需要从原材料的冶金质量、材料的力学性能、构件成形的工艺流程和每道工序的工艺参数、构件的形状及其工作条件以及裂纹宏观和微观的特征等方面做综合分析，还涉及多种技术方法和专业知识，如无损探伤、化学成分分析、力学性能试验、金相分析、X 射线微区分析等。

1. 金属裂纹的基本形貌特征

（1）裂纹两侧凹凸不平，耦合自然。即使裂纹变形后局部变钝或某些脆性合金致使耦合特征不明显，但完全失去耦合特征是罕见的。同时这种耦合特征与主应力性质有关，若主应力属切应力，则裂纹一般呈平滑的大耦合；若主应力属拉应力，则裂纹一般呈锯齿状的小耦合。

（2）除某些沿晶裂纹外，绝大多数裂纹的尾端是尖锐的。

（3）裂纹具有一定的深度，深度与宽度不等，深度大于宽度时，是连续性的缺陷。

（4）裂纹有各种形状，如直线状、分枝状、龟裂状、辐射状、环形状、弧形状，各种形状往往与裂纹形成的原因密切相关。

2. 裂纹的宏观检查

裂纹宏观检查的主要目的是确定检查对象是否存在裂纹。裂纹的宏观检查，除通过肉眼进行直接外观检查和采取简易的敲击测音法外，通常采用无损探伤法，如 X 射线、磁力、渗透着色、超声波、荧光等物理探伤法来检测裂纹。随着声发射技术的发展，现已可监控正在运行的某些关键性装备构件中的裂纹扩展情况。

3. 裂纹的微观检查

为进一步确定裂纹的性质和产生的原因，需对裂纹进行微观分析，即光学金相分析和电子金相分析。裂纹的微观检查主要内容如下。

（1）裂纹形态特征。其分布是穿晶的，还是沿晶的，主裂纹附近有无微裂纹和分支。

（2）裂纹处及附近的晶粒度有无显著粗大或细化或大小极不均匀的现象，晶粒是否变形，裂纹与晶粒变形的方向平行或垂直。

（3）裂纹附近是否存在碳化物或非金属夹杂物，它们的形态、大小、数量及分布情况如何，裂纹源是否产生于碳化物或非金属夹杂物周围，裂纹扩展与夹杂物之间有无联系。

（4）裂纹两侧是否存在氧化和脱碳现象，有无氧化物和脱碳组织。

（5）产生裂纹的表面是否存在加工硬化层或回火层。

（6）裂纹萌生处及扩展路径周围是否有过热组织、魏氏组织、带状组织以及其他形式的组织缺陷。

4. 产生裂纹部位的分析

裂纹产生的部位往往比较特殊，可能与构件局部结构形状引起的应力集中有关，也可能与材料缺陷引起的内应力集中等因素有关。裂纹的起因主要归结于应力因素。

（1）构件结构形状引起的裂纹。由于构件结构上的需要，或设计不合理，或加工制造过程中没有按设计要求进行，或在运输过程中碰撞而致使在构件上有尖锐的凹角、凸边或缺口，导致构件上存在截面尺寸突变或台阶等结构上的缺陷，这些结构上的缺陷在构件制造和使用过程中将产生很大的应力集中并可能导致裂纹。所以，要注意裂纹所在部位与构件结构形状之间关系的分析。

（2）材料缺陷引起的裂纹。金属材料本身的缺陷，特别是表面缺陷，如夹杂、斑疤、划痕、折叠、氧化、脱碳、粗晶以及气泡、疏松、偏析、白点、过热、过烧、发纹等，不仅直接破坏了材料的连续性，降低了材料的强度与塑性，而且往往在这些缺陷的尖锐前沿造成很大的应力集中，使材料在很低的平均应力下产生裂纹并得以扩展，最后导致断裂。统计表明，弯曲循环应力作用下，100%疲劳源起于表面缺陷。

（3）受力状况引起的裂纹。在金属材料质量合格，构件形状设计合理的情况下，裂纹将在拉力最大处形成，或有随机分布的特点。在这种情况下，为判别裂纹起裂的真实原因，要特别侧重对应力状态的分析。尤其是非正常操作工况下构件的应力状态，如超载、超温等。

5. 主裂纹的判别

在主裂纹产生的过程中，往往产生有支裂纹和微裂纹，称为二次裂纹。主裂纹与二次裂纹的萌生和扩展机理是相同的，并具有相似的扩展和形貌特征。找出主裂纹并进行分析容易判别裂纹产生的原因。若主裂纹受到损坏，则以二次裂纹的走向及形貌特征获得有限的断裂信息进行分析。

一般有 4 种主裂纹的判别方法：T 形法、分枝法、变形法与氧化法，如图 3-1 所示。

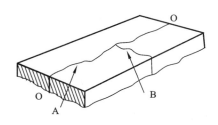

（a）T形法

A-主裂纹；B-二次裂纹；O-裂纹源

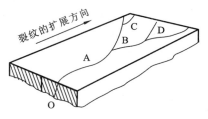

（b）分枝法

A-主裂纹；B、C、D-二次裂纹；O-裂纹源

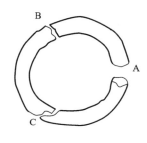

（c）变形法

A-主裂纹；B、C-二次裂纹

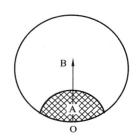

（d）氧化法

A-主裂纹形成的断口部分；B-二次裂纹形成的断口部分；O-裂纹源

图 3-1　主裂纹判别方法示意图

（1）T 形法：将散落的碎片按相匹配的断口合并在一起，其裂纹形成 T 形。在一般情况下，横贯裂纹 A 首先开裂，A 裂纹阻止 B 裂纹扩展。因此，A 裂纹为主裂纹，B 裂纹为二次裂纹。

（2）分枝法：将散落碎片按相匹配断口合并，其裂纹形成树枝形。在断裂失效中，往往在出现一个裂纹后，产生很多的分叉或分枝裂纹。裂纹的分叉或分枝方向通常为裂纹的局部扩展方向，其相反方向指向裂纹源，即分枝裂纹为二次裂纹，汇合裂纹为主裂纹。

（3）变形法：将散落碎片按相匹配断口合并起来，构成原来构件的几何外形，测量其几何形状的变化情况，变形量较大的部位为主裂纹，其他部位为二次裂纹。

（4）氧化法：在受环境因素影响较大的断裂失效中，检验断口各个部位的氧化程度，其中氧化程度最严重处为最先断裂的主裂纹所形成的断口，因为氧化严重说明断裂的时间较长，而氧化轻处或未被氧化处为最后断裂所形成的断口。

6. 裂纹的走向

宏观上看，金属材料裂纹的走向是按应力和强度两个原则进行的。

（1）应力原则。在金属脆性断裂、疲劳断裂、应力腐蚀断裂时，裂纹的扩展方向一般垂于主应力的方向，如塔形轴疲劳时，在凹角处起源的疲劳裂纹沿与主应力线垂直的方向扩展，最后形成碟形断口。当韧性金属承受扭转载荷或金属在平面应力的情况下，裂纹的扩展方向一般平行于切应力的方向，如韧性材料切断断口。

（2）强度原则。裂纹扩展方向不仅按照应力的原则进行，而且应按材料强度原则进行。强度原则指裂纹总是倾向沿着最小阻力路线（即材料的薄弱环节或缺陷处）扩展。有时按应力原则扩展的裂纹，途中突然发生转折，显然这种转折的原因是材料内部的缺陷。在这种情况下，转折处常常能够找到缺陷的痕迹或者证据。

在一般情况下，当材质比较均匀时，应力原则起主导作用，裂纹按应力原则进行扩展，而当材质存在明显不均匀时，强度原则将起主导作用，裂纹将按强度原则进行扩展。

当然，应力原则和强度原则对裂纹扩展的影响也可能是一致的，这时裂纹将沿着一致的方向扩展。例如，表面硬化的齿轮或滚动轴承的滚柱等零件，按强度原则裂纹可能沿硬化层和心部材料的过渡层（分界面）上扩展，这里因为裂纹在分界面上的强度急剧降低；按应力原则，齿轮在工作时沿分界面处应力主要是平行于分界面的交变切应力和交变张应力，因此往往发生沿分界面的剪裂和垂直于分界面的撕裂。

对裂纹的宏观观察分析虽然是十分重要和必不可少的，它是整个裂纹分析的基础，但是宏观分析往往不能确定断裂的机制、原因和影响因素。要解决上述问题，还必须对裂纹进行微观分析。

从微观来看，裂纹的扩展方向可能是沿晶的，也可能是穿晶或者混合的。裂纹扩展方向到底是沿晶的还是穿晶的，取决于在某种具体条件下，晶内强度和晶界强度的相对值。

一般情况下，出现应力腐蚀裂纹、氢脆裂纹、回火脆性、磨削裂纹、焊接热裂纹、冷热疲劳裂纹、过烧引起的锻造裂纹、铸造热裂纹、蠕变裂纹、热脆裂纹等裂纹时，晶界是薄弱环节，这些裂纹是沿晶界扩展的；而出现疲劳裂纹、解理断裂裂纹、淬火裂纹（由冷速过大、零件截面突变等原因引起的淬火裂纹）、焊接裂纹及其他韧性断裂的情况下，晶界强度一般大于晶内强度，裂纹是穿晶的。当裂纹遇到亚晶界、晶界、硬质点或其他组织和性能的不均匀区时，往往会改变扩展方向。因此，认为晶界能够阻碍疲劳裂纹的扩展，这就是常常用细化晶粒的方法来提高金属材料疲劳寿命的原因之一。

7. 裂纹周围和裂纹末端情况

金属表面和内部缺陷为裂纹源时，一般都能找到作为裂纹源的缺陷；裂纹的转折处往往也可以找到某种材料缺陷；在高温下产生的裂纹，或经历了高温的过程裂纹，在其周围也常常有氧化和脱碳的痕迹。因此，通过对裂纹周围情况的分析，可以了解裂纹经历的温度范围和构件的工艺历史，从而判断产生裂纹的具体过程。

对裂纹周围情况的分析还应包括对裂纹两侧的形状耦合性对比。在金相显微镜下观察淬火和疲劳裂纹时，虽然裂纹走向弯曲，但在一般情况下，裂纹两侧形状是耦合的，而发裂、拉痕、磨削裂纹、折叠裂纹以及经过变形后的裂纹等，其耦合特征不明显。因此，裂纹两侧的耦合性可以作为判断裂纹性质的参考依据。

一般情况下，疲劳裂纹、淬火裂纹的末端是尖锐的，而铸造热裂纹、磨削裂纹、折叠裂纹和发裂等末端呈圆秃状。因此裂纹末端情况也是综合分析判断裂纹性质和原因的一个参考凭证。

3.1.3 痕迹分析

构件失效时，由于力学、化学、电学等环境因素单独或协同作用，在构件表面或表面层留下了某种标记，称为痕迹。这些标记可以是构件表面或表面层的损伤性标记，也可以是构件以外的物质。研究痕迹的形成机理、过程和影响因素称为痕迹分析。在构件失效分析中，痕迹分析可以为构件的失效分析提供线索和证据。

构件失效中留下的痕迹种类繁多，根据痕迹形成的机理和条件不同分为以下几类。

（1）机械接触痕迹，指构件之间因接触而留下的痕迹，包括压入、撞击、滑动、滚压、微动等的单独作用或联合作用而留下的痕迹，其特点是塑性变形或材料转移、断裂等，集中发生于接触部位，并且塑性变形极不均匀。

（2）腐蚀痕迹，指由于构件材料与周围的环境介质发生化学或电化学作用而在构件表面留下的腐蚀产物及构件材料表面损伤的标记。腐蚀痕迹分析可有以下几个方面。

①构件表面形貌的变化，如点蚀坑、麻点、剥蚀、缝隙腐蚀、鼓泡、生物腐蚀、气蚀等。

②表面层化学成分的改变或腐蚀产物成分的确定。

③颜色的变化和区别。

④物质结构的变化。

⑤导电、导热、表面电阻等表面性能的变化。

⑥是否失去金属的声音。

（3）电侵蚀痕迹，由于电能的作用，在与电接触或放电的构件部位留下的痕迹称为电侵蚀痕迹。电侵蚀痕迹分为电接触痕迹和静电放电痕迹。

①电接触痕迹，是由于电接触现象而在电接触部位留下的电侵蚀痕迹。当电接触状况不良时，接触电阻剧增，而电流密度很大。电接触部位在火花或电弧的高温作用下，可能产生金属液桥、材料转移或喷溅等电侵蚀现象。

②静电放电痕迹。由于静电放电现象而在放电部位留下的电侵蚀痕迹。化工、石油化工、轻工、食品等很多工业场合，容易引起静电火灾和爆炸。有调查数据称，在有易燃物和粉尘的现场，约70%的火灾和爆炸事故是由静电放电引燃而产生的。常见的静电放电痕迹为树枝状，也有点状、线状、斑纹状等。

在长期失效分析实践中，人们已进行了许多成功的痕迹分析工作，积累了丰富的经验，但痕迹分析技术、方法和理论的发展尚不如断口分析和裂纹分析。因此，痕迹分析有待大力发展和完善。

痕迹分析也是一种多边缘学科，各种痕迹形成机理不同，痕迹形成过程也相当复杂，因此痕迹分析涉及材料学、金相学、无损检验、工艺学、腐蚀学、摩擦学、压力加工学、机械力学、测试技术、数理统计等各个领域，这就决定了痕迹分析方法的多样化。

痕迹不像断裂那么单纯，断裂的连续性好，过程不可逆，裂纹深入构件内部，在裂纹形成过程中断面不易失真，所以断口较真实地记录了失效全过程。而痕迹往往缺乏连续性，痕迹可以重叠，甚至可以反复产生和涂抹，痕迹暴露于表面，较易失真，有时仅记录了最后一幕，因此痕迹分析更需要采用综合分析手段。

3.1.4　模拟试验

在失效分析中，为了对失效分析结论做出更有力的支持，往往要进行模拟试验，有时也称为事故再现性试验。模拟试验是根据现场调查和失效件分析的情况，在装备构件发生失效的实际工况下，使其再次发生同样的失效形式，然后根据试验的结果分析其失效原因。

失效模拟是失效分析中经常采用的一种分析和验证方法。失效事故再现可以验证现场调查和失效件分析中所得出的事故直接原因；可以在失效件不全、证据不充分的情况下，提供事故的可能原因；可以排除失效分析中的某些疑点和某些现象；还可以显示失效事故的发展过程、失效件的破坏顺序等。因此，为了查清失效的直接原因，在整个失效分析中，往往需要进行多次失效模拟试验。

模拟意味着同真实工况有所不同。事实上大量的失效都是不能或不愿在试验中再现的，如蠕变、腐蚀、疲劳等失效过程很长，长期模拟价高且太慢；高温高压大型设备和装置的模拟试验价高且危险大等。模拟试验是设计一种试验，使其绝大多数条件与工况相同或很相近，但改变其中某因素进行试验，观察是否发生失效的情况。如加强某因素，使之加速失效；减弱某因素，使之不失效或减缓失效。如果改变某些因素对失效不产生影响，则排除这些因素对失效的作用。

失效分析中的模拟试验一般要求得到肯定性结论，有时还要进行正反两方面试验。

模拟试验方案的设计好坏，决定着试验是否具有有效性及其有效程度。关键问题在于能否认定这种模拟的相似性及差异性多大。例如，常用的爆破试验都是将容器的形状和材质保持不变，仅缩小尺寸，在试验时保持测试部位或破裂部位的应力状态和应力水平，或者增大应力。而在一些缩短时间的模拟试验中，就更难以保持高度的相似性。例如，为了加速试验过程而增大疲劳应力，为了加速蠕变而提高温度或加大应力；为了加速腐蚀、应力腐蚀、腐蚀疲劳过程而增大介质浓度、提高试验温度和应力等均可能导致失效机理发生变化，使某些情况下试验的有效性不可信。例如，某一应力腐蚀过程本来很微弱，若将应力强度因子（K_I）增大则将主要导致过载性裂纹扩展。这种模拟就没有意义。

模拟试验结果若和预想的不一致，既可能是原来分析结论不正确，也可能是试验方案有问题。这时，分析结论就不能最后确定。

3.2 化学成分分析

材料的性能首先取决于其化学成分。在失效分析中，常常需要对失效金属构件的材料成分、表面沉积物、氧化物、腐蚀物、夹杂物、第二相等进行定性或定量的化学分析，以便为获得失效分析结论提供依据。

化学成分分析按任务可分为定性分析和定量分析，按原理和所使用的仪器设备又可分为化学分析和仪器分析。化学分析是以化学反应为基础的分析方法。仪器分析则是以被测物的物理或物理化学性质为基础的分析方法，由于分析时常需要用到比较复杂的分析仪器，故称为仪器分析。

3.2.1 化学分析

化学分析法多采用各种溶液及各种液态化学试剂，故又称为湿式化学分析。常用的化学分析法有重量分析法、滴定分析法、比色法和电导法。

（1）重量分析法，通常是使被测组分与试样中的其他组分分离后，转变为一种纯粹的、化学组成固定的化合物，根据重量计算被测组分含量的一种分析方法。这种方法的分析速度较慢，现已较少采用，但因准确度高，目前在某些测定中仍用作标准方法。

（2）滴定分析法，用一种已知准确浓度的试剂溶液（即标准溶液），滴加到被测组分的溶液中去，使之发生反应，根据反应恰好完全时所消耗标准溶液的体积计算出被测组分的含量。滴定分析法操作简单快速，测定结果准确，有较大的使用价值。

（3）比色法，许多物质的溶液是有颜色的，这些有色溶液颜色的深浅和溶液的浓度直接有关。因此，可通过比较溶液颜色的深浅来测定溶液中该种有色物质的浓度。比色法还可分为目视比色分析法、光电比色分析法和分光光度分析法。后两种方法由于采用了仪器，属于仪器分析法。

（4）电导法，是利用溶液的导电能力来进行定量分析的一种方法。

3.2.2 光谱分析

光谱分析是根据物质的光谱测定物质组分的仪器分析方法。其优点是分析速度快，可同时分析多个元素，即使质量分数在 0.01%以下的微量元素也可以分析，整个分析过程比化学分析简单得多，因此光谱分析已得到广泛应用，这里主要介绍发射光谱分析（emission spectrometric analysis，ESA）、原子吸收光谱法（atomic absorption spectrometry，AAS）和 X 射线荧光光谱法（X-ray fluorescence spectrometry，XFS）。

1. 发射光谱分析

发射光谱分析是利用试样中原子或离子发射的特征线光谱（原子发射光谱）或某些

分子、基团发射的特征带光谱（分子发射光谱）的波长或强度，来检测元素的存在及其含量的一种成分分析方法。根据读谱设备和方法不同，可分为摄谱法光谱分析和光电直读法光谱分析。

摄谱法光谱分析可定量测定钢中除碳、硫以外的多种合金元素；分析迅速（约需 30 s），可同时进行多元素分析；当试样为固体钢样时，试样的预先处理简单，只需表面研磨即可；试样用量少（一般为 1～100 mg），是一种优异的微量分析法。

光电直读法光谱分析主要原理与摄谱法光谱分析基本相同，采用光电接收元件，将光信号转变为电信号，大大加快了分析速度。光电直读法光谱分析由于分析速度快，最适合炉前快速分析，一台仪器能承担原来由数台摄谱仪所承担的分析任务。在做定量分析时，也是依靠标准试样做出工作曲线，以便对未知试样进行分析。

采用真空光电直读光谱分析仪器分析合金元素的同时，还能对碳、磷、硫三个元素一起进行分析。

2. 原子吸收光谱法分析

原子吸收光谱法的基本原理是在待测元素特定和独有的波长下，通过测量试样所产生的原子蒸气对辐射的吸收值来测定试样中元素的浓度。

原子吸收光谱法分析的操作过程比较简单，准确称量少量试样，并经化学处理后稀释到一定体积，通过喷雾器及燃烧器使待测元素在火焰中呈原子蒸气状态，由指示仪表测出对一定强度辐射光的吸收值。其基本分析方法是标准曲线法，即预先配制不同浓度的标准溶液，分别测量吸收值，做出吸收值-浓度标准曲线。在同样条件下测量分析试液的吸收值，在标准曲线上查出相应的浓度，即可换算分析试样中该元素含量的百分数。

原子吸收光谱法分析的优点是测定的元素很广，几乎全部金属元素和某些亚金属元素均可测定；分析灵敏度高，一般为 0.01～1 μg/mL；元素间干扰少，一般都不必进行化学分离；准确度一般在 2%左右；试液准备好后，分析一个元素在 1 min 内完成；设备简单，成本较低。其缺点是分析一个元素要换一支元素灯；多数非金属元素不能直接测定。

3. X 射线荧光光谱法分析

用 X 射线照射物质时，除发生散射现象和吸收现象外，还能产生次级 X 射线，即荧光 X 射线。荧光 X 射线的波长只取决于物质中原子的种类，根据荧光 X 射线的波长可以确定物质的元素组成，根据该波长的荧光 X 射线的强度可进行定量分析。这种方法称为 X 射线荧光光谱法。其分析仪器分为荧光光谱仪（波长色散型）与荧光能谱仪（能量色散型）两种类型。

X 射线荧光光谱法分析的优点是操作方便，准确度高，分析速度快。既可进行常量分析，又可测定纯物质中某些痕量杂质元素。最新式的 X 射线荧光光谱仪可测定原子序数在 9 以上的所有元素。包括常见的铝、硅、硫、镁、氮等轻元素。目前，这类光谱仪已成为炉前分析的主要仪器。

三种光谱分析方法的应用及特点如表 3-1 所示。

表 3-1　三种光谱分析方法的应用及特点

分析方法	样品	基本分析项目与应用	应用特点
发射光谱分析（ESA）	固体与液体样品，分析时被蒸发，转变为气态原子	元素定性分析、半定量分析与定量分析（可测所有金属和谱线处于真空紫外区的 C、S、P 等非金属共七八十种元素，对于无机物分析，是最好的定性、半定量分析方法）	灵敏度高，准确度较高；样品用量少（只需几毫克到几十毫克）；可对样品进行全元素分析，分析速度快（光电直读光谱仪只需 1～2 min 可测 20 多种元素）
原子吸收光谱法（AAS）	液体（固体样品配制溶液），分析时为原子蒸气	元素定量分析（可测几乎所有金属和 B、Si、Se、Te 等半金属元素约 70 种）	灵敏度很高（特别适用于元素微量和超微量分析），准确度较高；不能进行定性分析，不便于做单元素测定；仪器设备简单，操作方便，分析速度快
X 射线荧光光谱法（XFS）	固体	元素定性分析、半定量分析、定量分析（适用于原子序数 5 以上的元素）	无损检测（样品不受形状大小限制且过程中不被破坏）；可实现过程自动化与分析程序化；灵敏度不够高，只能分析含量在 10^{-4} 数量级以上的元素

3.2.3　微区化学成分分析

对于金属构件因材料问题引起的失效，需重点研究金属材料中合金元素和杂质元素的浓度及分布，测定第二相或夹杂物。通常的化学分析方法只能给出被分析试样的平均成分，无法提供在微观尺度上元素分布不均匀的数据。电子探针 X 射线显微分析仪（electron probe X-ray microanalyzer，EPA 或 EPMA，简称电子探针）、俄歇电子能谱仪（auger electron spectrometer）和离子探针质量显微分析仪（ion microprobemass analyzer）是目前较为理想的微区化学成分分析仪器。其中，俄歇电子能谱仪和离子探针显微分析仪主要用于表面成分分析。

1. 电子探针 X 射线显微分析仪

电子探针 X 射线显微分析仪的主要功能是进行微区成分分析，其原理是用细聚焦电子束入射试样表面，激发出样品元素的特征 X 射线，分析特征 X 射线的波长（或特征能量）即可知道样品中所含元素的种类（定性分析），分析 X 射线的强度，则可知道样品中对应元素含量的多少（定量分析）。

电子探针的信号检测系统是 X 射线谱仪。用来测定 X 射线特征波长的谱仪称为波长分散谱仪（wavelength dispersive spectrometry，WDS）或波谱仪。用来测定 X 射线特征能量的谱仪称为能量分散谱仪（energy dispersive spectrometer，EDS）或能谱仪。

波谱仪的优点是波长分辨率高，对于一些波长很接近的谱线也能分开。随着电子计算机技术的发展，出现了波谱仪-计算机的联机操作。如日本电子公司的 JCXA733 型电子探针和日立公司的 X-650 扫描电子显微镜等。联机之后，可对过程进行自动控制，如驱动分光晶体自动寻峰、多道分光谱仪同时测量、样品台位置的自动调整及在聚焦圆上的自动聚焦、定性分析和定量计算等，使测量速度和精度大大提高。波谱仪的缺点是要求试样表面十分平整，且 X 射线信号利用率低。

和波谱仪相比，能谱仪具有下列优点。

（1）能谱仪可在同一时间内对分析点内所有元素 X 射线光子的能量进行测定和计数，在几分钟内可得到定性分析结果，而波谱仪只能逐个测量每种元素的特征波长。

（2）能谱仪探测 X 射线的效率高，因为 Si(Li)探头可以安放在比较接近样品的位置，能谱仪的灵敏度比波谱仪高一个数量级。

（3）能谱仪的结构比波谱仪简单，没有机械传动部分，因此稳定性和重复性都很好。

（4）能谱仪不必聚焦，因此对样品表面没有特殊要求，适合于粗糙表面的分析工作。因扫描电子显微镜在大多数情况下观察的试样是凹凸不平的，一般来说，扫描电子显微镜与能谱仪结合为一种较好的组合。

与波谱仪相比，能谱仪又有下列不足。

（1）能谱仪的分辨率比波谱仪低，因为能谱仪给出的波峰比较宽，容易重叠，特别是在低能部分，往往需要有经验的操作者在计算机的帮助下进行谱线剥离。

（2）能谱仪中 Si(Li)检测器的铍窗口限制了超轻元素 X 射线的测量，因此只能分析原子序数大于 11 的元素，而波谱仪可测定原子序数在 4～92 之间的所有元素。

（3）定量分析精度不及波谱仪。

（4）Li 漂移 Si 探头必须保持在液氮中。

2. 俄歇电子能谱仪

俄歇电子能谱仪是通过能量分析器及检测系统来检测俄歇电子的能量和强度，获得有关表层化学成分的定性和半定量信息以及电子态等。它能分析试样表面 3 nm 以内的深度，分析原子序数为 3 以上的所有元素，对轻元素特别灵敏。测定元素的浓度极限范围为 0.01%～0.1%（原子分数），能方便地对试样做点、线、面上元素分布的鉴定，并能给出元素分布的图像，这种分析方法与电子探针相似。

俄歇电子能谱仪可应用于分析合金元素和微量元素在合金表面、晶界、相界上的吸附、扩散、偏析，渗层元素的分布，热处理的表面成分偏析，还可应用于材料腐蚀研究、压力加工之后的表面分析、磨削氧化膜的表面分析等。

3. 离子探针质量显微分析仪

离子探针质量显微分析仪是指利用气体产生的离子轰击样品表面，对激发出的二次离子进行化学元素及同位素成分分析的仪器。从氢到铀的元素均可用离子探针进行分析，补充了电子探针元素分析范围有限及灵敏度偏低的不足。离子探针质量显微分析仪可进行表面分析、近浅表面的深度分析、体积分析和图像分析，但定量的精度不如电子探针。

上述三种分析仪表面微区化学成分分析技术比较如表 3-2 所示。

表 3-2　表面微区化学成分分析技术比较

性能参数	电子探针 X 射线显微分析仪	俄歇电子能谱仪	离子探针质量显微分析仪
空间分辨率/μm	0.5～1	0.1	1～2
分析深度/μm	0.5～2	<0.003	<0.005
采样体积质量/g	10^{-12}	10^{-16}	10^{-13}
可检测质量极限/g	10^{-16}	10^{-18}	10^{-16}
可检测浓度极限/(mg/L)	50～10 000	10～1 000	0.01～100
可分析元素	$z \geq 4$（$z \leq 11$ 时灵敏度差）	$z \geq 3$	全部
定量精度	±1%～5%	30%	尚未建立
真空度要求/Pa	$\leq 10^{-3}$	$\leq 10^{-8}$	$\leq 10^{-6}$
对试样损伤情况	对非导体损伤大，一般情况下无损伤	损伤小	损伤严重
定点分析时间/s	100	1 000	0.05

3.3　力学性能测试

金属构件在外力或外力与环境因素共同作用下所表现出来的一系列力学性能指标反映了材料在各种形式外力作用下抵抗破坏的能力，宏观上一般表现为金属的变形和断裂。如果金属材料对变形和断裂的抗力与服役条件不相适应，就会使构件失效。常见的失效形式有过量弹性变形、过量塑性变形、断裂、磨损等。常见的力学性能指标包括强度、塑性、韧性、硬度、耐磨性和缺口敏感性等。这些性能指标可通过拉伸试验、冲击试验、硬度试验、磨损试验、疲劳试验、断裂试验等方法获得。力学性能测试方法一般已经标准化，可按国家推荐的标准方法执行。表 3-3 列出部分常用国家标准推荐的金属力学性能测试标准。

表 3-3　金属力学性能测试标准

标准号	标准名称	标准号	标准名称
GB/T 228.1—2021	金属材料　拉伸试验　第 1 部分：室温试验方法	GB/T 3075—2021	金属材料　疲劳试验　轴向力控制方法
GB/T 229—2020	金属材料　夏比摆锤冲击试验方法	GB/T 4161—2007	金属材料　平面应变断裂韧度 K_{IC} 试验方法
GB/T 230.1—2018	金属材料　洛氏硬度试验　第 1 部分：试验方法	GB/T 228.2—2015	金属材料　拉伸试验　第 2 部分：高温试验方法
GB/T 231.1—2018	金属材料　布氏硬度试验　第 1 部分：试验方法	GB/T 4340.1—2009	金属材料　维氏硬度试验　第 1 部分：试验方法
GB/T 1172—1999	黑色金属硬度及强度换算值	GB/T 4341.1—2014	金属材料　肖氏硬度试验　第 1 部分：试验方法
GB/T 21143—2014	金属材料　准静态断裂韧度的统一试验方法	GB/T 7997—2014	硬质合金　维氏硬度试验方法

标准号	标准名称	标准号	标准名称
GB/T 2039—2012	金属材料 单轴拉伸蠕变试验方法	GB/T 10623—2008	金属材料 力学性能试验术语
GB/T 2975—2018	钢及钢产品 力学性能试验取样位置及试样制备	GB/T 228.3—2019	金属材料 拉伸试验 第 3 部分：低温试验方法

3.4 组织结构分析

金属材料的性能与组织结构密切相关，通过分析材料的组织结构有助于进一步确定构件的失效行为。常规的组织结构分析需借助仪器进行，最常用的组织结构分析方法为金相检验和电子显微镜分析方法。

3.4.1 金相检验

金相检验是借助光学显微镜，观察与识别金属材料的组成相、组织组成物及微观缺陷的数量、大小、形态及分布，从而判断和评定金属材料质量的一种检验方法。金相检验包括试样制备、组织显示、显微镜观察和拍照 4 个步骤。进行金相检验时，需首先从构件上截取试样，试样表面一般比较粗糙并有其他覆盖物，要进行清理、研磨、抛光，得到一个光亮的、表面组织未发生任何变化的镜面，这就是金相试样；而光亮的镜面在显微镜下只能看到光亮一片，必须用适当的方法显示组织；可在显微镜下观察和分析不同组织中的颗粒、夹杂物形貌、大小和分布等特征；最后进行金相拍照，记录下有用的数据资料。与金相检验相关标准如表 3-4 所示。

表 3-4 金相检验的相关标准

标准号	标准名称
GB/T 224—2019	钢的脱碳层深度测定法
GB/T 226—2015	钢的低倍组织及缺陷酸蚀检验法
GB/T 1979—2001	结构钢低倍组织缺陷评级图
GB/T 10561—2005	钢中非金属夹杂物含量的测定——标准评级图显微检验法
GB/T 13298—2015	金属显微组织检验方法
GB/T 13299—2022	钢的游离渗碳体、珠光体和魏氏组织的评定方法
GB/T 13302—1991	钢中石墨碳显微评定方法
GB/T 13305—2008	不锈钢中α-相面积含量金相测定法
GB/T 14979—1994	钢的共晶碳化物不均匀度评定法
GB/T 15749—2008	定量金相测定方法
GB/T 6394—2017	金属平均晶粒度测定方法

总体来说，利用光学显微镜观察铁碳合金时，可进行低倍检验、显微组织检验、夹杂物的金相鉴定、脱碳层深度测定、晶粒度检验等，还可进行现场金相检查。

1. 低倍检验

用肉眼或放大镜检验金属表面或断口宏观缺陷的方法称为低倍检验。它是检验原材料和产品质量的重要手段，因为化学分析、力学性能试验和显微金相检验固然是评定钢材质量的重要依据，但是由于金属材料的不均匀性，这些数据仅能部分地反映金属材料的性能。而通过宏观检验可揭示其全貌，能显示金属组织的不均匀性和各种缺陷的形态、分布。所以宏观检验与其他检验方法相配合，才能全面评定金属材料的质量。

低倍检验方法很多，可按有关标准的规定进行检验，如酸蚀低倍检验、断口检验等。在相应的标准和技术条件中，有的规定采用单一检验方法，也有的同时采用两种或多种方法进行检验，互为补充，使检验结论更加全面。例如，在《钢的低倍组织及缺陷酸蚀检验法》（GB/T 226—2015）中，规定了热酸腐蚀、冷酸腐蚀和电解腐蚀三种方法。三者所得结果基本一致，故在实际生产中常常任选一种方法进行检验，但在仲裁时规定以热酸腐蚀为准。

低倍检验一般包括以下内容。

（1）金属结晶组织。

（2）金属凝固时形成的气孔、缩孔、疏松等缺陷。

（3）某些元素的宏观偏析，如钢中的硫、磷偏析等。

（4）压力加工形成的流线、纤维组织。

（5）热处理件的淬硬层、渗碳层和脱碳层等。

（6）各种焊接缺陷以及夹杂物、白点、发纹、断口等。

2. 显微组织检验

金属材料试样经研磨、抛光、浸蚀后在光学显微镜下检查，可看到各种形态的显微组织。就相组织的多少来说，有单相、双相及多相组织。对于单相组织，要观察晶粒边界，晶粒形状、大小以及晶粒内出现的亚结构；对于双相及多相组织，要观察相的相对量、形状、大小及分布等。

在观察金属构件的显微组织时，一定要事先做好准备工作。首先要清楚金属材料的成分及构件的工艺成形条件；尽可能找到相关的金属或合金相图，作为判断组织时的参考。在显微镜实际观察时，先用低倍观察组织的全貌，再用高倍对某相或某些细节进行仔细观察。还可根据需要，选用特殊的方法如暗场、偏振光、干涉、显微硬度等，或用特殊的组织显示方法，做进一步观察研究。先做相鉴定，然后做定量测量。对于光学金相不能确定的合金相，可用衍射方法和电子探针做进一步分析。

3. 夹杂物的金相鉴定

夹杂物的金相鉴定主要是判别夹杂物的类型，测定夹杂物的大小、数量、形态及分布。很多夹杂物具有特定的外形，这种特定的外形和分布方式与夹杂物的类型、来源有关。夹杂物若形成时间早，并以固态形式出现在钢液中，一般都具有一定的几何形状（如磨面上不规则三角网夹杂呈方形、三角形），夹杂物若以液态的第二相存在于钢液中，则由于表面张力的作用多呈球状（如一些硅酸盐及玻璃）；若夹杂物析出较晚，则多沿晶界分布。按夹杂物与晶界浸润情况不同，夹杂物或呈颗粒形（如 FeO），或呈薄膜状（如 FeS）；经形变后的材料中，脆性夹杂物（如 Al_2O_3）多呈点链状分布，而塑性夹杂物（如一些硫化物及含 SiO_2 低于 60%的硅酸盐）则沿变形方向呈条带状。

此外，金属材料中往往是多种夹杂物共存，它们在冷凝过程中相互影响，形成几种夹杂物的固溶体或机械混合物。如 FeS 与 MnS 组成固溶体，FeO 与 $2FeO \cdot SiO_2$ 组成球状共晶夹杂。

表 3-5 列出了金相法鉴定夹杂物的观察项目和内容，供鉴定时参考。

表 3-5　金相法鉴定夹杂物的观察项目和内容

观察项目	观察内容
低倍明视场（100×）	夹杂物的位置；夹杂物的形状、大小及分布；夹杂物的变形；夹杂物的色彩；夹杂物的抛光性
高倍明视场（400×）	夹杂物的组织；夹杂物的反光能力；夹杂物的色彩
高倍暗视场	夹杂物的透明程度（透明、半透明、不透明）；透明夹杂物本身的色彩；透明及半透明夹杂物的组织
偏振光观察	各向异性效应（强弱程度或各向同性）；夹杂物的色彩；黑十字现象
显微硬度测量	测定显微硬度并估计其脆性

4. 脱碳层深度测定

钢材在加工及使用的热过程中，由于周围气氛（如氧、水蒸气和二氧化碳）对其表面所产生的化学作用，以及表面碳的扩散作用，使其表层碳含量降低的现象称为脱碳。脱碳是钢材的一种表面缺陷。

脱碳层分为全脱碳层和部分脱碳层两种，两者深度之和为总脱碳层，即从材料表面到碳含量等于基体碳含量的那一点的距离。基体是指钢材及构件未脱碳部位。根据分析的要求，有的测量总脱碳层，有的测量全脱碳层，但大多是测量总脱碳层。

测定脱碳层深度的方法纳入《钢的脱碳层深度测定法》（GB/T 224—2019）的有碳含量测定法、硬度法、金相法三种，各有其独特的用途和局限性。碳含量测定法（剥层化学分析法）能得到很高的测量精度，但费时且成本高，通常只用于研究二作。硬度法是测量截面上显微硬度的变化，从试样边缘到硬度达到平稳值或技术条件规定的硬度值为止的深度为脱碳层深度。此法结果比较可靠，是常用的检验手段。金相法设备简单，方法简便，也是常规脱碳检验中的重要手段，但测量误差较大，数值常偏低，为保证测量精度，操作者应在每个试样上进行 5 次以上的测量，取它们的平均值作为脱碳层深度。下面主要介绍金相法。

金相法只适用于具有退火组织（或铁素体-珠光体）的钢材。对于那些经淬火、回火、轧制或锻制的构件，由于不是平衡组织，使用金相法测量不够准确，甚至不能采用。

使用金相法时，脱碳层判定的依据如下。

（1）全脱碳层指组织状态完全（或近似于完全）是铁素体层金属。全脱碳层容易测量，一般从表面量至出现珠光体组织为止。

（2）部分脱碳层指全脱碳层以后到钢的碳含量未减少处的深度。例如，亚共析钢是指在全脱碳层以后到铁素体相对量不再变化为止，过共析钢是指在全脱碳层之后至碳化物相对量不再变化为止。

（3）总脱碳层从表面量至与原组织有明显差别处为止。

使用金相法测定脱碳层深度时应注意以下几点。

（1）试样的抛光面应为横截面，并必须垂直于钢材表面。因为只有这样才能比较充分地观察并找到脱碳层最严重的部位而加以测定；同时不至于使测得的脱碳层厚度较实际偏高。

（2）取样时要注意到容易发生脱碳的部位。检验时应沿试样脱碳的边缘逐一观察，应尽可能做到观察可能发生脱碳的全周边。

（3）标准方法中规定，对于每一个试样，在最深均匀脱碳区的一个显微镜视场内，随机进行最少 5 次测量，取平均值作为总脱碳层深度。

（4）试样的腐蚀可以较检验一般金相组织时深一些。

（5）测定脱碳层一般是在 100 倍金相显微镜下进行的，必要时也可选用其他倍数。脱碳层深度单位以毫米计算。

5. 晶粒度检验

晶粒度是晶粒大小的量度，通常使用长度、面积或体积等不同表示方法评定或测定晶粒的大小。而使用晶粒度级别指数表示的晶粒度与测量方法及使用单位无关。晶粒度是金属材料的重要显微组织参量，在一般情况下，晶粒越细，则金属材料的强度、塑性和韧性越好，工程上使晶粒细化是提高金属材料常温性能的重要途径之一。

《金属平均晶粒度测定方法》（GB/T 6394—2017）是目前推荐适用于测定金属材料晶粒度的标准。该标准测定晶粒度的方法有比较法、面积法和截点法。比较法是通过与标准评级图对比评定晶粒度，该标准备有 4 个系列的标准评级图，若材料的组织形貌与标准评级图中任一系列的图形相似，则可使用比较法。任何情况下都可以使用面积法和截点法。若有争议，截点法是仲裁方法。《金属平均晶粒度测定方法》（GB/T 6394—2017）对测定金属材料晶粒度试样的制备、晶粒的显示方法、晶粒度的测定及数值表示都有明确的规定，晶粒度检验时推荐按该标准规定执行。

6. 现场金相检查

大工件金相检查仪是供现场使用的仪器。传统的金相组织检查方法需要切取样品，并在实验室磨制成金相试样，然后在金相显微镜下观察。但是，要从某些特大型的构件上切取试样有很大的困难，且有些构件需进行金相检查，但不允许将其破坏。为了解决这些问题，出现了大工件金相检查仪。

大工件金相检查仪实际上是一个小型金相实验室。在一个手提箱中备有从磨样、抛光、电解腐蚀、金相观察用的全部工具和器材，包括手提式金相显微镜、机械磨光孔、电解抛光机，由蓄电池供电的交直流电源，必要的器材包括机械磨光用的砂轮和毡轮、电解抛光和浸蚀用的玻璃纤维纸、电解液、丙酮等。

图 3-2 所示是大工件金相检查仪在构件表面进行金相检查工作的过程。

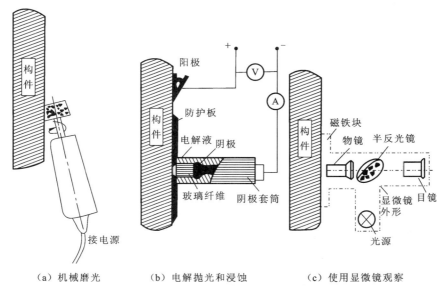

（a）机械磨光　　　（b）电解抛光和浸蚀　　　（c）使用显微镜观察

图 3-2　大工件金相检查仪工作过程示意图

金相试样直接在构件上制备，无须破坏构件切取试样。在准备做金相检查的部位先用机械磨光机进行粗磨和抛光。机械磨光机是一只装有小砂轮的手持砂轮机［图 3-2（a）］，砂轮的粒度分粗、中、细三级。制样时，先用砂轮由粗到细将欲做金相观察的部位磨光，再换上毡轮加抛光膏进行抛光。在机械磨光后也可进行电解抛光，如图 3-2（b）所示。组织的显示可使用电解浸蚀，也可用化学浸蚀。经过金相制样的构件表面，使用手提式金相显微镜观察微观组织［图 3-2（c）］。主要利用显微镜底座上的磁性吸盘将其固定在构件表面，并使物镜对准待观察表面，用照相附件将所观察的组织拍照。通常，制样的尺寸为 5 mm×15 mm，打磨和抛光的总深度约为 0.015 mm。对多数大型构件来说，磨制金相样品时所造成的上述表皮损伤是完全允许的。

经过金相制样的构件表面，除在现场观察外，还可以进行复型和萃取，以便在实验室做进一步观察和分析。萃取和复型的方法如图 3-3 所示。取一小块醋酸纤维纸（简称 AC 纸），将其一面蘸上少许丙酮，表面即变软，然后将软面贴在欲复型的表面上，经 20～30 min 定形，随后将 AC 纸小心揭下，则复型的形貌为原构件的组织形貌。萃取下的质点可以是材料表面组织中的夹杂或析出相。这些萃取复型可以长期保存，也可以利用电子显微镜进行深入的观察，并分析质点的成分和结构。

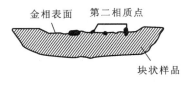
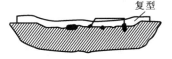

（a）块状样品　　　　　　　（b）块状样品加复膜质点　　　（c）复膜带萃取的第二相

图 3-3　萃取和复型示意图

3.4.2　电子显微镜分析方法

光学显微镜由于受照明光线（可见光）波长的限制，无法分辨出小于 0.2 μm 的图像和显微结构。电子显微镜是以波长很短的电子束作为照明光源，具有更高的分辨率和放大倍数。目前最先进的电子显微镜的分辨率已达到原子尺度，放大倍数可达 100 万倍。应用电子显微镜可以观察到光学显微镜不能分辨的组织形貌和晶体缺陷，确定晶体的结构类型以及析出相与母相之间的取向关系，做到形貌与结构的统一。电子显微镜已成为金属显微分析的重要工具。

常用的电子显微镜包括透射电子显微镜（transmission electron microscope，TEM，简称透射电镜）、扫描电子显微镜（scanning electron microscope，SEM，简称扫描电镜）、电子探针 X 射线显微分析仪。

1. 透射电子显微镜

透射电子显微镜具有高分辨率、高放大倍数等特点，是以聚焦电子束作为照明源，用电磁透镜对极薄（几纳米至几十纳米）试样的透射电子源聚焦成像的电子光学仪器。薄膜透射电子显微镜还提供了与晶体学特性有关的信息。平行的透射电子和衍射电子分别通过物镜聚焦，在后焦面上形成中心斑点及反映结构特征的电子衍射花样，标定衍射花样，可以判断物相的结构及它在空间的取向。用于透射电镜研究的样品要求厚度极薄。将极薄的试样放在专用的铜网上，并将装在样品架上的铜网送入电镜的样品室内进行观察。透射电子显微镜在显微检验中的应用主要有以下三方面。

1）显微组织的辨认

透射电镜具有高的分辨率和放大倍数，利用它可以可靠地确定光学显微镜不能分辨的组织。例如，透射电镜下能清晰地看到屈氏体的层片；可靠地辨认上贝氏体、板条状马氏体、回火马氏体与下贝氏体；可通过观察马氏体回火过程中碳化物的形态、分布和大小判断回火程度及回火组织。

2）鉴别微量第二相的结构

利用透射电镜可对薄膜试样进行选区电子衍射，对衍射花样进行标定，可以确定微量第二相的结构及第二相与母相之间的取向关系。因此，利用薄膜透射技术可以研究钢的回火转变和过饱和固溶体的脱溶分解。

3）研究组织的亚结构

透射电镜的薄膜透射技术还能观察各相内的亚结构及晶体缺陷，如可以观察马氏体板条及板条内大量的缠结位错。如果增设对试样的施力装置，还能观察到位错的运动、位错增殖、位错交截及位错反应。

2. 扫描电子显微镜

扫描电镜的成像原理和透射电镜完全不同。它不用电磁透镜放大成像，而是以类似摄影显像的方式，利用细聚焦电子束在样品表面扫描时激发出来的各种物理信号来调制成像。扫描电镜主要用于表面形貌的观察，有如下主要特点。

（1）分辨率高，可达 3～4 nm。

（2）放大倍数范围广，从几倍到几十万倍，且可连续调整。

（3）景深大，适合观察粗糙的表面，有很强的立体感。

（4）可对样品直接观察而无须特殊制样。

（5）可以加配电子探针（能谱仪或波谱仪）附件，将形貌观察和微区成分分析结合起来。

扫描电镜在失效分析工作中具有特殊重要的作用。它的出现对断口分析和断口学的形成起重要的推动作用。目前，显微断口的分析工作大都是用扫描电镜来完成的。

当一束很细的电子束射到固体样品表面时，由于电子具有一定的能量，将射入固体一定的深度。入射电子与固体原子互相作用，产生一系列物理信息。在扫描电镜中，一般利用二次电子成像来观察表面形貌。背散射电子像可以反映出化学成分的一些信息。但是要得到元素的组成，通常使用 X 射线特征谱进行测试。

扫描电镜的样品制备方法非常简便。观察金相组织和成分分析，可直接使用金相试样，但浸蚀可以深些。观察断口样品，只要经过表面清洗即可。

对导电性材料来说，除要求尺寸不超过仪器规定的范围外，只要用导电胶把它粘贴在铜或铝制的样品座上即可。对于导电性较差或绝缘样品，在电子束作用下会产生电荷堆积而使图像质量下降，因此对这类样品粘贴到样品座之后要进行喷镀导电层处理。通常采用金、银或碳真空蒸发膜作导电层，膜厚控制在 20 nm 左右。

扫描电镜在失效分析中主要应用在以下三个方面。

（1）扫描图像分析。扫描电镜表面形貌衬度是利用二次电子信号作为调制信号而得到的一种像衬度。由于二次电子信号主要来自样品表层 5～10 nm 深度范围，它的强度与原子序数没有明确的关系，仅对微区刻面相对于入射电子束的位向十分敏感，且二次电子像分辨率比较高，所以特别适用于显示形貌衬度。二次电子像成为扫描电镜应用最广的一种方式，尤其在失效工件的断口分析、各种材料的表面形貌及金相组织形貌特征观察上，成为目前最方便、最有效的手段。

（2）断裂过程的动态研究。有些型号的扫描电镜带有较大拉力的拉伸台装置，这就为研究变形与断裂的动态过程提供了很大方便，可以直接观察拉伸过程中裂纹的萌生和扩展与材料显微组织之间的关系。

（3）微区成分分析。扫描电镜成分分析工作主要靠 X 射线波谱分析或能谱分析来实现。这种分析方式原本是电子探针的主要方式，因此带有波谱分析或能谱分析的扫描电镜也称为广义的电子探针。

3.5　无损检测

无损检测是利用声、光、热、电、磁和射线等与被检物质的相互作用，在不损伤被检验物（材料、零件、结构件等）的前提下，掌握和了解其内部及近表面缺陷状况的现代检测技术。无损检测不但可以探明金属材料有无缺陷，还可给出材料质量的定量评价，包括对缺陷的定量（形状、大小、位置、取向等）测量和对有缺陷材料的质量评价。同时，也可测量材料的力学性能和某些物化性能。

在失效分析中应用无损检测技术的目的如下。

（1）检查失效件的同批服役件、库存件，防止同类事故的发生，若能查出第二件、第三件，则更有利于失效性质和失效原因的分析判断。

（2）某些容器、管道、壳体，甚至一些复杂形状的系统装置出现裂纹或泄漏时，常常需要借助无损检测技术来确定其确切部位，以便取样分析或采取相应的补救措施。

（3）在脆性破坏中，利用无损检测技术来检测监视临界裂纹长度，防止发生脆断。

无损检测方法很多，最常用的有射线检测、超声检测、磁粉检测、渗透检测、涡流检测和声发射检测等 6 种常规方法。这 6 种方法已列入国家标准（表3-6），可参照执行。每种无损检测方法均有其优点和局限性，这些方法对金属材料缺陷的检出率都不会是100%，各种检测方法检测结果不会完全相同，因此各种方法对不同的缺陷检测有所适用。超声和射线检测主要用于探测被检物的内部缺陷；磁粉和涡流检测主要用于探测表面和近表面缺陷；渗透检测仅用于探测被检物表面开口处的缺陷；而声发射主要用于动态无损检测。

表 3-6　无损检测的相关标准

标准号	标准名称
GB/T 2970—2016	厚钢板超声检测方法
GB/T 5616—2014	无损检测　应用导则
GB/T 5777—2019	无缝和焊接（埋弧焊除外）钢管纵向和/或横向缺欠的全圆周自动超声检测
GB/T 7735—2016	无缝和焊接（埋弧焊除外）钢管缺欠的自动涡流检测
GB/T 8651—2015	金属板材超声波探伤方法
GB/T 11343—2008	无损检测　接触式超声斜射检测方法
GB/T 11345—2013	焊缝无损检测　超声检测　技术、检测等级和评定

标准号	标准名称
GB/T 12604.12—2021	无损检测　术语　第 12 部分：工业射线计算机层析成像检测
GB/T 12604.2—2005	无损检测　术语　射线照相检测
GB/T 12604.3—2013	无损检测　术语　渗透检测
GB/T 12604.4—2005	无损检测　术语　声发射检测
GB/T 12604.5—2020	无损检测　术语　磁粉检测
GB/T 12604.6—2021	无损检测　术语　涡流检测
GB/T 12605—2008	无损检测　金属管道熔化焊环向对接接头射线照相检测方法
GB/T 12606—2016	无缝和焊接（埋弧焊除外）铁磁性钢管纵向和/或横向缺欠的全圆周自动漏磁检测
GB/T 18256—2015	钢管无损检测　用于确认无缝和焊接钢管（埋弧焊除外）水压密实性的自动超声检测方法

1. 超声检测

超声波是一种超出人听觉范围的高频率弹性波。人耳能听到的声音频率为 20 Hz～20 kHz，而超声检测装置所发出和接收的频率要比 20 kHz 高得多，一般为 0.5～25 MHz，常用频率范围为 0.5～10 MHz。在此频率范围内的超声波具有直线性和束射性，像一束光一样向着一定方向传播，即具有强烈的方向性。若向被检材料发射超声波，在传播的途中遇到障碍（缺陷或其他异质界面），其方向和强度就会受到影响，于是超声波发生反射、折射、散射或吸收等，根据这种影响的大小就可确定缺陷部位的尺寸、物理性质、方向性、分布方式及分布位置等。

超声检测按原理可分为三类：①根据缺陷的回波和底面的回波来进行判断的脉冲反射法；②根据缺陷的阴影来判断缺陷情况的穿透法；③根据被检件产生驻波来判断缺陷情况的共振法。目前用得最多的方法是脉冲反射法，在被测材料表面涂有油、甘油或水玻璃等耦合剂，使探头（由水晶石、钛酸钡等构成，一般是收发共用）与其接触，在探头上加上脉冲电压，则超声波脉冲由探头向被测材料上发射。

超声检测应用范围很广，不但应用于原材料板、管材的探伤，也应用于加工产品锻件、铸件、焊接件的探伤，主要检测被检件的内部各种潜在缺陷。在超声检测时，要注意选择探头的扫描方法，使超声波尽量能垂直地射向缺陷面。根据被检件加工情况，一般可以估计出缺陷方向和大致部位。超声检测的特点主要有以下几点。

（1）对面状缺陷敏感。超声检测对于平面状缺陷，不管其厚度多么薄，只要超声是垂直地射向它，就可以取得很高的缺陷回波。但对于球形缺陷，如缺陷不是相当大，或者不是较密集，就不能得到足够的缺陷回波。因此，超声检测对钢板的分层及焊缝中的裂纹、未焊透等缺陷的检出率较高，而对单个气孔则检出率较低。

（2）检测距离大。在超声检测中，如果被检件金属组织晶粒较细，超声波可以传到相当远的距离，因此对直径为几米的大型锻件也能进行内部检测，这是别的无损检测方法不能比拟的。

（3）检测装置小型、轻便、费用低。超声携带型装置体积小，质量轻，便于携带到现场，检测速度较快，检测中只消耗耦合剂和磨损探头，总的检测费用较低。

（4）检测结果不直观，无客观性记录，对缺陷种类的判断需要有高度熟练的技术。超声检测是根据荧光屏上的波形进行判断的，缺陷的显示不直观，检测结果是检测人员通过波形进行分析后判断的，而且这些波形图像随着探头的移动，也跟着变化，不能作为永久记录。超声检测的这个缺点限制了它的应用。目前各国都在发展图像化超声检测。

2. 磁粉检测

磁粉检测是利用被检材料的铁磁性能检验其表层中的微小缺陷（如裂纹、夹杂物、折叠等）的一种无损检测方法。这种方法主要用来检测铁磁性材料（铁、镍、钴及其合金）的表面或近表面的裂纹等缺陷。采用磁粉检测法检测磁性材料的表面缺陷比采用超声检测或射线检测的灵敏度高，而且操作方便、结果可靠、价格便宜，因此应用广泛。

进行磁粉检测时，首先要将被检件磁化。通常无缺陷的构件，其磁性分布是均匀的，任何部位的磁导率都相同，因此各个部位的磁通量也很均匀，磁力线通过的方向不会发生变化。如果材料的均匀度受到某些缺陷（如裂纹、孔洞、非磁性夹杂物或其他不均匀组织）的破坏，也即材料中某处的磁导率较低时，通过该处的磁力线就会歪曲而偏离原来的方向，力求绕过这种磁导率很低的缺陷，这样就会形成局部"漏磁磁场"，而这些漏磁部位便产生弱小极（图3-4）。此时，如果将磁粉喷洒在构件表面上，则有缺陷的漏磁处就会吸收磁粉，且磁粉的堆积与缺陷的大小和形状近似。一般来说，表面缺陷引起的磁漏较强，容易显示出来，而表面下的缺陷所引起的磁漏则较弱，其痕迹也较模糊。为了使磁粉图便于观察，可以采用与被检构件表面有较大反衬颜色的磁粉，常用的磁粉有黑色、棕色和白色。为了提高检测灵敏度，还可以采用荧光磁粉，在紫外线照射下使之更容易观察到工件中缺陷的存在。

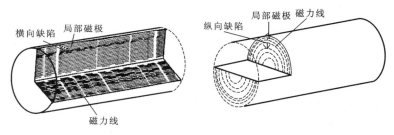

（a）横向缺陷对纵向磁力线的影响　（b）纵向缺陷对周向磁力线的影响

图3-4　磁力线受到缺陷的歪曲而漏到空气中的示意图

构件经过磁粉检测后，往往保留剩余磁性而妨碍其使用，因此必须退磁，以去掉剩余磁性。但对某些在检测后要进行热处理的构件，当热处理加热温度超过其居里点时自然失去磁性，所以不必单独退磁。为了将剩磁完全退掉，退磁的方法是使反复改变方向而强度逐渐减小的电流通过构件，或是将检测过的构件缓慢地穿过有交流电通过的线圈中心。退磁的起始电流强度必须稍大于检测时使用的磁化电流强度。

检测完毕后，应记录磁痕的形状、大小和部位，必要时还可以采用宏观照相或复印的方法把磁痕记录下来，然后根据缺陷磁痕的特征鉴别缺陷的种类。

磁粉检测具有操作简便，检测迅速，灵敏度高的优点，广泛应用于各个工业领域。在铸、锻件的制造过程，焊接件的加工过程，机械零件的加工过程，特别是在锅炉、压力容器、管道等的定期维修过程中，磁粉检测都是最重要的无损检测手段。磁粉检测的特点如下。

（1）操作简便、直观、灵敏度高。

（2）适用于磁性材料的表面和近表面的缺陷检测。

（3）不适用于非磁性材料和构件内部缺陷的检测。

（4）能检测出缺陷的位置和表面长度，但不能确定缺陷的深度。

3. 射线检测

应用 X 射线或 γ 射线检验的透照或透视的方法来检验材料或构件的内部宏观缺陷称为射线检测。通常，射线通过构件后，不同的缺陷对射线强度有不同程度的减弱，根据减弱的情况，可以判断缺陷的部位、形状、大小和严重性等。图 3-5 可简要说明检测过程。图中 1 为射线源，2 为被检测构件，3 为构件内缺陷（气孔），4 为胶片盒，5 为增感屏。显然，被检测构件中缺陷的类型、形状、大小和部位等可以从底片上的影像加以判别。

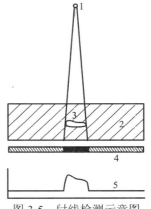

图 3-5　射线检测示意图

根据测定和记录射线强度方法的不同，通常有照相法、荧光显示法、电视观察法、电离法和发光晶体记录法等射线检测方法。其中，照相法应用广泛，一般被检测构件置放在离射线源装置 50 cm～1 m 的位置处，把胶片盒紧贴在构件背后，让射线照射适当的时间（几分钟到几十分钟）进行曝光。把曝光后的胶片在暗室中显影、定影、水洗和干燥。将干燥的底片放在观片灯的显示屏上观察，根据底片的黑度和图像来判断缺陷的种类、大小和数量，再按国家推荐标准对缺陷进行评定和分级。

射线检测是适用于内部缺陷检查的无损检测方法，广泛应用于锅炉压力容器、船体、管道和其他结构的焊缝及铸件检测。对于气孔、夹渣、缩孔等体积性缺陷，在 X 射线透照方向有较明显的厚度差，即使很小的缺陷也较容易检测出来。而对于面状缺陷，只有与裂纹方向平行的 X 射线照射时，才能够检测出来，而与裂纹面几乎垂直的射线照射时，就很难检出，这是因为在照射方向几乎没有厚度差，因此有时要改变照射方向来进行照射。射线检测不能检测复杂形状的构件。

3.6　残余应力测试

在失效分析中，经常要对失效构件的残余应力进行测定。残余应力是指在无外加载荷作用下，存在于构件内部或在较大尺寸的宏观范围内均匀分布并保持平衡的一种内应力。金属件经受各种冷热加工（如切削、磨削、装配、冷拔、热处理等）后，内部或多或少存在残余应力。残余应力的存在对材料的疲劳、耐腐蚀、尺寸稳定性都有影响，甚至在服役过程中引起变形。据统计，约有 50% 的失效构件受残余应力影响或直接由残余应力导致失效。宏观内应力的测定方法很多，如电阻应变片法、光弹性覆膜法、脆性涂料法、X 射线法及声学法等，所有这些方法实际上都是测定其应变，再通过弹性力学定律由应变计算出应力的数值。目前广泛应用的还是 X 射线应力测定法。

X 射线应力测定法测定的依据为布拉格定律。当 X 射线射入金属点阵后，会发生衍射现象，其衍射角 θ 同晶面间距 d 有一定关系。当应力引起晶面间距 d 发生变化时，θ 随之发生变化。X 射线仪即通过测量衍射角 θ 的变化进而求出应力的大小。X 射线应力测定的依据是《无损检测　X 射线应力测定方法》（GB/T 7704—2017）。

X 射线应力测定法有以下优点。

（1）不损伤构件。

（2）所测定的仅仅是弹性应变，而不含塑性应变。因为构件发生塑性变形时，其晶面间距并不改变。

（3）X 射线照射被测构件的截面可小到直径 1 mm，因而它能够研究特定小区域的局部应力和突变的应力梯度。而其他测定法所测定的大都是较大区域的应力平均值。

用 X 射线应力测定仪不仅可测定构件表面某一部位的宏观残余应力，而且可用剥层方法测定沿层深分布的应力。

X 射线应力测定的主要缺点是对复杂形状的构件（造成 X 射线入射、反射困难，如较深的内孔壁等）测定准确度不高或不能测试。

3.7　物化性能测试

在构件失效中，有因燃烧、爆炸等巨大能量作用而引起的失效。在分析失效原因时，要对燃烧热、反应温度、反应过程热量变化等进行测定。在此介绍常用的两种物化性能测试方法：燃烧热及差热分析。

3.7.1　燃烧热

在标准压力及指定温度下，1 mol 物质完全燃烧时的热效应，称为该物质的燃烧热 Q_p。完全燃烧是指燃料中所含有的全部可燃物质[碳（C）、氢（H）、硫（S）等]在与氧化合后，只生成二氧化碳、水和二氧化硫的燃烧，例如：C 变为 CO_2，H 变为 H_2O，S 变为 SO_2，N 变为 N_2 以及 Cl 变为 HCl 等。在等容条件下进行化学反应时，由于系统对环境不做体积功，其反应热 Q_V 等于内能的变化值；若化学反应在等压的条件下进行，则 Q_p 与 Q_V 仅差体积功，即 $Q_p = Q_V + p\Delta V$，若系统中是理想气体，则可写为

$$Q_p = Q_V + (\Delta n)RT$$

式中：Δn 为生成物中气体物质的量与反应物中气体物质的量之差；R 为摩尔气体常数；T 为热力学温度。通常测定燃烧热用如图 3-6 所示的氧弹式量热计测定 Q_V，通过上式计算出等压反应热 Q_p。若待测物质为 1 mol，则 Q_p 为该物质的燃烧热。

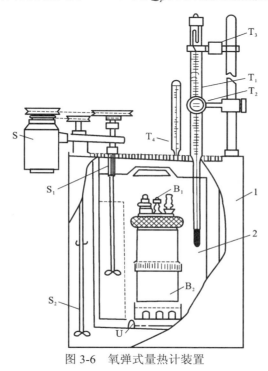

图 3-6　氧弹式量热计装置

1-外壳；2-内筒；B_1-氧弹盖；B_2-氧弹体；T_1-贝克曼温度计；T_2-读数放大镜；T_3-电振动器；
T_4-外筒温度计；S-搅拌马达；S_1-内筒搅拌器；S_2-外壳搅拌器；U-绝缘支脚

3.7.2　差热分析

许多物质在一定温度下发生化学变化或物理变化时，经常伴随吸热或放热。因此，把某一待测物质（试样）和某一热稳定的参比物质（基准物质）同置于导热良好的特殊设施（保持器）中，连续地将它们升温或降温，则待测物质在某一温度发生变化时，与参比物之间会存在温度差（差热信号）。试验采用如图 3-7 所示的试验装置，将样品和参比物分别装在两个坩埚内并置于保持器的两个孔中。分别插入两个坩埚底部凹孔中的两支热电偶反向串联后，按图接于检流计上，作为显示样品和参比物之间的差热信号。参比物坩埚底部凹孔中的热电偶还可用于测量温度。

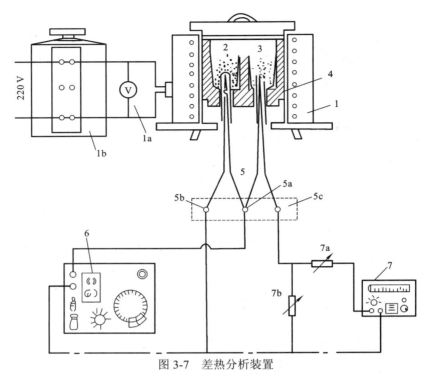

图 3-7 差热分析装置

1-加热电炉；1a-用于指示加热电压的电压表；1b-自耦变压器；2-坩埚及参比物；3-坩埚及样品；4-保持器（用易导热金属制成）；5-两支相同的热电偶；两者反向串接后的冷端为 5a、5b、5c；6-测温电位差计；7-检流计；7a、7b-电阻箱

　　差热分析就是通过同时测量温度差曲线（差热曲线）和升温、降温的温度曲线构成差热谱图来研究物质变化的。差热谱图中的温度曲线表示参比物温度（或样品温度，或样品附近其他参考点的温度）随时间变化的情况，差热曲线反映样品与参比物间的差热信号强度同时间的关系。当样品无变化时，它与参比物之间的温差为零，差热曲线显示为水平线段，称为基线。当样品发生放热或吸热时，差热曲线就出现峰或谷，习惯上认定正峰为放热，负峰为吸热。差热曲线上峰的数目就是在所测量的温度内样品发生变化的次数。峰的位置对应样品发生变化的温度，峰面积大小是热效应大小的反映。

3.8　腐蚀性能测试

　　腐蚀性能测试可分为两大类：一类是现场挂片试验；另一类是实验室试验。

3.8.1　现场挂片试验

　　选用与失效构件同材质经相同热处理的材料制成平行试样 3～5 件，在构件工作现场有代表性的部位挂片试验，经过一段时间后，取出试样检查，对腐蚀的类型和腐蚀程度进行判断。现场挂片试验时间一般较长。

3.8.2　实验室试验

实验室试验可分为三类，分别是常规模拟试验、加速腐蚀试验和电化学试验。

1. 常规模拟试验

模拟失效构件的工作环境，主要是介质的成分和浓度、pH 值、温度、压力、流速、构件应力状况等，在实验室内挂片试验，定期取出试样观察评定。浸泡试验试样一般为矩形或圆柱形，腐蚀疲劳试验和应力腐蚀开裂试验试样要考虑便于加载和介质引入。

腐蚀疲劳试验的加载方式和普通疲劳试验的加载方式相同，介质引入除浸泡法外，还可采用以下几种方式。

（1）捆扎法。用棉花、布或其他吸湿纤维包扎在试样表面上。

（2）液滴法。在疲劳加载的试样上方安装滴管系统，此法只适用于卧式腐蚀疲劳试验机。

（3）喷雾法。用喷雾装置把腐蚀液以雾状喷射到试样表面。

应力腐蚀开裂试验试样的常用形式分别是拉伸试样、弯梁试样、C 形环试样和 U 形弯曲试样。

（1）拉伸试样。采用直径不小于 3 mm 的圆柱试样，试样标距一般不小于 10 mm，用拉伸的方法加载。拉伸试样的应力容易计算，但计算介质防泄漏稍微困难些。对拉伸试样可采用恒载荷加载方式，也可采用慢应变速率的方法加载。后一种加载方式是通过试验机十字头以一个相当缓慢的恒定位移速度把载荷施加到试样上，以强化的应变状态来加速应力腐蚀开裂过程的发生和发展。分别做出无应力腐蚀开裂环境（如大气或油中）和试验溶液中的应力-应变曲线，通过比较两条曲线在相同应力下的应变量、最大应力值、开裂断口率、应力-应变曲线包围的面积等指标，评定应力腐蚀开裂的敏感性，此法简称慢应变速率拉伸（slow strain rate tension，SSRT）法。

（2）弯梁试样。有恒变形和恒载荷两种。图 3-8 所示是恒变形弯梁试样。图 3-8（a）所示是弯梁试样两点弯曲加载示意图，最大拉应力 σ 与试样的各参数有下面的近似关系：

$$L = \frac{KtE}{\sigma} \arcsin\left(\frac{H\sigma}{KtE}\right) \tag{3-1}$$

式中：L 为试样长度；H 为两支点间的距离；t 为试样厚度；E 为弹性模量；K 为常数（$K=1.280$）。

图 3-8（b）所示是弯梁试样三点弯曲加载示意图，最大拉应力 σ 按式（3-2）计算。

$$\sigma = \frac{6Ety}{H^2} \tag{3-2}$$

式中：H 为两外支点间距；y 为试样最大挠度；其余符号同前。

图 3-8（c）所示是弯梁试样四点弯曲加载示意图，最大拉应力 σ 按式（3-3）计算。

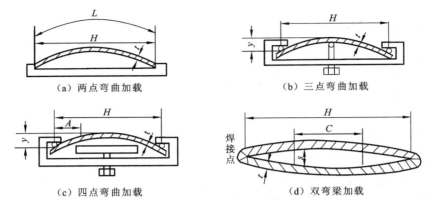

（a）两点弯曲加载　　　　　　　　　（b）三点弯曲加载

（c）四点弯曲加载　　　　　　　　　（d）双弯梁加载

图 3-8　恒变形弯梁试样

$$\sigma = \frac{12Ety}{3H^2 - 4A^2} \tag{3-3}$$

式中：A 为内外支点间的距离；其余符号同前。

图 3-8（d）所示是双弯梁加载示意图，试样由两片扁平带材之间衬一垫块构成，最大拉应力 σ 按式（3-4）计算。

$$\sigma = \frac{3Ets}{H^2\left(1 - \dfrac{C}{H}\right)\left(1 + \dfrac{2C}{H}\right)} \tag{3-4}$$

式中：s 为垫块厚度；C 为垫块长度；其余符号同前。

图 3-9 所示是恒载荷试样，其中图 3-9（a）所示为三支点试样，最大拉应力 σ 按式（3-5）计算。

$$\sigma = \frac{3PL}{2bt^2} \tag{3-5}$$

式中：L 为矩形弯梁长度；t 为弯梁厚度；b 为弯梁宽度；P 为载荷。

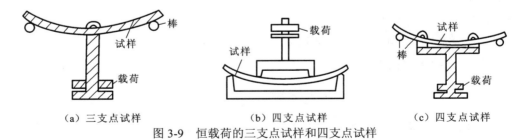

（a）三支点试样　　　　　　（b）四支点试样　　　　　　（c）四支点试样

图 3-9　恒载荷的三支点试样和四支点试样

图 3-9（b）、（c）所示是四支点试样，两内支点间最大应力 σ 按式（3-6）计算。

$$\sigma = \frac{3PA}{bt^2} \tag{3-6}$$

式中，各符号同前。

（3）C 形环试样。如图 3-10 所示，可以通过紧固一个位于环直径中心线上的螺栓而在环外表面造成拉伸应力[图 3-10（a）]，也可以扩张 C 形环在内表面造成拉伸应力[图 3-10（b）]，这两种是恒变形试样；采用经过校准的弹簧在螺栓上加载[图 3-10（c）]为恒载荷 C 形环试样。C 形环的周向应力是不均匀的，从栓孔处的零应力沿环形弧线直至中点增大到最大应力。C 形环的周向应力（σ_c）和切向应力（σ_t）可按式（3-7）和式（3-8）计算。

$$\sigma_c = \frac{E}{1-v^2}(\varepsilon_c + v\varepsilon_t) \tag{3-7}$$

$$\sigma_t = \frac{E}{1-v^2}(\varepsilon_t + v\varepsilon_c) \tag{3-8}$$

式中：v 为泊松比；ε_c 为周向应变；ε_t 为切向应变；E 为弹性模量。

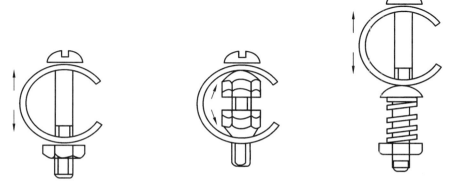

（a）恒变形试样，外表面拉伸应力　　（b）恒变形试样，内表面拉伸应力　　（c）恒载荷试样

图 3-10　C 形环试样

（4）U 形弯曲试样。该试样是将矩形板材以一定夹具弯曲成呈规定半径的 U 形试样，这种恒变形试样包含弹性变形和塑性变形，是试验条件十分苛刻的应力腐蚀开裂光滑试样。图 3-11 为几种常用的 U 形弯曲试样和加载方法。U 形试样实际应力值计算很困难。

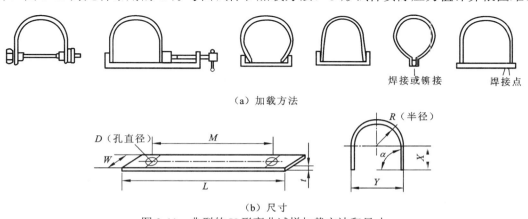

（a）加载方法

（b）尺寸

图 3-11　典型的 U 形弯曲试样加载方法和尺寸

弯梁试样、C 形环试样和 U 形弯曲试样可直接浸泡在介质中，但必须注意试样与夹具、紧固螺栓的电绝缘，以免因异种金属接触造成电偶腐蚀。

2. 加速腐蚀试验

加速腐蚀试验属于浸泡试验，但所选用的化学介质不是构件实际环境的介质，而是腐蚀性更强的介质。我国已制定了点腐蚀和不锈钢晶间腐蚀化学介质浸泡试验的标准，表 3-7 和表 3-8 分别是标准规定的主要试验参数。

表 3-7　不锈钢三氯化铁点腐蚀试验主要技术条件

参数	试验溶液	试验温度	试验时间	试验尺寸	1 cm² 试样对应溶液量	试验位置
指标或要求	6%三氯化铁溶液（用 0.05 mol/L 的盐酸溶液配）	（35±1）℃，（50±1）℃	24 h	10 cm² 以上	≥20 mL	水平

注：引自《金属和合金的腐蚀　不锈钢三氯化铁点腐蚀试验方法》（GB/T 17897—2016）

表 3-8　不锈钢晶间腐蚀化学介质浸泡试验

试验方法	标准	试验溶液组成	温度	时间	适用钢种
硫酸-硫酸铜试验	金属和合金的腐蚀　奥氏体及铁素体-奥氏体（双相）不锈钢晶间腐蚀试验方法（GB/T 4334—2020）	1 000 mL 溶液中含 100 g CuSO₄·5H₂O 和 100 mL 纯硫酸，铜粒或铜屑铺在瓶底	微腾	连续试验 16 h	奥氏体、奥氏体-铁素体不锈钢
硝酸-氟化物试验		10% HNO₃ + 3%HF	（70±0.5）℃	2 h×2 周期	含 Mo 不锈钢
沸腾硝酸试验	金属和合金的腐蚀　不锈钢晶间腐蚀试验方法（GB/T 4334—2008）	（65±0.2）%HNO₃	沸腾	48 h×5 周期	奥氏体不锈钢
硫酸-硫酸铁试验	不锈钢 5%硫酸腐蚀试验方法（GB/T 4334.6—2015）	（50±0.3）%H₂SO₄ 溶液 600 mL+ 25%gFe₂(SO₄)₃	沸腾	120 h	奥氏体不锈钢

此外，氯化铁溶液也用于缝隙腐蚀的加速试验。应力腐蚀开裂的加速试验视材料不同选用不同的溶液。对于不锈钢材料，常采用 45%MgCl₂，（155±1）℃作为试验溶液。

加速腐蚀试验适用于判断不同材料之间抗孔蚀和晶间腐蚀能力的相对大小。由于加速腐蚀试验的介质与构件的工作介质不相同，它不能作为材料在工作介质中是否发生孔蚀和晶间腐蚀的量度。

3. 电化学试验

电化学测试技术有多种，这里只介绍与金属构件失效分析关系密切的几种电化学腐蚀测试技术。

（1）电极电位测定试验。这类试验是用高阻电压表（如数字电压表）测定试验试样的电极电位。在电化学测试中，试验试样称为研究电极，用 W（或 WE）表示，为了组成测试回路，还需要一个参考电极，用 R（或 RE）表示，测试线路和体系如图 3-12 所示。这类试验常用来判断电偶腐蚀。如果接触的异种金属在工作介质中各自的电极电位值相差较大，那么这一体系就是电偶腐蚀体系。

（2）电位线性扫描试验。这类试验是在试验介质的水溶液中，对试样双电层的两端施加时间线性变化的电位信号（图 3-13），记录流经试样的电流密度，分析电流密度相对电位变化而变化的特点，从中获得与腐蚀有关的信息。电流密度相对于电位变化而变化的曲线称为极化曲线，所以电位线性扫描试验也称为极化曲线试验。

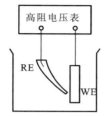

图 3-12　电极电位测定装置

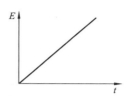

图 3-13　电位线性扫描信号

电位线性扫描信号通常由带计算机控制的恒电位仪提供，为了对试验试样施加电位信号并记录流经试样的电流密度，常采用三电极电解池，结构如图 3-14 所示。参考电极 RE 是一个电位稳定的电极，恒电位仪施加给研究电极 WE 的电位线性扫描信号就是相对于参考电极的电位。AE 代表辅助电极，由辅助电极和研究电极组成的回路用来测量流经研究电极的电流。图 3-14 和图 3-15 所示分别为测试原理和恒电位仪测定极化曲线接线。

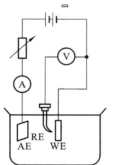

图 3-14　三电极电解池及测试原理

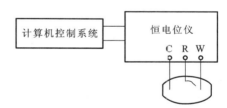

图 3-15　恒电位仪测定极化曲线接线

可以用极化曲线估算全面腐蚀体系的腐蚀速率。例如，在非氧化性的酸性溶液中，钢的腐蚀由活化极化控制，将钢试样作为研究电极，并控制其电位（E）从自然电位（E_{corr}）开始向正方向或负方向线性扫描，把记录的电流密度（i）转换成对数（$\lg i$），典型的 $\lg i$-E 曲线如图 3-16（实线）所示，将正、负方向扫描所得曲线外推至相交，相交点（图中两虚线交点）的对应值就是 $\lg i_{corr}$（i_{corr} 是研究电极腐蚀速率的电流密度表示值）。

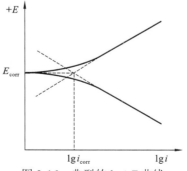

图 3-16　典型的 $\lg i$-E 曲线

也可以用极化曲线估计金属材料在介质中孔蚀的敏感性。在孔蚀敏感性的电化学测试中，施加给研究电极的信号是三角波信号（图 3-17），电位正向线性扫描到一定值后再反向扫描到起始值，孔蚀体系典型的极化曲线如图 3-18 所示。图中的 E_b 和 E_p 分别称为孔蚀电位和保护电位，它们是材料孔蚀敏感性的基本电化学参数，E_b 和 E_p 把极化曲线分成三部分：当研究电极的电位 $E \geqslant E_b$ 时，将形成新的蚀孔，已有蚀孔继续长大；当 $E_b > E > E_p$ 时，不会形成新的蚀孔，但原有蚀孔将继续长大；当 E 进入钝化区，且 $E \leqslant E_p$ 时，原有蚀孔再钝化而不再发展，也不会形成新的蚀孔。因此，一个材料的 E_b 和 E_p 值越高，材料就越抗孔蚀。有时极化曲线不够典型，这时可从自然电位开始，只进行阳极方向扫描（扫描速度 20 mV/min），以阳极极化曲线上对应电流密度 10 μA/cm² 或 100 μA/cm² 的电位最正的电位值（符号 E_{b10} 或 E_{b100}）来表示孔蚀电位。

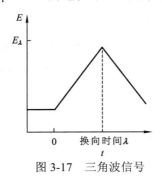

图 3-17 三角波信号

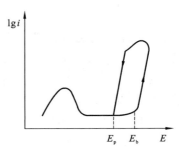

图 3-18 典型孔蚀体系的阳极极化曲线

（3）恒电流浸蚀试验。这一试验主要用于判断金属材料是否具有晶间腐蚀敏感性。试验溶液是 10% 的草酸，在室温下，用 1 A/cm² 的电流密度对研究电极阳极电解浸蚀 1.5 min，试验装置如图 3-19 所示，然后在 150～500 倍金相显微镜下检查试样表面。对于锻造、轧制材料，若表面呈"台阶"结构（图 3-20），则表明这种材料无晶间腐蚀敏感性，不可能发生晶间腐蚀；若表面呈"沟槽"结构，或"沟槽"与"台阶"混合结构，则不能得出结论，需要用其他方法继续验证。这种方法适用于检验奥氏体不锈钢因碳化铬沉淀引起的晶间腐蚀敏感性，不能检验 σ 相引起的晶间腐蚀敏感性，也不适用于检验铁素体不锈钢。

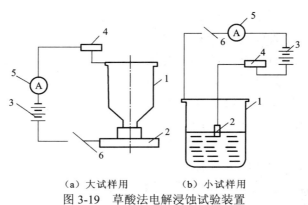

（a）大试样用　　　（b）小试样用

图 3-19 草酸法电解浸蚀试验装置

1-不锈钢容器；2-试样；3-直流电源；4-变阻器；5-电流表；6-开关

（a）沟槽结构　　　　　　（b）台阶结构

图 3-20　草酸电解浸蚀试验的"台阶"和"沟槽"结构示意

3.9　耐磨性测试

对磨损构件进行失效分析的内容主要有三方面，即磨损表面、磨损亚表层和磨屑。

磨损失效分析通常先进行宏观形貌的观察和测定，包括肉眼观察、低倍放大镜、金相体视显微镜的观察。一般情况下，宏观检查能够初步看出磨损的基本特征（如划伤条痕、点蚀坑、严重塑性变形等）。在此基础上，进行微观形貌分析和其他分析。微观形貌分析主要是借助扫描电镜，观察表面犁沟、小凹坑、微裂纹及磨屑的特征。磨损往往发生在材料表层或次表层区域，因此常把磨损试样切成有微小角度的倾斜剖面，设法将磨损表层部分保护后，剖面按金相方法抛光制样，这样在扫描电镜下就可同时观察到磨损条痕及表层以下组织结构的变化。借助 X 射线衍射仪和穆斯堡尔谱可以查明各相及外来物的大致成分。此外，还可测定磨损表层及次表层深度范围内的微观硬度变化，并由此判断构件材料在磨损过程中的加工硬化能力及次表层组织结构的变化。

磨屑是磨损过程的最终结果，它综合反映了构件材料在磨损全过程中物理和化学作用的影响。从某种意义上说，磨屑比磨损表面更直接地反映磨损失效的原因和机理，因此对磨屑的分析非常重要。对磨屑分析的方法有多种，各有特点和适用性。目前，在磨屑分析中广泛采用铁谱技术，而实现铁谱技术的基本工具是铁谱仪。铁谱仪主要由一个有很高磁场强度的永久磁铁和具有稳定速率的微量泵以及专门处理过的铁谱基片组成，如图 3-21 所示。当含有金属腐蚀微粒的润滑剂通过铁谱仪磁场时，尺寸不一的磁性微粒就依大小次序全部沉积到铁谱基片上，形成铁谱片，用专门的铁谱显微镜、扫描电镜和图形分析仪对磨屑的形貌尺寸进行定性和定量分析，就可获得磨损类型和磨屑形成过程的信息。

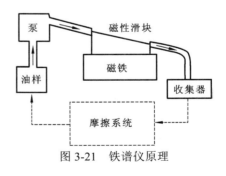

图 3-21　铁谱仪原理

有时要对磨损失效分析结果进行验证，这就需要安排模拟试验。模拟试验与实际工况不可能完全一致，有时从模拟试验结果分析可能产生错误的结论，所以首先要保证模拟试验的有效性。可以按下面三点对试验是否有模拟性进行考核。

（1）磨损试验样品的磨损表面形貌与磨损构件的磨损表面形貌相似。

（2）试样磨损亚表层所产生的变形层厚度与构件磨损亚表层的变形层厚度相等。

（3）试样磨损亚表层达到的最高硬度与构件磨损亚表层的最高硬度相近。

只有满足这三点，才能说磨损试验与构件的磨损工况有相似性。磨损试验要用摩擦磨损试验机。因为磨损的广泛多样性，所以试验机的类型也很多。图 3-22 为部分摩擦磨损试验机的工作原理示意图。

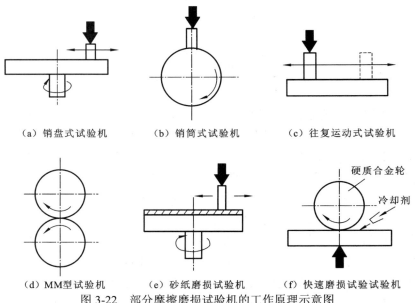

（a）销盘式试验机　　（b）销筒式试验机　　（c）往复运动式试验机

（d）MM型试验机　　（e）砂纸磨损试验机　　（f）快速磨损试验试验机

图 3-22　部分摩擦磨损试验机的工作原理示意图

图 3-22（a）所示为销盘式试验机，它在试样上施加试验力使试样压紧在旋转圆盘上，试样可在半径方向往复运动，也可以是静止的。这类试验机可用来评定各摩擦副的低温及高温摩擦磨损性能，也能进行黏着磨损研究。在金相试样抛光机上加一个夹持装置和加力系统，即可制成这种试验机。图 3-22（b）所示为销筒式试验机，将试样压紧在旋转圆筒上进行试验。图 3-22（c）所示为往复运动式试验机，试样在静止平面上做往复运动，可以研究往复运动机件如导轨、缸套与活塞环等摩擦副的磨损规律。图 3-22（d）所示为 MM 型试验机的原理简图，这种试验机主要用来研究金属材料滑动摩擦、滚动摩擦、滚动和滑动复合摩擦及间隙摩擦。图 3-22（e）所示为砂纸磨损试验机，与图 3-22（a）相似，只是对磨材料为砂纸。图 3-22（f）所示为快速磨损试验机，旋转圆轮为硬质合金。

已研制出的摩擦磨损试验机还远远不能满足各种各样磨损的模拟试验，因此在目前条件下，有许多磨损失效分析还无法进行实验室验证。

第 **4** 章　静载荷作用下的断裂失效分析

4.1　过载断裂失效分析

4.1.1　定义及断口特征

1. 过载断裂失效的定义

当工作载荷超过金属构件危险截面所能承受的极限载荷时，构件发生的断裂称为过载断裂。在工程上，对于金属构件，一旦确定材料的性质后，构件的过载断裂主要取决于两个因素，一是构件危险截面上的真实应力，二是截面的有效尺寸。真实应力是由外加载荷的大小、方向及残余应力的大小决定的，并受到构件的几何形状、加工状况（表面粗糙度、缺口的曲率半径等）及环境因素（磨损、腐蚀、氧化等）多种因素的影响。因此，为了安全起见，在设计时，将材料的屈服极限 $\sigma_{0.2}$ 除以一个大于 1 的安全系数 n 后，作为材料的许用应力[σ]，即

$$[\sigma] = \frac{\sigma_{0.2}}{n} \tag{4-1}$$

构件的工作应力应小于或等于[σ]。

从理论上来说，按上述方法设计，构件应该是安全的。但由于各种原因，构件发生过载断裂失效的现象并不少见。

需要特别指出，判断某个断裂失效构件（零件）是不是过载性质的，不仅看其断口上有无过载断裂的形貌特征，而且要看构件断裂的初始阶段是不是过载性质的断裂。因为对于任何断裂，当初始裂纹经过亚临界扩展，到达某临界尺寸时就会发生失稳扩展。此时的断裂总是过载性质的，其断口上必有过载断裂的形貌特征。但如果断裂的初始阶段不是过载性质的，那么过载就不是构件断裂的真正原因，因而不属于过载断裂失效。

在失效分析时还应当注意，所谓过载，仅说明工作应力超过构件的实际承载能力，并不一定表示操作者违章作业，使构件超载运行。因为即使工作应力并未超过设计要求，由于材料缺陷及其他原因，使其不能承受正常的工作应力而发生的断裂也是过载性质的。上述两种断裂同属过载断裂，但其致断原因却不相同。因此，在使用式（4-1）来判定是否存在过载时，所采用的 $\sigma_{0.2}$ 一定是构件材料的实际屈服强度，而不应是该材料一般的屈服强度数值。例如，45 钢正常调质状态（840 ℃水淬，560 ℃回火）的 $\sigma_{0.2}=501\sim539$ MPa，而正火状态的 $\sigma_{0.2}$ 只有 370 MPa。如果设计要求构件使用调质状态的材料，而实际只是由正火状态的材料加工而成的，则实际的许用载荷将大大降低。尤其是对于用轧制钢板加

工的普通结构件，在分析时一定要注意材料的各向异性。设计时参考一般材料性能数据手册或机械设计手册，查到的往往是沿轧制方向材料的性能。另外，对于存在缺陷，尤其是有裂纹的构件，应按照断裂力学的计算办法进行校核。

过载断裂失效的宏观表现，可以是宏观塑性的断裂，也可以是宏观脆性的断裂。

2. 过载断裂失效断口的特征

金属构件发生过载断裂失效时，通常显示一次加载断裂的特征。其宏观断口与拉伸试验断口极为相似。

对宏观塑性的过载断裂失效来说，其断口上一般可以看到三个特征区：纤维区、放射区和剪切唇，如图 4-1 所示，通常称为断口的三要素。

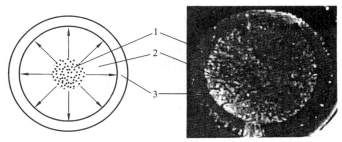

图 4-1　光滑圆形试件的塑性拉伸断口形貌

1-纤维区；2-放射区；3-剪切唇

纤维区位于断裂的起始部位。它是在三向拉应力作用下，裂纹缓慢扩展形成的。裂纹的形成核心就在此区内，该区的微观断裂机制是等轴微孔聚集型，断面与应力轴垂直。

放射区是裂纹的快速扩展区。宏观上可见放射状条纹或人字纹。该区的微观断裂机制为撕裂微孔聚集型，也可能出现微孔及解理的混合断裂机制。断面与应力轴垂直。

剪切唇是最后断裂区。此时构件的剩余截面处于平面应力状态，塑性变形的约束较少，由切应力引起断裂，断面平滑，呈暗灰色。该区的微观断裂机制为滑开微孔聚集型。断面与应力轴呈 45° 角。

图 4-2　铸铁拉伸试样断口形态

宏观脆性过载断裂失效的断口特征有如下两种情况。

（1）拉伸脆性材料过载断裂的断口为瓷状、结晶状或具有镜面反光特征，在微观上分别为等轴微孔、沿晶正断及解理断裂，图 4-2 所示为脆性断口，结晶状，无三要素特征。

（2）拉伸塑性材料因其尺寸较大或有裂纹存在时发生脆性断裂，其断口中的纤维区很小，放射区占有极大的比例，周边几乎不出现剪切唇，其微观断裂机制为微孔聚集并兼有解理的混合断裂。

4.1.2　影响过载断裂失效特征的因素

1. 材料性质的影响

断口上的"三要素"是塑性过载断裂的基本特征。材料的性质对其影响很大。不同性质的材料虽然发生的同是过载断裂，但断口形貌却有很大的差异。在失效分析时，可以根据这些差异推断材料的性能特点，这对于正确地分析致断原因有很大帮助。

（1）大多数的单相金属、低碳钢和珠光体状态钢的过载断裂断口上，具有典型的三要素特征。

（2）高强度材料、复杂的工业合金和马氏体时效钢的过载断口的纤维区内有环形花样，其中心呈火山口状，"火山口"中心必有夹杂物，此为裂纹源。另外，还有放射区细小及剪切唇也较小等特点。

（3）调质态中碳钢及中碳合金钢过载断口的主要特征是具有粗大的放射剪切花样，基本上无纤维区和剪切唇。放射剪切花样是一种典型的剪切脊。这是在裂纹起裂后扩展时，沿最大切应力方向发生剪切变形的结果。断口的另一特点是放射线不呈直线状，这是由于变形约束小，裂纹钝化，致使扩展速度较慢造成的。

（4）塑性较好的材料，由于变形约束小，断口上可能只有纤维区和剪切唇而无放射区。可以说，断口上的纤维区较大，则材料的塑性较好；反之，放射区增大，则表示材料的塑性降低，脆性增大。

（5）纯金属还可能出现一种全纤维的断口或 45° 角的滑开断口。

（6）脆性材料的过载断口上可能完全不出现三要素的特征，而呈现细瓷状、结晶状和镜面反光状等特征。

图 4-3 所示为几种拉伸断裂断口形态及其说明。

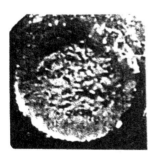  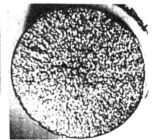

（a）高塑性材料的拉伸断口　　（b）调质态中碳钢拉伸断口　　（c）回火脆性状态的中碳钢
（只有纤维区，没有放射区）　　（粗大的放射剪切花样）　　拉伸断口（断口平，沿晶型）

图 4-3　几种拉伸断裂断口形态及其说明

2. 零件形状与几何尺寸的影响

零件的几何形状与结构特点对过载断裂，特别是对宏观塑性过载断裂的断口特征会产生一定的影响。例如，零件上存在的各式各样的尖角、缺口引起的应力集中现象较为严重时，将会直接影响裂纹源产生的部位、三要素的相对大小及形貌特征；在进行断裂失效分析时，为了寻找裂纹源的部位要特别注意这一变化。

（1）圆形试件。光滑圆形试件拉伸延性断裂的断口通常有如图 4-1 所示的形貌特征，缺口圆形试件断口上三要素的宏观位置与光滑试件有很大的差异，如图 4-4 所示。由于缺口处的应力集中，裂纹直接在缺口或缺口附近产生，纤维区沿圆周分布（或观察不到纤维区），最后断裂区比其他部位的断口粗糙些。对于圆形或近圆形截面的零部件，断裂时可根据断口上的三要素位置判断断裂的起始点即裂纹源。由于实际构件材料、热处理和所处应力状态的变化，在实际分析时，通常难以得到完整的三要素。这时，放射区即放射线的方向是判断断裂过程的重要依据。由于应力状态的关系，通常过载断裂的裂纹源即纤维区总是在断面的近中心部位；一旦发现相反的放射线走向，也即裂纹源不在零部件的中心区域，而是在表面或近表面某一位置，则可以确定为构件表面存在较严重的缺陷，可以是切削加工缺陷，也可以是大的夹杂、裂纹等冶金缺陷。

若缺口件的裂纹以不对称的方式由缺口向内部扩展，断口形态较为复杂，断裂过程与零件的应力状态有关。如图 4-5 所示，初始阶段可能是纤维状，第二阶段则可能是放射状的。当第一阶段和第二阶段相交，裂纹停止扩展，形成最后断裂区。

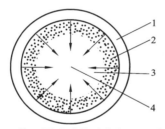

图 4-4　缺口圆形试件过载断口形貌示意图

1-缺口；2-纤维区；3-放射区；4-最后断裂区

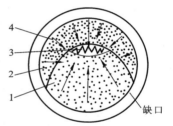

图 4-5　裂纹不对称扩展断口形貌示意图

1-初始阶段；2-第二阶段；3-最后断裂区；4-裂纹扩展方向

（2）矩形试件。矩形截面零件（试件）过载断口也有三要素的特征，与裂纹源的位置相关，断口上三要素的相对位置，有图 4-6 所示的四种情况。矩形试件断口上的主要特征是裂纹快速扩展区的人字纹花样，图 4-7 所示为实际断口上的人字纹花样。

（a）侧面缺口试件

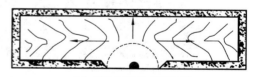

（b）无缺口试件表面起裂

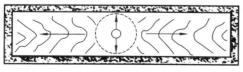

（c）无缺口试件中心起裂

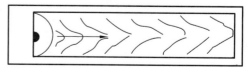

（d）周边缺口试件

图 4-6　矩形截面零件（试件）过载断裂断口形貌示意图

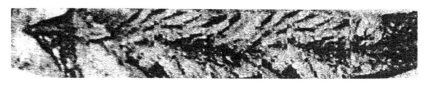

图 4-7　断口上的人字纹花样

对于矩形或类似形状截面零部件断裂的分析，人字纹形状和走向是寻找裂纹源及判断失效性质的重要依据。表面光滑的零部件断口上人字纹的尖部总是指向裂纹源的方向，而周边有缺口时正好相反。

（3）几何尺寸的影响。无论何种形状的零件，几何尺寸越大，放射区的尺寸越大，纤维区和剪切唇的尺寸一般也有所增大，但变化幅度较小，如图 4-8 所示。在很薄的试样上，可能出现全剪切的断口。

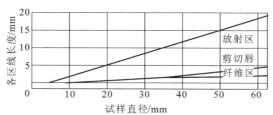

图 4-8　试样直径对三要素区域尺寸比例的影响

4340 钢，无缺口拉伸试样

3. 载荷性质的影响

载荷性质不仅对断口中三要素的相对大小有影响，有时还会使断裂的性质发生很大的变化。

（1）断口中三要素相对大小的变化。应力状态的柔性对三要素的大小影响较大。三向拉应力为硬状态，三向压应力为柔性状态；快速加载为硬状态，慢速加载为柔性状态。由于材料在硬状态应力作用下表现为较大脆性，所以放射区加大，纤维区缩小，剪切唇变化不大。

（2）断口形貌的变化。对于同一种材料及尺寸相同的零件，拉伸塑性断口与冲击塑性断口的形貌有所不同。冲击断口形貌一般如图 4-9 所示，在受拉侧起裂并形成拉伸纤维区，向内扩展形成放射区，但当进入压缩侧时，放射花样可能消失，而出现压缩纤维区，周边为剪切唇[图 4-9（b）]；如果材料塑性足够大，放射区可能完全消失，断口上仅有拉伸纤维区、压缩纤维区及剪切唇[图 4-9（c）]；如果材料的脆性较大，压缩纤维区变小，甚至消失，代之出现的是压缩放射区[图 4-9（d）]，并可看到此放射区和拉伸区不在同一个平面上；某些塑性材料，在冲击负载荷作用下，甚至完全表现出脆性断裂的特征，如图 4-9（e）所示。

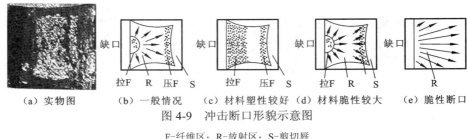

|（a）实物图|（b）一般情况|（c）材料塑性较好|（d）材料脆性较大|（e）脆性断口|

图 4-9　冲击断口形貌示意图

F-纤维区；R-放射区；S-剪切唇

4. 环境因素的影响

温度变化及介质的性质对过载断裂的断口也有影响。例如，温度升高，一般使材料的塑性增大，因而纤维区加大，剪切唇也有所增加，放射区相对变小，如图 4-10 所示。

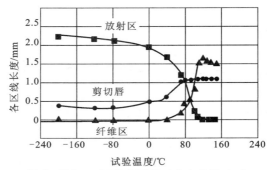

图 4-10　温度对断口三要素各区相对大小的影响（4340 钢）

腐蚀介质可能使通常的延性断裂变为脆性断裂。

总之，过载断裂失效断口的特征受材料性质、构件的结构特点、应力状态及环境条件等多种因素的影响。在失效分析时，可以根据它们的关系及变化规律，由断口特征推测材料、载荷、结构及环境因素参与断裂的情况和影响程度，这对于分析过载断裂失效的原因十分重要。

4.1.3　扭转和弯曲过载断裂断口特征

1. 扭转过载断裂断口特征

承受扭转应力零件的最大正应力方向与轴向呈 45°，最大切应力方向与轴向呈 90°。当发生过载断裂时，断裂的断口与最大应力方向一致。韧性断裂的断面与轴向垂直，脆性断裂的断面与轴向呈 45° 螺旋状，对于刚性不足的零件，扭转时发生明显的扭转变形。

图 4-11 所示为工程机械传动轴扭转断裂的断口实物，40Cr 钢调质后表面感应加热淬火处理，由于感应圈设计不当，导致在轴的台阶过渡处没有淬火，在做台架试验时很快断裂。此断口表面看来类似于疲劳断口，在沿外圆周表面，有多源疲劳的微小台阶。

但该轴在试验时只扭转不到 100 次即断裂，更进一步的分析表明其为扭转过载断裂。

脆性扭断特征最典型的例子是一支粉笔的扭转断裂，断面与轴向呈 45°，断口粗糙。图 4-12 为压路机扭力轴断裂的实例。该轴表面硬化处理，硬度 58 HRC，心部硬度 35 HRC。扭转试验时，在台阶根部硬化层处开裂，在较大的扭转应力作用下，裂纹沿 45° 螺旋方向扩展，导致轴断裂。

图 4-11   韧性扭转过载断口（断面与轴向垂直，在断口上可见到明显的旋涡状）

图 4-12   脆性扭转过载断口（断面与轴向呈 45°，断裂起源于轴的台阶根部硬化层处）

此类断裂的断口表面往往有疲劳断裂的特征或有小的疲劳断裂裂纹，而且小的疲劳裂纹往往是扭转断裂的裂纹源区，但在发生扭转过载断裂前，这些疲劳裂纹扩展很小，整个断裂表现出扭转过载的特征。

2. 弯曲过载断裂断口特征

弯曲过载断裂断口特征总体与拉伸断裂断口相似。由于弯曲时零件的一侧受拉而另一侧受压，断裂时在受拉一侧形成裂纹，并横向扩展直到发生断裂，断口形态与前述冲击断口形态一致。但因加载速率低，相同性质材料的弯曲断口的塑性区要比冲击断口大。

在弯曲断口上可以观察到明显的放射线或人字纹花样，由此可以判断裂纹源区，确定断裂的原因。有些强度高或脆性较大的材料，断口上没有用来判断裂纹源位置的特征花样，只能通过断裂的整体零件特征来进行分析。图 4-13 为过载断裂的十字轴，从十字轴的根部起裂，在断面上可以观察到裂纹扩展时形成的放射状花样，断裂原因为十字轴根部加工缺陷。

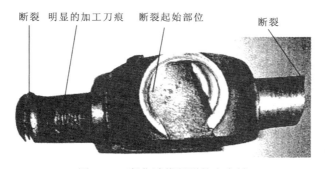

图 4-13   弯曲过载断裂的十字轴

在十字轴根部有明显的加工刀痕

4.1.4　过载断裂的微观特征

常温下，过载断裂的微观特征有明显的塑性变形痕迹以及穿晶开裂的特征。当发生过载断裂时，材料先经历过屈服阶段而后发生断裂。在扫描电镜下，过载断裂断口的微观形态为各种形式的韧窝状形貌，如图 4-14 所示。

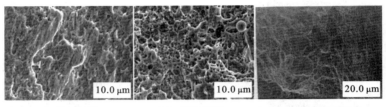

　（a）剪切韧窝　　　　　（b）等轴韧窝　　　　　（c）撕裂韧窝

图 4-14　常见韧窝状形貌

断面上韧窝的大小、形状、方向及分布可进一步提供金属构件材料及应力情况的信息。因此，显微断口上的韧窝形态对断裂失效的分析来说相当重要。对于同一种材料，韧窝的尺寸越大，说明构件的材料塑性越好。影响韧窝形态和尺寸的因素还有加载速度、温度、构件尺寸大小及环境介质等，所以要定量地或准确地比较韧窝的大小比较困难，当断裂的条件不同，或韧窝尺寸的分散度较大、变形量相近时更为困难。

断口上韧窝的方向是由断裂时应力状态决定的。在正应力作用下韧窝是等轴的，而在切应力和弯曲应力作用下，剪切断裂和撕裂形成的韧窝将沿一定方向伸长变形。按照韧窝的形态可以判断断裂时载荷的性质。对发生断裂的构件来说，当宏观断口上难以判断是正向拉断还是弯曲作用发生断裂时，韧窝的形态可以帮助确定断裂时载荷的性质。

4.2　材料致脆断裂失效分析

机械产品在使用时，由于所用材料的韧塑性不足而发生脆断的事故时有发生。金属材料变脆的现象，除材料选用不当外，主要有几种情况：一种是制造过程中由于工艺不正确产生的，如淬火回火钢中的回火脆性，加热过程中过热和过烧，冷却过程中发生的石墨化析出，第二相脆性质点沿晶界析出等；另一种是产品使用中不正确的环境条件使材料变脆，如冷脆金属低温脆断及腐蚀介质的作用等。在工程上，材料致脆断裂具有极大的危险性，应予以充分注意。

4.2.1　回火脆性断裂失效

1. 回火脆化现象

大多数中、高碳钢淬火后须经过回火处理以提高其韧塑性。冲击试验表明，许多钢的冲击韧度并不是随着回火温度升高而线性升高的，如图 4-15 所示，在两个回火温度区间会出现冲击韧度明显降低的现象。断裂发生在较低温度（≈350℃）的脆性称为低温回火脆性或不可逆回火脆性（tempered martensite embrittlement，TME），又称第一类回火脆性，或回火马氏体脆性。由于这类回火脆性一般发生在高纯度的钢中，与杂质的偏聚无关，断裂为穿晶型准解理断裂。产生的原因是碳化物转变（ε 相→渗碳体），或者由于板条间残余奥氏体向碳化物转变，这些板条内或板条间渗碳体型碳化物易成为裂纹形成的通道。发生在较高温度（≈500℃）的脆性称作高温回火脆性，或简称为回火脆性（temper brittleness，TE），又称第二类回火脆性。第二类回火脆性与材料的合金元素（Cr，Mn，Mo，Ni，Si）和杂质元素含量（S，P，Sb，Sn，As）及热处理的温度有关，断裂为沿晶断裂。这种脆性发生在纯度较低的钢中，与杂质元素向原始奥氏体晶界偏聚有关，与在原始奥氏体晶界形成 Fe_3C 薄壳有关，或者由于沿原始奥氏体晶界杂质元素偏聚及 Fe_3C 析出的共同作用有关，此类回火脆性具有可逆性。

图 4-16 是 4340 钢缺口试样冲击值与回火温度的关系曲线。在 310℃附近有回火脆性，在回火脆性区的断裂机制主要为沿晶断裂和解理断裂，有少量的穿晶断裂。

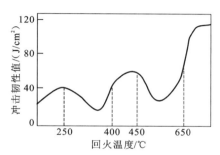

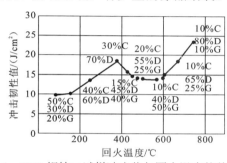

图 4-15　回火温度对钢的冲击韧度的影响　图 4-16　4340 钢缺口试样冲击值与回火温度的关系曲线

C-解理断裂；D-韧窝断裂；G-沿晶断裂

淬火加回火处理的某些合金钢，低温回火温度比正常回火温度偏高时，易出现第一类回火脆性。弹簧钢、高合金工模具钢回火温度偏低时，也易于出现这类回火脆性。调质钢，特别是含 Cr、Mn 等合金元素的钢材，在高温回火时，常因在脆化温度区间停留时间过长而出现第二类回火脆性。某些合金钢渗氮处理时，也易出现这类回火脆性。

2. 回火致脆断裂的特征

回火脆性断口的宏观形貌特征为断面结构粗糙，断口呈银白色的结晶状，一般为宏观脆断。但在脆化程度不严重时，断口上也会出现剪切唇。其典型微观形貌为沿奥氏体晶界分离形成的冰糖块状，如图 4-17 所示。晶粒界面上一般无异常沉淀物，因而有别于其他类型的沿晶断裂。但马氏体回火致脆断裂的解理界面上可能出现碳化物第二相质点及

图 4-17　2Cr13 对接焊叶片断口形貌
因回火脆性所产生的沿晶断裂，
冰糖块花样；TEM 二级复型

细小的韧窝花样。除此之外，在断口上一般可见二次断裂裂纹。

3. 回火致脆断裂分析

在失效分析时，对于具有产生回火脆性条件、怀疑可能是回火脆性断裂的构件，可取样进行材料回火脆性检测。通过试验可以确定钢材回火脆性的严重程度。

表征材料回火脆性的力学性能指标有α_k、K_{IC}、S_f及临界裂纹尺寸的特征参量a_{sc}等，能够正确显示材料回火脆性的检验方法有室温冲击试验法、系列冲击试验法、低温拉伸试验法、断裂韧度法等。

（1）室温冲击试验法。将待测钢材加工成缺口冲击试样，淬火并经不同温度回火后，在室温下测试其α_k值，可以得到图 4-15 所示的曲线，由此确定材料的回火脆性温度范围和脆化程度，试验温度一般应低于 25 ℃，过高的试验温度将影响试验结果，甚至显示不出回火脆性。

（2）系列冲击试验法。将待测钢材加工成缺口冲击试样，在不同温度下测试其α_k值，由此确定材料韧脆转折温度。回火脆性的力学本质是钢的韧脆转折温度上移，以致在室温下发生由微孔型宏观延性断裂向沿晶型脆性断裂的过渡现象。将脆化材料的试验结果与同一材料未脆化的韧脆转折温度比较，即可确定是否存在回火脆性及严重程度。

（3）低温拉伸试验法。低温拉伸试验时能够显示出脆性状态材料所特有的韧塑性显著降低的现象。利用低温拉伸法，测量试样的S_f及Z_f（极限断面收缩率）并与未脆化状态材料的同类指标相对比，则可确定材料的回火脆性状态。一般强度指标$\sigma_{0.2}$和σ_b不能显示钢的回火脆性。

（4）断裂韧度法。利用断裂韧度的测试法，测出材料的K_{IC}及a_{sc}值也能显示材料的回火脆性。一般来说，回火脆性对室温下的K_{IC}值影响并不明显，而裂纹失稳扩展时的特征参量值a_{sc}则对回火脆性极为敏感。

由

$$K_{IC} = \sigma_c \sqrt{\pi a_c} \tag{4-2}$$

可知

$$a_c = \frac{1}{\pi}\left(\frac{K_{IC}}{\sigma_c}\right)^2 \tag{4-3}$$

当$\sigma_c = \sigma_s$时，则有

$$a_{sc} = \frac{1}{\pi}\left(\frac{K_{IC}}{\sigma_s}\right)^2 \tag{4-4}$$

所以，a_{sc}为裂纹失稳扩展时表征裂纹特征的参量。

必须注意，通常的室温拉伸试验不能显示回火脆性。

图 4-18 所示为 16NiCo 钢的强度、硬度（HRC）和α_k随回火温度的变化实测曲线。由图可知，钢的强度及硬度（HRC）随回火温度的升高而增加，到 440 ℃时出现二次硬化峰，峰值过后开始下降。冲击韧度（α_k）开始随回火温度的升高而降低，至 440 ℃

时达最低点，出现第一个回火脆性区；而后随回火温度升高开始回升，至 520 ℃ 出现最大值，在 550 ℃ 回火冲击韧度再次降低出现谷值，600 ℃ 以上回火冲击韧度急剧升高。在冲击韧度显著降低（回火脆性区）的温度附近，钢的强度出现峰值，伸长率和断面收缩率没有明显的变化。因此，从拉伸性能难以判断钢的脆性，而冲击韧度（α_k）显示得非常清楚。

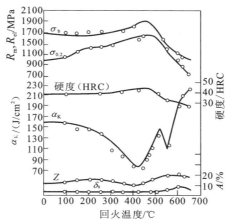

图 4-18　16NiCo 钢回火温度与力学性能的关系

此外，断口特征的对比分析也是确定回火脆性导致断裂的分析方法。一般分析时，需要对同一种材料相同的构件进行对比分析。

4.2.2　冷脆金属的低温脆断

在材料的脆性断裂中，低温脆性断裂也较为常见。对于钢结构件，以铁素体钢、珠光体钢及马氏体钢最为敏感。

1. 冷脆金属及其特点

随着温度的降低，发生断裂形式转化及塑脆过渡的金属称为冷脆金属。除面心立方以外的所有金属材料均属于冷脆金属，低碳钢是典型的冷脆金属。温度对低碳钢力学性能指标及断裂特征的影响如图 4-19 所示。在不同温度做拉伸试验时，低碳钢的断裂形式及塑脆行为发生很大变化。在 A 区为典型的宏观延性断裂，B 区为微孔型（心部）和解理型（周边）的混合断裂，仍为宏观延性断裂；C 区也为宏观延性断裂，但不形成缩颈，断口为百分之百的解理断裂，即宏观延性解理；D 区为宏观脆性解理，解理断裂应力与屈服应力重合；E 区也为宏观脆性解理，与 D 区不同的是断口附近的晶粒内可见形变孪晶，前者为滑移变形。由此可见，随着温度的降低，低碳钢的断裂行为发生如下变化。

（1）屈服点和断裂正应力随温度降低显著升高，塑性指标 Z_f 逐渐降低。

（2）在较低的温度下发生断裂形式的变化，即由微孔型断裂向解理断裂转化。

（3）在更低的温度下发生塑脆过渡，即由宏观塑性的解理断裂向宏观脆性的解理断

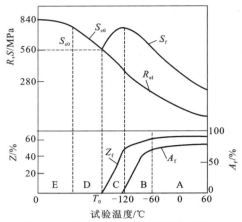

图 4-19   温度对低碳钢拉伸性能的影响

S_c-解理断裂应力；S_f-断裂正应力；R_{el}-屈服点；S_{c0}-解理断裂临界应力；A_f-断口中纤维区百分数；Z_f-极限断面收缩率

裂过渡，此时的极限塑性趋于零。这种过渡的临界温度称为韧脆转折温度，在图 4-19 中以 T_0 表示。

对于所有冷脆金属来说，都有上述类似情况。不同冷脆金属的断裂形式及塑脆过渡对应温度相差很大。即使同一种冷脆金属，因内部组织结构不同也有很大的差别。在进行实际分析时，同一构件上不同部位也有很大差别，必须严格注意断裂构件的不同部位。例如，对于发生冷脆断裂的焊接结构件，取样试验时必须区分焊接接头部位和远离焊接部位母材的差别。

2. 冷脆金属低温脆断的特征

冷脆金属在脆性转折温度以上发生的材料断裂为塑性断裂；在脆性转折温度以下发生的材料断裂为脆性断裂。这种冷脆金属在韧脆转变温度以下发生的脆性断裂称为低温脆断，断口具有如下宏微观特征。

（1）典型冷脆金属低温脆断断口的宏观特征为结晶状，并有明显的镜面反光现象。断口与正应力轴垂直，断口齐平，附近无缩颈现象，无剪切唇。断口中的反光小平面（小刻面）与晶粒尺寸相当。马氏体基高强度材料断口有时呈放射状撕裂棱台阶花样。

（2）冷脆金属低温脆断断口的微观形貌具有典型的解理断裂特征，可能含有河流花样、台阶花样、舌状花样、鱼骨花样、羽毛状花样、扇形花样等。对于一般工程结构用钢，通常所说的解理断裂主要是在冷脆状态下产生的。马氏体基高强度材料低温脆断的断裂机制为准解理。准解理的微观形貌除具有解理断裂的基本特征外，尚有明显的撕裂棱线的特征，而且塑性变形的特征较为明显。准解理的初裂纹源于晶内缺陷处而非晶界，这一点也与解理断裂不同。

3. 低温脆断的条件及影响因素

通常，只有冷脆金属才会发生低温脆断。绝大多数体心立方金属都属于冷脆金属，都具有发生冷脆断裂的可能性。而面心立方金属不是冷脆金属，不具有冷脆转折的特点，不发生冷脆断裂。构件几何尺寸较大、构件处于平面应变状态时，更易于发生冷脆断裂。发生冷脆断裂的环境温度低于材料韧脆转变温度。

材料的脆性转折温度并不是一个固定值，材料中的缺陷（微裂纹、缺口、大块夹杂等）、晶粒粗大等会使韧脆转变温度升高。

对于光滑试件，发生塑脆过渡的临界条件为

$$\sigma_s(T_0) = S_c \tag{4-5}$$

而对于裂纹试件，发生塑脆过渡的临界条件为

$$\sigma_s(T_0) = 0.4S_c \tag{4-6}$$

晶粒尺寸对低温脆断的影响很显著，材料的脆性转折温度 T_0 与晶粒尺寸 d 之间的关系为

$$T_0 = A - B\ln d^{-\frac{1}{2}} \tag{4-7}$$

缺陷的存在或者晶粒粗大，可使材料的韧脆转变温度提高到室温，因此在室温下即可发生脆性解理断裂。对普通的铸铁件来说，虽然硬度不高，基体为塑性很好的铁素体或珠光体，但由于晶粒粗大，并含有大量缺陷（石墨夹杂、粗大的碳化物与孔洞等），使冷脆温度显著升高，所以在室温条件下也可发生宏观脆性的解理断裂。

由于焊接时在焊缝和热影响区易形成粗大组织和缺陷，导致焊接接头部位的冷脆转折温度高于焊接母材的韧脆转变温度，实际分析时，焊接结构的冷脆问题应引起足够重视。

4. 低温脆断断裂的分析

在对可能是冷脆金属低温脆断的零件进行分析时，确定零件所用材料的冷脆转折温度是至关重要的。分析时一定要注意材料的缺陷和晶粒是否粗大。比较常用的方法是采用系列冲击试验确定材料的实际韧脆转变温度。

4.2.3　第二相质点致脆断裂失效

1. 第二相质点致脆断裂的类型

第二相质点致脆断裂是指因第二相质点沿晶粒晶界析出引起晶界的脆化或弱化而导致的一种沿晶断裂。第二相质点致脆断裂有以下几种情况。

一是脆性的第二相质点沿原奥氏体晶界择优析出引起的晶界脆化。例如，渗碳层中渗碳体沿晶界分布形成网状骨架导致的断裂；调质钢（CrNiMo）中沿晶界析出氮化铝薄片致脆断裂；$w(Cr)$ 为 $11.7\% \sim 30.0\%$ 的铁素体不锈钢及铸态 1Cr18Ni9Ti 钢中的 σ 相析出引起的断裂等。

二是某些杂质元素沿晶界富集引起的晶界弱化。例如，冶炼时脱磷、除氧、去硫等

不彻底，使某些钢材（如 30CrMnSi）调质后，在晶界上大量富集硫、磷、铅等有害元素导致晶界弱化；氧在钢中的含量超过铁素体饱和度（0.003%）后，将在晶界附近形成氧化物及富氧层，使晶界原子间结合力降低而引起沿晶断裂；金属材料发生过热及过烧后，粗大晶粒的晶界发生脆化而引起断裂等。

另外，还有某些金属材料在特定的温度条件下发生相变所引起的脆化状态等。

2. 断口特征

第二相质点致脆断裂的宏观断口均为脆性的晶粒状。高倍观察可以看到第二相质点及其微孔形貌，图 4-20 所示为 2Cr13 对接焊叶片的断口微观形貌，为沿晶断裂，因晶界上有条状析出物而导致脆性断裂。

图 4-20　沿晶析出物致脆断裂

4.3　环境致脆断裂失效分析

金属构件的断裂失效不仅与材料的性质、应力状态有关，而且在很大程度上取决于它的环境条件。所谓环境致脆断裂是指金属材料与某种特殊环境因素发生交互作用而导致的具有一定环境特征的脆性断裂，包括氢致断裂、低熔点金属致脆断裂、热疲劳断裂、应力腐蚀开裂、腐蚀疲劳断裂等。以下简要介绍几种典型的环境致脆断裂。

4.3.1　氢致破断失效的分析和判断

由氢导致金属材料在低应力静载荷下的脆性断裂，称为氢致断裂，又称氢脆。由于氢原子具有最小的原子半径（$r_H = 5.3$ nm），非常容易进入金属。在金属中的原子态氢在适当的条件下会向危险部位聚集，两个氢原子相遇便可形成氢分子。这些分子状态氢以及与其他元素形成的气体分子难以从金属中逸出，就导致了金属的脆性。

实际上，氢除可使材料变脆外，在某些条件下还会造成表面起泡等其他损伤，而这类损伤与材料本身的脆性关系不大，人们将其连同使金属变脆的过程统称为氢脆或氢损伤。

1. 氢进入金属材料的途径

分析因氢脆导致的断裂失效，一个重要的问题就是确定氢的来源。

（1）金属材料基体内残留的氢。金属材料在冶炼、焊接、熔铸等过程中都会溶解一些氢，当温度降低或组织变化时，由于氢固溶度的变化，便从固溶体中析出。液态铁中氢的固溶度是 γ-Fe 的 3 倍，而 γ-Fe 中氢的固溶度又是 α-Fe 的 3 倍左右。当凝固或冷却速度较快时，氢原子来不及析出，或已析出的氢分子跑不出去，就残留在金属材料内部。

（2）金属材料在含氢的高温气氛中加热时，进入金属内部的氢，如化学热处理过程中的吸氢现象。大量的实践和试验早已证实在进行渗碳过程中可以形成渗氢并导致氢脆断裂。以煤油为渗剂的渗碳气氛中含有大量的氢气，高温下氢在钢中扩散系数很大，极易渗入钢中。但在渗碳炉中加热并滴加煤油保护时，由于仍处于高氢气氛中，钢中的氢不但不能逸出，反而会继续渗入。在碳氮共渗和盐浴渗氮过程中，材料组织和工艺控制不当，也会导致氢脆。

（3）金属材料在化学及电化学处理过程中，进入金属内部的氢。这一过程有电镀、酸洗时发生的吸氢现象：

$$H^+ + e^- \longrightarrow [H]; \qquad [H] + [H] \longrightarrow H_2\uparrow$$
$$(H_3O)^+ + e^- \longrightarrow H_2O + [H]; \qquad [H] + [H] \longrightarrow H_2\uparrow$$

图 4-21 是 $w(C)$ 为 0.15%、$w(Mn)$ 为 0.40% 的钢在 15%（质量分数）稀硫酸中电解酸洗时，钢中氢含量随温度及时间的变化情况。由图可知，酸洗时随着温度的升高及时间的延长都会使钢中的氢含量增加。

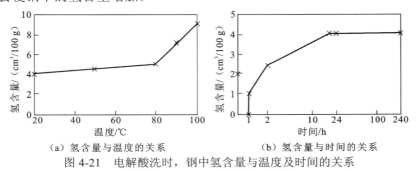

（a）氢含量与温度的关系　　　（b）氢含量与时间的关系

图 4-21　电解酸洗时，钢中氢含量与温度及时间的关系

（4）金属构件在运行过程中，环境也可提供氢。有些金属构件在高温高压的氢气氛中运行，由于氢及含氢气体对钢的作用，产生氢脆，最后导致金属构件开裂，这类氢脆称为环境氢脆。环境气氛的氢在高温下进入金属内部，并夺取钢中的碳形成甲烷，使钢变脆，发生如下反应：

$$Fe_3C + 2H_2 \longrightarrow 3Fe + CH_4\uparrow$$

如图 4-22 所示为锅炉水冷壁管氢脆断口裂纹形貌。材料为 20 钢，较长时间处于 pH 值低的给水状态运行，断口附近氢含量为 6.10 mL/100 g，与断口相对的背火侧的氢含量为 0.25 mL/100 g。断口呈窗口状，管壁未减薄，为脆性断裂[图 4-22（a）]，在管内壁腐蚀坑处可见多道宏观裂纹，微观裂纹沿晶扩展，裂纹两侧有脱碳现象[图 4-22（b）]。

发生应力腐蚀破坏的过程中也伴随有氢的作用。在潮湿的海洋、工业大气和土壤中的中高强度钢的延迟断裂，其断裂机理与在中性和酸性介质中的应力腐蚀断裂基本相同，属于氢致断裂。

2. 氢致脆断的类型

（1）溶解在金属基体中的氢原子析出，并在金属内部的缺陷处结合成分子状态，由此产生的高压，使材料变脆。钢中的"白点"即属于该类型。

　　　（a）断口形貌　　　　　　　（b）内壁腐蚀产物下微观裂纹（400×）

图 4-22　20 钢水冷壁管氢脆断口裂纹形貌

（2）环境气氛中的氢在高温下进入金属内部，并夺取钢中碳形成甲烷，使钢变脆。

（3）固溶氢引起的可逆性氢脆。机械零件通常发生的氢致断裂，一般属于这种氢脆。即进入金属内部的氢以间隙固溶体的形式存在，当金属材料受到缓慢加载的附加应力（包括残余应力）时，原子氢由固溶体中析出并结合成分子状态，使钢材变脆。这类氢脆的特点如下。

①固溶状态的氢不经任何化学反应，仅含少量的氢即可引起氢脆。例如，对于一般中等强度的钢在高温下含有 $3\times10^{-4}\%\sim5\times10^{-4}\%$（体积分数）的氢，对于高强度钢含有 $1\times10^{-4}\%$（体积分数）的氢即可引起氢脆。

②具有明显的延迟断裂的性质。即仅当受到缓慢加载或在低于材料强度极限的应力水平下保持一定时间后才能显示出来。当变形速度大于某一个临界值时，不显示脆性现象。

③仅在一定的温度范围内（-100～150℃）出现，在室温附近最敏感。

④对材料的强度极限、屈服极限、伸长率及冲击韧度影响较小，而对材料的极限断面收缩率影响较大。

（4）固溶氢引起的氢脆。在酸洗、热镀锌或镀铝过程中进入钢材内部的氢，于钢材的表皮下析出并转变成分子氢，由此产生的高压使钢的表皮鼓起形成氢鼓泡，这也是一种氢致破坏的形式。在含有硫化氢气体的油田管道及容器表面上也能找到这种氢鼓泡，其实质也是一种氢脆现象。材料的硬度较高时通常易产生氢脆断裂，硬度低于 22 HRC 时不发生脆断而产生鼓泡破坏。

3. 氢致脆断的断口形貌特征

氢致脆断的断口有如下宏微观特征。

（1）宏观断口齐平，为脆性的结晶状，表面洁净呈亮灰色；实际构件的氢脆断裂又常与机械断裂同时出现，因此，断口上常包括这两种断裂的特征，对于延迟断裂断口，通常有两个区域，一是氢脆裂纹的亚临界扩展区（齐平部分），二是机械撕裂区（斜面，粗糙，有放射线花样）。

氢脆裂纹源区形态、大小的分析有助于正确判断氢的来源和断裂的原因。如高温高压下工作的构件发生的氢脆，其裂纹源不是一点，而是一片，其中氢的来源为环境氢的作用。

（2）微观断口沿晶分离，晶粒轮廓鲜明，晶界有时可看到变形线（呈发纹或鸡爪痕花样），如图 4-23 所示；应力较大时也可能出现微孔型的穿晶断裂。

（3）显微裂纹呈断续而弯曲的锯齿状，如图 4-24 所示。

图 4-23　氢脆断口微观形貌（3 200×）

图 4-24　氢脆裂纹的走向形态（100×）

（4）在应力集中较大的部位起裂时，微裂纹源于表面或靠近缺口底部。应力集中比较小时，微裂纹多源于次表面或远离缺口底部（渗碳等表面硬化件出现的氢脆多源于次表面）。对氢导致的静疲劳破坏来说，这一特征是区别于其他形式断裂的唯一标志。因此，在分析断口时，对这一现象要给予足够重视。这一区域一般很小，往往只有几个晶粒范围。

（5）对于在高温下氢与钢中碳形成 CH_4 气泡导致的脆性断裂，其断口表面具有氧化色及明显晶粒状。微观断口可见晶界明显加宽及沿晶型的断裂特征，裂纹附近的珠光体有脱碳现象。

（6）氢化物致脆断裂也属于沿晶型断裂。这种沿晶型断裂与上述氢脆断裂的不同之处在于，除只有在高速变形时（如冲击载荷）才表现出来外，在微观断口上尚可看到氢化物第二相质点。

4.3.2　低熔点金属的接触致脆断裂失效

在一定的温度和拉应力下，与低熔点金属相接触的金属零件中，低熔点金属从零件表面沿晶界向零件内部扩散引起材料脆化并由此导致构件断裂的现象，称为低熔点金属的接触致脆断裂。

1. 脆断产生的条件

（1）金属零件与低熔点金属长时间接触。

（2）存在拉应力和较高的温度条件。低熔点金属的接触致脆，其实质是低熔点金属随裂纹的扩展而扩散，并使裂纹顶端金属发生合金化的过程。没有一定的拉应力和温度条件，这一过程就难以发生。拉应力可以是外加应力，也可以是残余拉应力。一定的温度条件通常是指从低熔点金属绝对熔化温度的 3/4 至熔化温度范围内。

（3）基体金属与低熔点金属存在一定的环境体系，表 4-1 给出了常见的低熔点金属接触致脆的环境体系。

表 4-1　低熔点金属接触致脆的环境体系

零件材料	低熔点金属	环境温度
钢基合金	汞 锂、铋、锡	室温以上 熔点以下
高强度铝合金	汞 镓	室温以上 熔点以下
碳钢	锂 镉、锌、锡、铅、铋 铜	熔点以上 260℃以上 熔点以上
奥氏体不锈钢	铜、锌、焊药 硫化物	580℃以上 650℃以上
钛合金	汞、镉	室温以上
镍基合金	硫化物	650℃以上

低熔点金属与零件材料的浸润性越好，越易构成致脆断裂的环境系统。如果两者的浸润性不好，即使零件表面存在裂纹，因裂纹的扩展速度始终超过低熔点金属的渗入速度，也不能构成致脆断裂。

（4）加载速度。只有在低速加载的条件下才能发生致脆断裂。其原因也是裂纹的扩展速度必须要低于低熔点金属的浸润速度时才能出现致脆现象。

2. 断裂特点及断口形貌

低熔点金属的接触致脆断裂及断口形貌具有如下特征。

（1）裂纹源于表面。初裂纹可以是低熔点金属沿表面金属的晶粒间界选择性地扩展，使某些晶界加宽形成的微裂纹，也可以是非金属夹杂物、析出相、滑移带、空穴等缺陷引起的应力集中形成的微裂纹。

（2）裂纹的走向为沿晶型。宏观上为脆性断裂，断裂截面与拉应力方向垂直。

（3）主裂纹明显，周围有许多支裂纹。

（4）断口表面通常有低熔点金属留下的特殊色泽及堆积物。

3. 常见的低熔点金属致脆断裂

（1）金属镉致脆断裂。由于镉对金属零件具有较好的电化学保护性能，所以不少钢制零件及工具采用镀镉进行保护。不管是生产工艺不合理，还是使用不当，都可引起镉脆。例如，某航空产品上的钛合金零件，用镀有镉层的锤子进行敲击校正，在钛合金零件表层留下了一层镉，导致在使用中出现镉脆断裂。

镉脆断裂的宏观断口上通常明显地分为蓝黑色和银灰色两部分。前者为镉脆区，后者为基体金属的瞬时断裂区。在镉脆断裂区，断口边缘的黑色堆积物为金属镉。其余呈蓝色或蓝绿色部分为合金化区。微观断口为沿晶型。

为了防止镀镉零件本身引起镉脆，通常在镀镉前先镀一层镍以阻止镉向基体金属内部扩散而导致镉脆。

（2）金属焊锡致脆断裂。黄铜是一种具有良好塑性的金属材料，其组合件常采用锡封装。即在加热状态下，使用焊锡填充缝隙使其密封或紧固起来。但在一定温度下，黄铜与锡的结合易发生锡对黄铜的渗入而致脆的现象。此时，在很小的拉应力下就会发生脆性断裂。

锡致黄铜脆性断裂的宏观断口为银白色的脆性断裂。这种锡脆性断裂的温度区间为170～350℃。150℃以下不发生锡脆性断裂，为韧性断裂，断口为正常的金黄色。微观断口形貌因合金的不同而异，单相（β相）黄铜为沿晶型断裂；双相（$\beta+\alpha$）黄铜为穿晶型断裂。断口表面及附近区域可见锡的合金化特征及锡的富集现象。

4.3.3　高温长时致脆断裂（热脆）失效

金属材料在较高的温度（400～550℃）下长时间工作而引起韧度显著降低的现象称为热脆。

1. 热脆断裂的特点

（1）呈现热脆性的钢材，在高温下的冲击韧度并不低，而室温冲击韧度一般比正常值降低 50%～60%，甚至降低 80% 以上，其他强度指标及塑性指标均不发生明显变化。奥氏体钢热脆性有所不同，在热脆发生的同时还往往发生强度和塑性等指标的变化。

（2）断裂的宏观表现是脆性的，断口呈粗晶状。微观上为沿晶的正向断裂。

（3）具有热脆性的金属，其金相组织上可以看到黑色的网状特征，并有第二相质点析出。这是判定金属高温脆性发生的重要依据，金相组织中的黑色网状如图 4-25 所示。

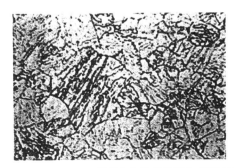

（a）25Cr2Mo1V钢热脆组织（250×）　　（b）12Cr2MoWVB钢碳化物沿晶界析出（200×）

图 4-25　热脆金属显微组织

（4）几乎所有的钢材都有产生热脆性的倾向。在碳钢中出现热脆性的必要条件是有塑性变形。

2. 热脆断裂的一般解释

金属材料在高温下长时间受到拉应力的作用将发生一系列的组织结构变化。例如，珠光体耐热钢中可能发生珠光体的球化、晶粒长大、碳化物析出、石墨化微量元素的偏聚等。对热脆性产生的本质至今尚未清楚，但大多数人认为，它和回火脆性应是一致的。例如，对于珠光体型的耐热钢（如 25Cr2Mo1V），多数人认为它和回火脆性是一致的，两者的共同点有以下几点。

（1）两种脆性都在相同的温度范围内发生，并且在该温度下保持的时间越长，其脆化程度越大。

（2）对脆性敏感的力学性能指标相同，即除室温冲击韧度外，其他温度下的力学性能指标不发生显著变化。

（3）钢的脆化倾向取决于钢材的化学成分，而且起主要作用的是合金元素和杂质，两种脆性的有害杂质（P，N）及有利元素（Mo，W）的作用机理也相同。

（4）热脆性和回火脆性都可以采取在高于 600～650 ℃的温度下加热后快冷的方法来消除。

（5）在长期加热的情况下，无论钢受不受应力作用均发生脆性。预先的冷加工变形降低脆性发展倾向；而在脆性发展过程中，对构件施以冷加工变形将使钢的冲击韧度提高。

3. 常见的热脆性断裂及返修处理

电厂锅炉、汽轮机选用高温高强度螺栓的常用钢材为珠光体型的耐热钢（如 25Cr2Mo1V），其工作温度为 450～550 ℃，工作中承受拉应力作用。在长期工作后，特别是长期超出工作温度运行时，冲击韧度由 120 J/cm^2 下降到 60 J/cm^2 以下，易出现热脆性断裂。对于热脆性程度不十分严重的零件，可以通过返修热处理，如 600～650 ℃回火或正火（淬火）后回火并快冷的方法予以消除。

4.3.4 蠕变断裂失效

金属材料在外力作用下，缓慢而连续不断地发生塑性变形，这种现象称为蠕变现象，所发生的变形称为蠕变变形，由此而导致的断裂称为蠕变断裂。

1. 蠕变断裂的类型

（1）对数蠕变断裂。在（0～0.15）T_m（T_m 为金属材料的熔点，单位为 K）温度范围内，材料的变形引起加工硬化，因为温度低，不能发生回复再结晶，所以蠕变率随时间的延续一直在下降，称为对数蠕变。

（2）回复蠕变断裂。在（0.15～0.85）T_m 的温度范围内，由于温度高，材料足以进行回复再结晶，蠕变率基本上是个定值，此时发生的断裂称为回复蠕变断裂。

在工程上最常出现的蠕变断裂是回复蠕变断裂或称高温蠕变断裂。典型的蠕变曲线如图 4-26 所示，是描述在恒定温度、恒定拉应力下金属的变形随时间的变化规律曲线。典型的蠕变曲线可以分为三个部分。

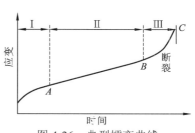

图 4-26　典型蠕变曲线

蠕变第一阶段（初期蠕变，I）：这一阶段属于非稳定的蠕变阶段，特点是开始蠕变速度较大，随着时间延长，蠕变速度逐渐减小，直到达到最小值 A 点进入第二阶段。

蠕变第二阶段（第二期蠕变，II）：这一阶段的蠕变是稳定阶段的蠕变，特点是蠕变是固定的，但是对于该应力和温度下是最小的蠕变速度进行，蠕变曲线上为一固定斜率的近乎直线段。这一阶段又称为蠕变的等速阶段或恒速阶段。这一段越长，则金属在该温度和应力下蠕变变形持续的时间就越长，直到 B 点进入第三阶段。

蠕变第三阶段（第三期蠕变，III）：当蠕变进行到 B 点，随着时间的推移，蠕变以迅速增大的速度进行，这是一种失稳状态，直到 C 点发生断裂。这一阶段也称为蠕变的加速阶段。

蠕变曲线的形状会随金属的温度和应力不同而有所变化，如图 4-27 所示，在实际断裂分析时应根据不同条件进行判断。

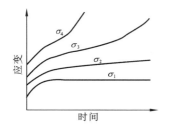

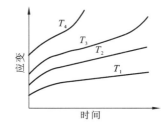

（a）温度固定，应力$\sigma_1<\sigma_2<\sigma_3<\sigma_4$　　　　　（b）应力固定，温度$T_1<T_2<T_3<T_4$

图 4-27　不同条件下的蠕变曲线

金属蠕变阶段的变化除与温度、应力密切相关外，与材料组织的稳定性也有很大关系。在一定温度下，相对稳定的组织第二阶段蠕变时间相对长。在相同条件下，稳定性相对较差的组织稳定蠕变阶段变短。

对于长时间在高温高应力下运行的金属构件，应定期测试其蠕变变形量。

2. 蠕变断裂的特征

（1）宏观特征。明显的塑性变形是蠕变断裂的主要特征。在断口附近产生许多裂纹，使断裂件的表面呈现龟裂现象。蠕变断裂的另一个特征是高温氧化现象，在断口表面形成一层氧化膜。

（2）微观特征。大多数金属构件发生的蠕变断裂是沿晶型断裂，但当温度低于等强温度时，也可能出现与常温断裂相似的穿晶型断裂。和其他沿晶型断裂的不同之处在于沿晶蠕变断裂的截面上可以清楚地看到局部地区晶间的脱开及空洞现象。除此之外，断口上尚存在与高温氧化及环境因素相对应的产物。

3. 蠕变断裂失效分析

在材料失效分析时，根据构件的实际工况条件及断裂件的宏观与微观特征，不难确定构件的断裂是否属于蠕变断裂。

实际的金属构件发生蠕变断裂时，宏观上也可能没有明显的塑性变形，其变形是微观局部的，主要集中在金属晶粒的晶界，在晶界上形成蠕变空洞，降低了材料塑性，导致发生宏观脆性断裂，如图 4-28 所示，为热力系统构件中经常发生的一种失效形式。

 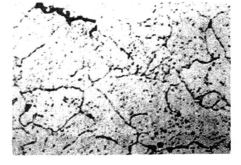

（a）蒸汽管爆管断口形态（宏观上无明显塑性变形，管壁没有减薄，表面严重氧化，氧化层致密）　　（b）金属组织（珠光体已经完全球化，碳化物在晶内和晶界上聚集，晶界上已形成蠕变裂纹）

图 4-28　蠕变导致的宏观脆性的蒸汽管爆管

实际运行的金属构件，由于金属组织在高温高应力作用下会发生一系列的组织和性能变化，蠕变断裂过程经常伴随着其他方面的变化。主要有珠光体球化、碳化物聚集、碳钢石墨化、时效、新相的形成、热脆性、合金元素在固溶体和碳化物相之间的重新分配以及氧化腐蚀等。

珠光体球化和碳化物聚集主要发生于珠光体类耐热钢，这类钢在一定温度和工作应力下长期运行，出现珠光体分解，即原为层片状的珠光体逐步分解为粒状珠光体。随着时间延长，珠光体中的碳化物分解，并进一步聚集长大，形成球状碳化物。由于晶界上具有更适宜碳化物分解、聚集、长大的条件，所以沿晶界分布的球状碳化物多于晶内的碳化物。进一步在晶界上可能形成空洞或微裂纹，材料变脆，最后造成脆性断裂。这是所有珠光体类耐热钢最常见的组织变化，也是必然的组织变化。珠光体球化可以使得材料的室温强度极限和屈服点降低，使钢的蠕变极限和持久强度下降。因此，耐热钢必须满足其使用温度和应力的要求，在规定的时间内服役。温度或应力大于钢的许用值，将大大缩短设备的使用寿命。如发电厂锅炉中的炉体结构用钢、各类管道，都有不同的要求，应该选用不同的钢材。

碳钢和不含铬的珠光体耐热钢在高温下的长期运行过程中会产生石墨化现象。石墨化可使钢的强度极限降低，尤其对钢弯曲时的弯曲角和室温冲击韧度 α_k 影响很大。当石墨化严重时，钢的脆性升高，导致耐热构件脆性断裂。影响钢石墨化的因素有温度、合金元素、晶粒大小、冷变形以及焊接等。用铝脱氧的钢石墨化倾向较大，铬、钛、铌有阻碍石墨化的作用，含有铬的钢不产生石墨化，镍和硅有促进石墨化的作用。

4.4 混合断裂失效分析

工程构件的断裂大都属于混合型断裂。这是因为在裂纹形成及扩展过程中，其影响因素不是单一的，通常是不停变化的。有以下几个方面的原因导致混合型断裂的产生。

1. 应力状态发生变化引起的混合断裂

各种类型的断裂均存在一定的临界应力，构件的某部位所承受的应力达到某个临界值时，构件即产生初裂纹，并开始扩展。随着金属构件有效截面积的减小，剩余截面的正应力不断增加，特别是裂纹顶端的应力状态发生变化，如裂纹顶端的应力强度因子随裂纹尺寸的加大而升高，当其达到另一种断裂的临界应力时，断裂的类型就发生变化而成为混合断裂。例如，在构件疲劳断裂的断口上看到的疲劳断裂和瞬时斯裂（过载断裂）的混合型断裂，在静拉伸断裂的断口上看到的正断、撕裂和剪切型的混合断裂，均是因断裂过程中应力状态的变化引起的。

2. 环境因素变化引起的混合断裂

构件的环境因素，特别是温度和介质的变化是引起混合断裂的另一个重要因素，当温度发生变化时，往往带来材料组织结构及性能的变化，由此导致断裂的类型或途径的变化。例如，含 Mo 的材料在高温下长时间工作时，将析出 Mo_2C 化合物而使材料变脆，一些含 Cr 钢在 550 ℃ 以上长时间工作时，随碳化物的类型发生变化$(Fe·Cr)_3C \rightarrow (Fe·Cr)_7C_3 \rightarrow (Fe·Cr)_{23}C_6$，其断裂类型也将发生变化而出现混合型断裂。

3. 材料的成分及组织结构的不均匀性引起的混合断裂

材料的化学成分及组织结构的不均匀性也是引起构件发生混合断裂的重要原因。例如，化学热处理的零件，表层的断裂和心部的断裂通常是不同的；材料中脆性相沿晶析出引起的沿晶界断裂常常与某些晶粒的 {100} 解理断裂相混合。

对混合断裂来说，不论断裂过程中包含几个断裂机制，初始起因只有一个，其余机制是派生出来的。因而在失效分析时，应集中寻找第一断裂源区的初始断裂机制。这就是断口分析中寻找主断面、主裂纹、裂纹源的意义所在。

第 5 章 疲劳断裂失效分析

疲劳断裂是金属构件断裂的主要形式之一。自从 Wöhler 的经典疲劳著作发表以来，人们充分地研究了不同材料在各种不同载荷和环境条件下试验时的疲劳性能，在金属构件疲劳断裂失效分析的基础上形成和发展了疲劳学科。尽管广大工程技术人员和设计人员已经注意到了疲劳问题，而且积累了大量的试验数据，在实际工程中采取了许多有效的技术措施，但目前仍然有许多设备和零部件因疲劳断裂而失效，尤其是各类轴、齿轮、叶片、模具等承受交变载荷的零部件。据统计，在整个机械零部件的失效总数中，疲劳失效占 50%～90%，在近几年公开发表的各类实际零件断裂失效分析的研究报告中，疲劳断裂约占 80%。因此，金属构件的疲劳失效仍然需要重点关注。

5.1 疲劳断裂失效的基本形式和特征

5.1.1 疲劳断裂失效的基本形式

机械零件疲劳断裂失效形式很多，按交变载荷的形式不同，可分为拉压疲劳、弯曲疲劳、扭转疲劳、接触疲劳、振动疲劳等；按疲劳断裂的总周次的大小（N_f）可分为高周疲劳（$N_f > 10^5$）和低周疲劳（$N_f < 10^4$）；按服役温度及介质条件可分为机械疲劳（常温、空气中的疲劳）、高温疲劳、低温疲劳、冷热疲劳及腐蚀疲劳等。虽然疲劳断裂的形式多样，但其基本形式只有两种，即由切应力引起的切断疲劳和由正应力引起的正断疲劳。其他形式的疲劳断裂都是这两种基本形式在不同条件下的复合。

1. 切断疲劳失效

切断疲劳初始裂纹是由切应力引起的。切应力引起疲劳初裂纹萌生的力学条件是切应力/缺口切断强度≥1，正应力/缺口正断强度<1。

切断疲劳的特点是疲劳裂纹起源处的应力应变场为平面应力状态，初裂纹的所在平面与应力轴约成 45° 角，并沿其滑移面扩展。

由于面心立方结构的单相金属材料的切断强度一般略低于正断强度，而在单向压缩、拉伸及扭转条件下，最大切应力和最大正应力的比值（即软性系数）分别为 2.0、0.5、0.8，所以这类材料零件的表层比较容易满足上述力学条件，多以切断形式破坏。例如，铝、镍、铜及其合金的疲劳初裂纹绝大多数以切断的方式形成和扩展。低强度高塑性材料制作的中小型及薄壁零件、大应力振幅、高的加载频率及较高的温度条件都将有利于这种破坏形式的产生。

2. 正断疲劳失效

正断疲劳的初裂纹是由正应力引起的。初裂纹产生的力学条件是正应力/缺口正断强度≥1，切应力/缺口切断强度<1。

正断疲劳的特点是疲劳裂纹起源处的应力应变场为平面应变状态，初裂纹所在平面大致与应力轴相垂直，裂纹沿非结晶学平面或不严格地沿着结晶学平面扩展。

大多数工程金属构件的疲劳失效都是以这种形式进行的。特别是体心立方金属及其合金以这种形式破坏的所占比例更大；上述力学条件在试件的内部裂纹处容易得到满足，但当表面加工比较粗糙或具有较深的缺口、刀痕、蚀坑、微裂纹等应力集中现象时，正断疲劳裂纹也易在表面产生。

高强度低塑性的材料、大截面零件、小应力振幅、低的加载频率及腐蚀、低温条件均有利于正断疲劳裂纹的萌生与扩展。

在某些特殊条件下，裂纹尖端的力学条件同时满足切断疲劳和正断疲劳的情况。此时，初裂纹也将同时以切断疲劳和正断疲劳的方式产生及扩展，从而出现混合断裂的特征。

5.1.2　疲劳断裂失效的一般特征

金属零件的疲劳断裂失效无论从工程应用的角度出发，还是从断裂的力学本质及断口的形貌方面来看，都与过载断裂失效有很大的差异。金属零件在使用中发生的疲劳断裂具有突发性、高度局部性及对各种缺陷的敏感性等特点。引起疲劳断裂的应力一般很低，断口上经常可观察到特殊的、反映断裂各阶段宏观及微观过程的特殊花样。对高周疲劳断裂来说，有如下基本特征。

1. 疲劳断裂的突发性

疲劳断裂虽然经过疲劳裂纹的萌生、亚临界扩展、失稳扩展三个过程，但是由于断裂前无明显的塑性变形和其他明显征兆，断裂具有很强的突发性。即使在静拉伸条件下具有大量塑性变形的塑性材料，在交变应力作用下也会显示出宏观脆性的断裂特征。因此，断裂是突然进行的。

2. 疲劳断裂应力很低

循环应力中最大应力幅值一般远低于材料的强度极限和屈服极限。例如，对旋转弯曲疲劳，经 10^7 次应力循环破断的应力仅为静弯曲应力的 20%～40%；对于对称拉压疲劳，疲劳破坏的应力水平还要更低一些。对于钢制构件，在工程设计中采用的近似计算公式为

$$\sigma_{-1} = (0.4 - 0.6)\sigma_b \tag{5-1}$$

或

$$\sigma_{-1} = 0.285(\sigma_s + \sigma_b) \tag{5-2}$$

3. 疲劳断裂是一个损伤积累的过程

疲劳断裂不是立即发生的，需要经过很长的时间才完成。疲劳初裂纹的萌生与扩展均是多次应力循环损伤积累的结果。

在工程上，通常把试件上产生一条可见初裂纹的应力循环周次（N_0），或将 N_0 与试件的总寿命 N_f 的比值（N_0/N_f）作为表征材料疲劳裂纹萌生孕育期的参量。部分材料的 N_0/N_f 值如表 5-1 所示。

表 5-1　部分材料的 N_0/N_f 值

材料	试件形状	N_f/次	初始可见裂纹长度/mm	N_0/N_f
纯铜	光滑	2×10^6	2.03×10^{-3}	0.05
纯铝	光滑	2×10^5	5×10^{-4}	0.10
纯铝	切口（$K_t \approx 2$）	2×10^6	4×10^{-4}	0.005
2024-T$_3$ Al	光滑	5×10^4 1×10^6	1.01×10^{-1} 1.01×10^{-1}	0.40 0.70
2024-T$_4$ Al	切口（$K_t \approx 2$）	1×10^5 3×10^6	2.03×10^{-2} 1.0×10^{-2}	0.05 0.07
7075-T$_6$ Al	切口（$K_t \approx 2$）	1×10^5 5×10^3	7.62×10^{-2} 7.62×10^{-2}	0.40 0.20
4340 Fe	切口（$K_t \approx 2$）	2×10^4 1×10^3	3×10^{-3} 7.2×10^{-2}	0.30 0.25

疲劳裂纹萌生的孕育期与应力幅值的大小、试件的形状及应力集中状况、材料性质、温度与环境介质等因素有关。有关因素对 N_0/N_f 值的影响的一般趋势如表 5-2 所示。

表 5-2　各因素对 N_0/N_f 值影响的趋势

影响因素	变化	对 N_0/N_f 影响的趋势
应力幅值	增加	降低
应力集中	加大	降低
材料强度	增加	升高
材料塑性	增加	降低
温度	升高	降低
腐蚀介质	强	降低

4. 疲劳断裂对材料缺陷的敏感性

金属的疲劳失效具有对材料各种缺陷极为敏感的特点。因为疲劳断裂总是起源于微裂纹处。这些微裂纹有的是材料本身的冶金缺陷，有的是加工制造过程中留下的，有的则是使用过程中产生的。

例如，在纯金属及单相金属中，滑移带中侵入沟应力集中形成的微裂纹，或驻留滑移带内大量点缺陷凝聚形成的微裂纹是常见的疲劳裂纹萌生地；在工业合金和多相金属材料中存在的第二相质点及非金属夹杂物，因其应力集中的作用引起局部塑性变形，导致相界面的开裂或第二相质点及夹杂物的断裂而成为疲劳裂纹的发源地；同样，构件表面或内部的各种加工缺陷，往往其本身是一条可见的裂纹，使其在很小的交变应力作用下就得以扩展。总之，无论是材料本身原有的缺陷，还是加工制造或使用中产生的"类裂纹"，均显著降低交变应力作用下构件的使用性能。

5. 疲劳断裂对腐蚀介质的敏感性

金属材料的疲劳断裂除取决于材料本身的性能外，还与零件运行的环境条件有密切的关系。这些环境条件虽然对材料的静强度也有一定的影响，但影响程度远不如对材料疲劳强度的影响显著。一般地，在腐蚀环境下，材料的疲劳极限较在大气条件下低得多。即使对不锈钢来说，在交变应力下，由于金属表面的钝化膜易被破坏而极易产生裂纹，其疲劳断裂的抗力也比大气环境下低些。

5.2　疲劳断口形貌及其特征

5.2.1　疲劳断口的宏观特征

1. 金属疲劳断口宏观形貌

疲劳断裂的过程不同于其他断裂，因此形成疲劳断裂特有的断口形貌，成为疲劳断裂分析时的根本依据。

典型疲劳断口的宏观形貌结构可分为疲劳核心、疲劳源区、疲劳裂纹的选择发展区、断裂的加速扩展区及瞬时断裂区等区域，如图 5-1 所示。一般疲劳断口在宏观上也可粗略地分为疲劳源区、疲劳裂纹扩展区和瞬时断裂区三个区域，如图 5-2 所示。大多数工程构件的疲劳断裂断口上一般可观察到三个区域，因此这一划分更有实际意义。

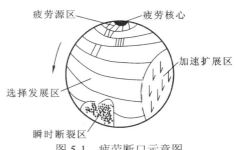

图 5-1　疲劳断口示意图

（1）疲劳源区。也称疲劳裂纹的萌生区，通常是由多个疲劳裂纹萌生点扩散并相遇而形成的区域。该区由于裂纹扩展缓慢以及反复张开闭合效应，引起断口表面磨损而有光亮和细晶的表面结构。这个区域在整个疲劳断口中所占的比例很小，实际断口上通常指放源中心点（图 5-3）或贝纹线的曲率中心点（图 5-4）。由于疲劳断裂对表面缺陷非常敏感，所以这些疲劳源区常在金属构件的表面，如图 5-2 和图 5-3 所示。但当在构件的心部或次表层存在较大的缺陷时，断裂也可从构件的心部和次表层开始，如图 5-4 和图 5-5 所示。

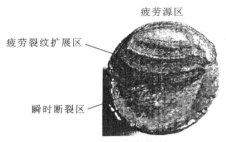

图 5-2　实际的疲劳断口

图 5-3　疲劳断裂叶片断口

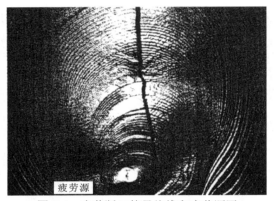

图 5-4　疲劳断口的贝纹线和疲劳源区

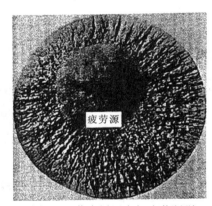

图 5-5　蒸汽锤活塞杆疲劳断裂

图 5-6　螺栓疲劳断裂断口

一般情况下，一个疲劳断口只有一个疲劳源，但在反复弯曲时可出现两个疲劳源；而在腐蚀环境中，由于滑移使金属表面膜破裂而形成许多活性区域，可出现更多的疲劳源；当在低交变载荷下工作的构件发生疲劳断裂时，由于金属构件表面的多处缺陷，也可形成多个疲劳源（图 5-6）。

一般情况下，应力集中系数越高，或交变应力水平越高，疲劳源区的数目越多。对于表面存在类裂纹的零件，其疲劳断口上往往不存在疲劳源区，而只有裂纹扩展区和瞬时断裂区。

（2）疲劳裂纹扩展区。疲劳裂纹扩展区是疲劳裂纹的亚临界扩展区，是疲劳断口上最重要的特征区域。该区域形态多种多样，可以是光滑的，也可以是瓷状的；可以有贝纹线，也可以不出现；可以是晶粒状的，也可以是撕裂脊状的。具体形态取决于构件所受的应力状态及运行情况（包括 K_{Imax}、K_{Imin}、频率 f、环境、温度等），当 $K_{Imax} > K_{IC} > K_{Imin}$ 时，可以出现撕裂脊；当 $K_{Imax} > K_{ISCC}$ 时，可以出现结晶状断口；当频率 f 高时，可以出现平断口，而当 f 低时，可以出现撕裂状断口。当然也可以出现混合断口。其中，K_{Imax}、K_{Imin}、K_{IC} 分别为裂纹尖端的最大应力强度因子、最小应力强度因子和材料的临界强度因子，K_{ISCC} 为应力腐蚀临界应力强度因子。当疲劳载荷中有压应力时，可使已开裂的断面相互摩擦而发亮；当运行过程中有反复开机、停机动作时，可有贝纹线出现。由于载荷的变化、材料中的缺陷以及残余应力再分配等因素的作用，裂纹在扩展过程中会不断改变扩展方向并形成二次台阶、线痕及弧线。

当交变载荷的应力幅值一定时，疲劳裂纹以一定的速度扩展。随着疲劳裂纹的增长，应力幅值 σ_{max} 也逐渐加大，当 σ_{max} 趋近 σ_b 时，构件的开裂由疲劳裂纹过渡到过载开裂。该区域具有较大的扩展速度及表面粗糙度，并由于伴随有材料的撕裂而汇合成附加的台阶，或汇合成小丘陵结构。

（3）瞬时断裂区。即快速静断区。当疲劳裂纹扩展到一定程度时，构件的有效承载面承受不了当时的载荷而发生快速断裂。断口平面基本与主应力方向垂直，形貌呈粗糙的晶粒状脆断或放射线状。高塑性材料的瞬时断裂区也可能出现纤维状结构。这部分与前述过载断裂相似，在此不再赘述。

2. 疲劳断口宏观形貌的基本特征

疲劳弧线是疲劳断口宏观形貌的基本特征。它是以疲劳源为中心，与裂纹扩展方向垂直的呈半圆形或扇形的弧形线，又称贝纹线（贝壳花样）或海滩花样（图 5-2、图 5-4）。疲劳弧线是裂纹扩展过程中，其顶端的应力大小或状态发生变化时，在断面上留下的塑性变形痕迹。对于光滑试样，疲劳弧线的圆心一般指向疲劳源区。当疲劳裂纹扩展到一定程度时，也可能出现疲劳弧线的转向现象；当试样表面有尖锐缺口时，疲劳弧线的圆心指向疲劳源区的相反方向。由此也可以作为判定疲劳源区位置的依据或表面缺口影响的判据。

疲劳弧线的数量（密度）主要取决于加载情况。启动和停机或载荷发生较大的变化均可留下疲劳弧线。并不是在所有的疲劳断口上都可以观察到疲劳弧线，疲劳弧线的清晰度不仅与材料的性质有关，而且与介质情况、温度条件等有关。材料的塑性好、温度高、有腐蚀介质存在时，弧线清晰。如果材料的塑性低，裂纹扩展速度快，断口断裂后受到污染和不当的清洗等，都难以在断口上观察到清晰的疲劳弧线，但这并不意味着断裂过程中不形成疲劳弧线。

疲劳台阶为疲劳断口上另一基本特征。一次疲劳台阶出现在疲劳源区，二次台阶出现在疲劳裂纹的扩展区，与疲劳弧线相垂直，呈辐射状。它指明了疲劳裂纹的扩展方向。

疲劳断口上的光亮区也是疲劳断裂宏观断口形貌的基本特征。当断口上观察不到疲劳弧线及台阶，仅有光亮区与粗糙区之分时，则光亮区为疲劳区，粗糙区为瞬时断裂区。但有时光亮区仅为疲劳源区。

5.2.2 疲劳断口各区域的位置与形状

前已述及，机械零件疲劳断裂失效形式虽然很多，但其基本形式只有两种，即由切应力引起的切断疲劳和由正应力引起的正断疲劳。在实际的疲劳断裂失效分析中，一般以零件服役方式来进行分类和分析，以便对断裂的影响因素进行分析和控制。疲劳裂纹扩展区的大小和形状取决于构件的应力状态、应力幅值及构件的形状，图 5-7 为不同的金属构件在各种应力状态下疲劳源及疲劳断裂区的分布情况。

1. 拉压（拉）疲劳断裂

拉压疲劳断裂最典型的例子是各种蒸汽锤的活塞杆在使用中发生的疲劳断裂。在通常情况下，拉压疲劳断裂的疲劳核心多源于表面而不是内部，这一点与静载拉伸断裂时不同。但当构件内部存在明显的缺陷时，疲劳初裂纹将起源于缺陷处。此时，在断口上将出现两个明显的不同区域，一是光亮的圆形疲劳区（疲劳核心在此中心附近），周围是瞬时断裂区。在疲劳区内一般看不到疲劳弧线，而在瞬时断裂区具有明显的放射花样。

应力集中和材料缺陷将影响疲劳核心的数量及所在位置，瞬时断裂区的相对大小与负荷大小及材料性质有关。光滑表面出现的疲劳源数量少，瞬断区多为新月形；有缺口表面产生的疲劳源数目多，瞬时断裂区逐步变成近似椭圆形。

2. 弯曲疲劳断裂

金属零件在交变的弯曲应力作用下发生的疲劳破坏称为弯曲疲劳断裂。弯曲疲劳又可分为单向弯曲疲劳、双向弯曲疲劳及旋转弯曲疲劳三类。共同点是零件截面受力不均匀，初裂纹一般源于表面，然后沿着与最大正应力垂直的方向向内扩展，当剩余截面不能承受外加载荷时，构件发生突然断裂。

（1）单向弯曲疲劳断裂。像吊车悬臂之类的零件，在工作时承受单向弯曲载荷。承受脉动单向弯曲应力的零件，其疲劳核心一般发生在受拉侧的表面上。疲劳核心一般为一个，断口上可以看到呈同心圆状的贝纹花样，且呈凸向。最后断裂区在疲劳源区的对面，外围有剪切唇。载荷的大小、材料的性能及环境条件等对断口中疲劳区与瞬时断裂区的相对大小均有影响。负荷大、材料塑性低及环境温度偏低时瞬时断裂区所占比例加大。

构件的次表层存在较大缺陷时，疲劳核心也可能在次表层产生。在受到较大应力集中的影响时，疲劳弧线可能出现反向（呈凹状），并可能出现多个疲劳源区。

（2）双向弯曲疲劳断裂。某些齿轮的齿根承受双向弯曲应力的作用。零件在双向弯曲应力作用下产生疲劳断裂时，疲劳源区可能在零件的两侧表面，最后断裂区在截面的内部。

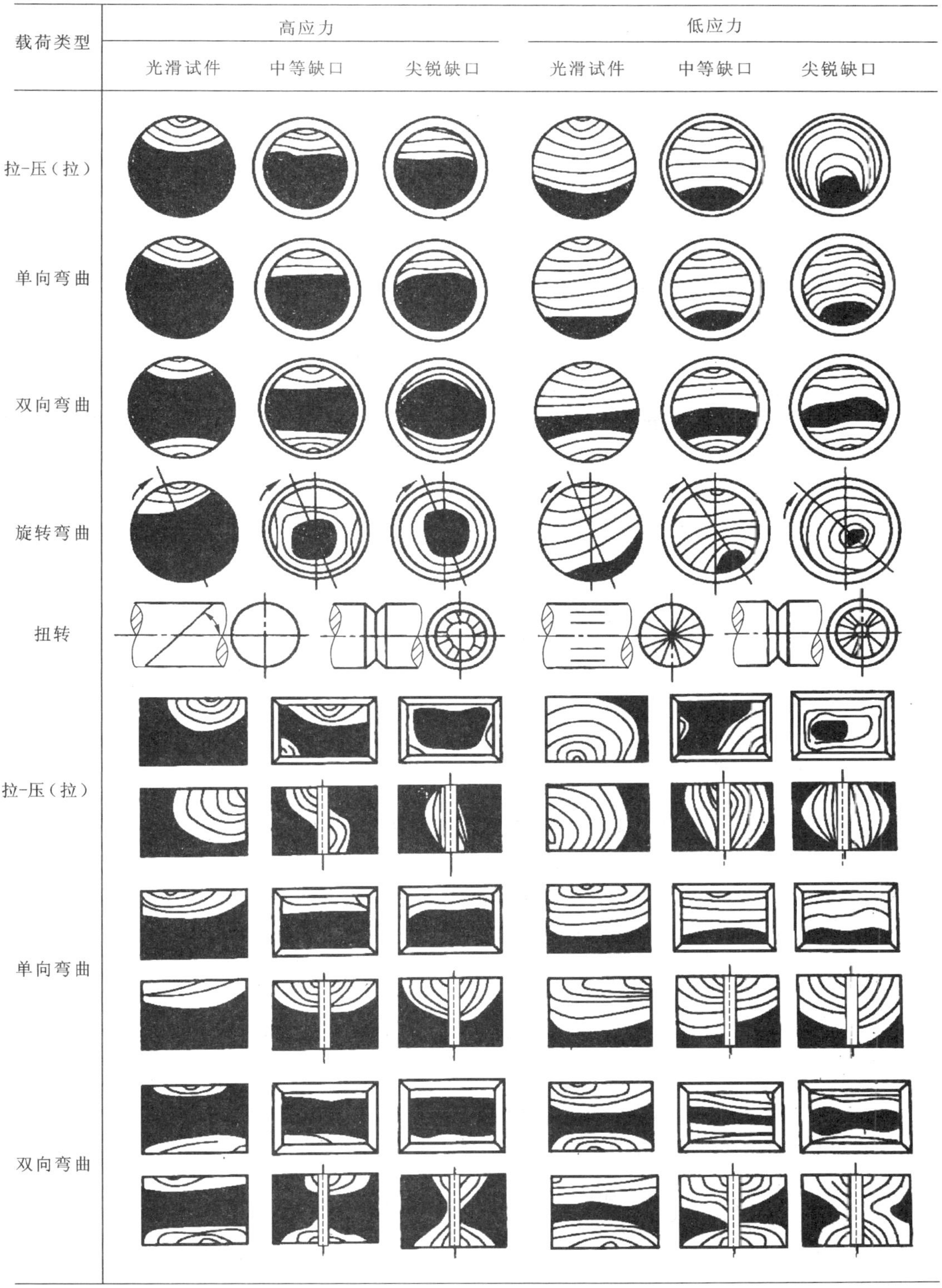
载荷类型
高应力
低应力
光滑试件
中等缺口
尖锐缺口
光滑试件
中等缺口
尖锐缺口
拉-压（拉）
单向弯曲
双向弯曲
旋转弯曲
扭转
拉-压（拉）
单向弯曲
双向弯曲

图 5-7　不同的金属构件在各种应力状态下疲劳源及疲劳断裂区的分布

材料的性质、负荷的大小、结构特征及环境因素等都对断口的形貌有影响，影响趋势与单向弯曲疲劳断裂基本相同。

在高名义应力下，光滑的和有缺口的零件瞬断区的面积都大于扩展区，且位于中心部位，形状似腰鼓形。随着载荷水平和应力集中程度的提高，瞬断区的形状逐渐变为椭圆形。

在低名义应力下，两个疲劳核心并非同时产生，扩展速度也不一样，所以断口上的疲劳断裂区一般不完全对称，瞬断区偏离中心位置。

（3）旋转弯曲疲劳断裂。许多轴类零件的断裂多属于旋转弯曲疲劳断裂。旋转弯曲疲劳断裂时，疲劳源区一般出现在表面，但无固定地点。疲劳源的数量可以是一个也可以是多个。疲劳源区和最后断裂区相对位置一般总是相对于轴的旋转方向逆转一个角度。由此，可以根据疲劳源区与最后断裂区的相对位置推知轴的旋转方向。

当轴的表面存在较大的应力集中时，可以出现多个疲劳源区。此时，最后断裂区将移至轴件的内部。名义应力越大，最后断裂区越靠近轴件的中心。内部存在较大的夹杂物及其他缺陷时，疲劳核心也可能产生在次表层或内部区域。

阶梯轴在循环弯曲应力作用下，由弯曲疲劳引起的裂纹扩展方向与拉伸正应力垂直，所以疲劳断面往往不是一个平面，而是一个像碟子一样的曲面，称为碟形疲劳断口，其形成过程如图 5-8 所示。

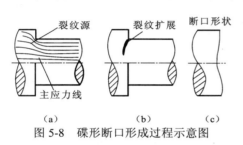

图 5-8　碟形断口形成过程示意图

3. 扭转疲劳断裂

各类传动轴件的断裂主要是扭转疲劳断裂。扭转疲劳断裂的断口形貌有三种类型。

（1）正向断裂。断裂表面与轴向成 45° 角，即沿最大正应力作用的平面发生断裂。单向脉动扭转时呈螺旋状；双向扭转时，断裂面呈星状，应力集中较大时呈锯齿状。

（2）切向断裂。断面与轴向垂直，即沿最大切应力所在平面断裂，横断面齐平。

（3）混合断裂。横断面呈阶梯状，即沿着最大切应力所在平面起裂，并在正应力作用下扩展引起断裂。

正向断裂的宏观形貌一般为纤维状，不易出现疲劳弧线。切向断裂较易出现疲劳弧线。

有缺口（应力集中）的构件在交变扭转应力作用下，会形成两种特殊的扭转疲劳断口——棘轮花样断口或锯齿状断口。棘轮花样断口一般是在单向交变扭转应力作用下产生的，其形成过程如图 5-9 所示。首先在相应点形成微裂纹，此后疲劳裂纹沿最大切应力方向扩展，最后形成棘轮花

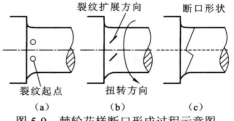

图 5-9　棘轮花样断口形成过程示意图

样断口，也称为星状断口。这种断口在旋转弯曲载荷作用下也有发生。

　　锯齿状断口是在双向扭转作用下产生的，其形成过程如图 5-10 所示。裂纹在相应多个点上形成，然后沿最大切应力方向（±45°）扩展，从而形成类似锯齿状的断口（图 5-11）。因此，一旦在实际断裂件中发现了上述形态的锯齿状或棘轮状断口，就可以判断为交变扭转疲劳断口。

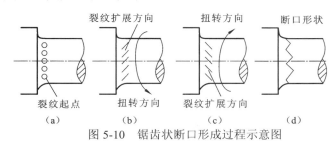

图 5-10　锯齿状断口形成过程示意图　　　　图 5-11　锯齿状断口

5.2.3　疲劳断口的微观形貌特征

　　疲劳断口微观形貌的基本特征是在扫描电镜下观察到的条状花样，通常称为疲劳条痕、疲劳条带、疲劳辉纹等。塑性疲劳辉纹是具有一定间距的，垂直于裂纹扩展方向，明暗相交且互相平行的条状花样，如图 5-12（a）所示。脆性疲劳纹形态较复杂，图 5-12（b）为呈羽毛状的脆性疲劳辉纹花样。

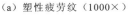

（a）塑性疲劳纹（1000×）　　　　（b）脆性疲劳纹（500×）

图 5-12　疲劳断口中的疲劳辉纹花样

　　疲劳辉纹中暗区的凹坑为细小的韧窝花样。在特定条件下，每条辉纹与一次应力循环周期相对应。疲劳辉纹的间距大小与应力幅值的大小有关。随着距疲劳源区距离的加大，疲劳辉纹的间距增大。晶界、第二相质点及夹杂物等对疲劳辉纹的微观扩展方向都有影响，因而也对辉纹的分布产生影响。

　　疲劳辉纹的形貌随金属材料的组织结构、晶粒位向及载荷性质的不同而发生多种变化，通常具有以下特征。

（1）疲劳辉纹的间距在裂纹扩展初期较小，然后逐渐变大。每一条疲劳辉纹间距对应一个应力循环过程中疲劳裂纹前沿向前的推进量。

（2）疲劳辉纹的形状多为向前凸出的弧形条痕。随着裂纹扩展速度的增加，条纹的曲率加大。裂纹扩展过程中，如果遇到大块第二相质点的阻碍，也可能出现反弧形或 S 形疲劳辉纹。

（3）疲劳辉纹的排列方向取决于各段疲劳裂纹的扩展方向。不同晶粒或同一晶粒双晶界的两侧或同一晶粒不同区域的扩展方向不同，产生的疲劳辉纹的排列方向也不一样。

（4）面心立方结构材料比体心立方结构材料易形成疲劳辉纹，平面应变状态比平面应力状态易形成疲劳辉纹，一般应力太小时观察不到疲劳辉纹。

（5）并非在所有的疲劳断口上都能观察到疲劳辉纹，疲劳辉纹的产生与否取决于材料性质、载荷条件及环境因素等多方面的影响。

（6）疲劳辉纹在常温下是穿晶的，而在高温下也可以出现沿晶的辉纹。

（7）疲劳辉纹有延性和脆性两种类型。

延性疲劳辉纹是指金属材料疲劳裂纹扩展时，裂纹尖端金属发生较大的塑性变形。疲劳条痕通常是连续的，并向一个方向弯曲成波浪形（图 5-13）。通常在疲劳辉纹间存在滑移带，在电镜下可以观察到微孔花样。高周疲劳断裂时，疲劳辉纹通常是延性的。

 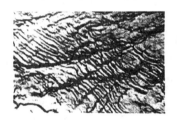

（a）10 200×　　　　　　　（b）12 000×

图 5-13　疲劳辉纹

脆性疲劳辉纹是指疲劳裂纹沿解理平面扩展时，尖端没有或很少有塑性变形，故又称解理辉纹。在电镜下既可观察到与裂纹扩展方向垂直的疲劳辉纹，又可观察到与裂纹扩展方向一致的河流花样及解理台阶，如图 5-14、图 5-15 所示。脆性金属材料及腐蚀介质环境下工作的高强度塑性材料发生的疲劳断裂，或缓慢加载的疲劳断裂中，疲劳辉纹通常是脆性的。面心立方金属一般不发生解理断裂，故不产生脆性的疲劳辉纹，但在腐蚀环境下也可以形成脆性的疲劳辉纹，如高强铝合金在腐蚀介质中的疲劳断裂就有脆性的疲劳辉纹。

除上述基本特征外，在一些面心立方结构的奥氏体不锈钢、体心立方结构的合金结构钢、马氏体不锈钢等材料的疲劳断口上，还可看到类似解理断裂状河流花样的疲劳沟线及由硬质点滚压形成的轮胎花样，如图 5-16 所示。在其他材料中，疲劳条痕并不像在高强铝合金中那样清晰且具有规则性。例如，钢中的疲劳条痕有时表现出短而不连续的特征，如图 5-17 所示。在另外一些观察中，甚至看不到疲劳条痕，只看到一些不规则的表面特征和独立的韧窝。

图 5-14　脆性疲劳辉纹与解理河流
花样垂直（250×）

图 5-15　脆性疲劳辉纹与解理台阶的
位向不同（250×）

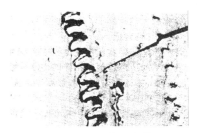

图 5-16　疲劳断口中的轮胎花样（6 000×）

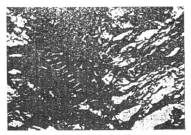

图 5-17　4340 高强度钢的疲劳辉纹（15 000×）

　　疲劳辉纹固然是疲劳断裂所特有的典型断口特征，但在疲劳条件下，同样也会出现静载断裂花样。对于工业上常用的合金结构钢，特别是高强度钢零件，许多情况下断口上的大部分面积呈现出静载断裂特征，有时甚至难以找到疲劳辉纹，这给疲劳失效分析带来一定的困难。

　　大量的试验分析指出，疲劳断口上出现静载断裂花样与下列因素有关。

　　（1）试样厚度。试样越厚，越易于出现静载断裂花样，增加裂纹扩展速度。

　　（2）材料性质。塑性材料比脆性材料更易出现疲劳辉纹。当材料 $K_{IC}<600$ MPa·m$^{1/2}$ 时，断口上的疲劳条带减少，各种类型的静载断裂花样增多。

　　（3）晶体的结构类型。面心立方晶体较体心立方晶体更易于出现疲劳条带。

　　（4）加载水平。静载断裂花样的出现主要取决于 K_{max}，而对 ΔK 不敏感。K_{max} 越高，越易于出现静载断裂花样。

5.3　疲劳断裂失效类型与鉴别

　　利用断口的宏观分析方法结合零件受力情况，一般不难确定某零件的断裂是否为疲劳断裂。再结合断口的微观特征，可以进一步分析载荷性质及环境条件等因素的影响，并对零件疲劳断裂的具体类型进行进一步判别。

5.3.1 机械疲劳断裂

1. 高周疲劳断裂

多数情况下，零件光滑表面上发生高周疲劳断裂的断口上只有一个或有限个疲劳源。只有在零件的应力集中处或在较高水平的循环应力下发生的断裂才出现多个疲劳源。对于承受低循环载荷的零件，断口上的大部分面积为疲劳扩展区。

高周疲劳断口的微观基本特征是细小的疲劳辉纹，依此即可判断断裂的性质是高周疲劳断裂。前述的疲劳断口宏观、微观形态，也大多数是高周疲劳断口形态。但要注意载荷性质、材料结构和环境条件的影响。

2. 低周疲劳断裂

发生低周疲劳失效的零件所承受的应力水平接近或超过材料的屈服强度，即循环应变进入塑性应变范围，加载频率一般比较低，通常以分、小时、天甚至更长的时间计算。

宏观断口上存在多疲劳源是低周疲劳断裂的特征之一。整个断口很粗糙且高低不平，与静拉伸断口有某些相似之处。

低周疲劳断口的微观基本特征是粗大的疲劳辉纹或粗大的疲劳辉纹与微孔花样。同样，低周疲劳断口的微观特征随材料性质、组织结构及环境条件的不同而有很大差别。

对于超高强度钢，在加载频率较低和振幅较大的条件下，低周疲劳断口上可能不出现疲劳辉纹而代之以沿晶断裂和微孔花样为特征。

断口扩展区有时呈现轮胎花样的微观特征，这是裂纹在扩展过程中匹配面上硬质点在循环载荷作用下向前跳跃式运动留下的压痕。轮胎花样的出现往往局限于某一局部区域，它在整个断口扩展区上的分布远不如疲劳辉纹那样普遍，但却是高应力低周疲劳断口上所独有的特征形貌。

热稳定不锈钢的低周疲劳断口上除具有典型的疲劳辉纹外，常出现大量的粗大滑移带及密布细小的二次裂纹。

高温条件下的低周疲劳断裂中，由于容易发生塑性变形，断口上的疲劳辉纹更深，轮廓更清晰，并且常在辉纹间隔处出现二次裂纹。

3. 振动疲劳（微振疲劳）断裂

许多机械设备及其零部件在工作时，往往出现在平衡位置附近做往复运动的现象，即机械振动。机械振动在许多情况下都是有害的。它除产生噪声和有损于建筑物的动负荷外，还会显著降低设备的性能及工作寿命。由往复的机械运动引起的断裂称为振动疲劳断裂。

当外部的激振力的频率接近系统的固有频率时，系统将出现激烈的共振现象。共振疲劳断裂是机械设备振动疲劳断裂的主要形式，除此之外，还有颤振疲劳及喘振疲劳。

振动疲劳断裂的断口形貌与高频率低应力疲劳断裂相似，具有高周疲劳断裂的所有基本特征。振动疲劳断裂的疲劳核心一般源于最大应力处，但引起断裂的原因主要是结构设计不合理。因此，应通过改变构件的形状、尺寸等调整设备的自振频率等措施予以避免。

只有在微振磨损条件下服役的零件才有可能发生微振疲劳失效。通常发生微振疲劳失效的零件有：铆接螺栓、耳片等紧固件；热压、过渡配合件，花键、键槽、夹紧件、万向节头、轴-轴套配合件，齿轮-轴配合件，回摆轴承，板簧以及钢丝绳等。

由微振磨损引起大量表面微裂纹之后，在循环载荷作用下，以此裂纹群为起点开始萌生疲劳裂纹。因此，微振疲劳最为明显的特征是在疲劳裂纹的起始部位通常可以看到磨损的痕迹、压伤、微裂纹、掉块及带色的粉末（钢铁材料为褐色；铝、镁材料为黑色）。

金属微振疲劳断口的基本特征是细密的疲劳辉纹，金属共振疲劳断口的特征与低周疲劳断口相似。

微振疲劳过程中产生的微细磨粒常常被带到断口上，严重时使断口轻微染色。这种磨粒都是金属的氧化物，用 X 射线衍射分析磨粒的结构，可以为微振疲劳断裂失效分析提供依据。

4. 接触疲劳

材料表面在较高的接触压应力作用下，经过多次应力循环，接触面的局部区域产生小片或小块金属剥落，形成麻点或凹坑，最后导致构件失效的现象，称为接触疲劳，也称为接触疲劳磨损或磨损疲劳。接触疲劳主要产生于滚动接触的机器零件，如滚动轴承、齿轮、凸轮、车轮等的表面。

对接触疲劳（疲劳磨损）产生的原因迄今还没有一致的看法。一般认为接触疲劳可分为在材料表面或表层形成疲劳裂纹和裂纹扩展两个阶段。当两个接触体相对滚动或滑动时，在接触区将造成很大的应力和塑性变形，由于交变接触应力的长期反复作用，便在材料表面或表层薄弱环节处引发疲劳裂纹，并逐步扩展，最后材料以薄片的形式断裂剥落下来。如果接触疲劳源在材料表面产生，裂纹进一步扩展会出现麻点及导致表面金属剥落；如果接触疲劳裂纹源在材料的次表层产生，则引起表面层压碎，导致工作面剥落。

接触面上的麻点、凹坑和局部剥落是接触疲劳的典型宏观形态，图 5-18 所示为疲劳断裂的齿轮表面的麻点和凹坑形态。

在相对滑动的接触面上，可观察到明显的摩擦损伤，疲劳裂纹即从摩擦损伤底部开始。在裂纹源处有明显的疲劳台阶，微观组织可呈因摩擦而形成的扭曲形态，图 5-19 所示为某汽轮机叶片存在切向共振造成的接触疲劳断裂。

图 5-18　齿面硬度偏低和冶金缺陷
导致的接触疲劳

有大量的麻坑、剥落和磨损痕迹

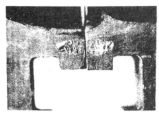  

（a）断裂形貌（叶根的接触面上有接触摩擦氧化斑痕）　（b）接触摩擦区组织被歪扭（铁素体内产生滑移带，上部分非接触区，为正常的调质组织，两部分之间有摩擦裂纹）　（c）断口特征（多裂纹源形成疲劳台阶并伴有二次裂纹）

图 5-19　15Cr12WMo 叶片接触疲劳损坏

接触疲劳断口上的疲劳辉纹因摩擦而呈现断续状和不清晰特征。

影响接触疲劳的主要因素有：应力条件（载荷、相对运动速度、摩擦力、接触表面状态、润滑等）、材料的成分、组织结构、冶金质量、力学性能及其匹配关系等。

材料的显微组织，如表面及表层中存在导致应力集中的夹杂物或冶金缺陷，将大幅度降低材料的接触疲劳性能。

采用表面强化工艺可以提高接触疲劳抗力。改善材料的显微组织对其接触疲劳性能影响很大。大量研究结果证明，对易形成接触疲劳（磨损疲劳）的钢轨钢来说，具有细小层片间距的珠光体比贝氏体和马氏体具有更高的接触疲劳抗力。

5.3.2　腐蚀疲劳断裂

金属零件在交变应力和腐蚀介质的共同作用下产生的断裂称为腐蚀疲劳断裂。它既不同于应力腐蚀破坏也不同于机械疲劳，同时也不是腐蚀和机械疲劳两种因素作用的简单叠加。工件总是在一定的介质中工作，试验证明在真空或纯氮介质中工作的疲劳寿命要比在空气中高很多。因此，严格来说，实际条件下的绝大多数疲劳断裂都可以认为是腐蚀疲劳。

1. 腐蚀疲劳破坏机制

金属材料在腐蚀介质的作用下可形成一层覆盖层，在交变应力作用下覆盖层破裂，局部发生化学浸蚀形成腐蚀坑，又在交变应力作用下产生应力集中，进而形成初裂纹。由于交变应力的作用，环境介质能够与不断产生的新金属表面发生作用，使得腐蚀疲劳初裂纹以比恒定载荷下的应力腐蚀快得多的速度扩展。

2. 腐蚀疲劳破坏的特点

（1）腐蚀疲劳不需要特定的腐蚀系统，这一点与应力腐蚀破坏不同。它在不含任何特定腐蚀离子的蒸馏水中也能发生。

（2）任何金属材料均可能发生腐蚀疲劳，即使是纯金属也能产生腐蚀疲劳。

（3）材料的腐蚀疲劳不存在疲劳极限，即金属材料在任何给定的应力条件下，经无限次循环作用后，终将导致腐蚀疲劳破坏，如图 5-20 所示，这已为众多试验证实。

（4）由于腐蚀介质的影响，使 σ-N 曲线明显地向低值方向推移，即材料的疲劳强度明显降低，疲劳初裂纹形成的孕育期明显缩短。

（5）腐蚀疲劳初裂纹的扩展受应力循环周次的控制，不循环时裂纹不扩展。低应力频率和低负荷交互作用时，裂纹扩展速度加大。温度升高加速扩展。一般腐蚀介质的浓度越高，腐蚀疲劳速度越快。图 5-21 为 7075-T6 铝合金在不同浓度水蒸气中腐蚀疲劳裂纹的扩展速率，由图可知，介质浓度越高，裂纹扩展越快。

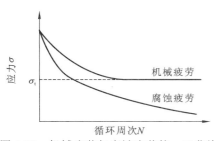

图 5-20　机械疲劳与腐蚀疲劳的 σ-N 曲线示意图

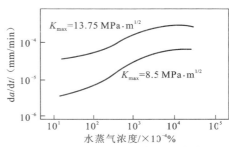

图 5-21　7075-T6 铝合金腐蚀疲劳裂纹的扩展速率与环境水蒸气浓度的关系

3. 腐蚀疲劳断裂的断口特征

腐蚀疲劳断裂的断口兼有机械疲劳与腐蚀断口的双重特征。除一般的机械疲劳断口特征外，在分析时要注意腐蚀疲劳断口特征。

（1）脆性断裂的断口附近无塑变，断口上也有纯机械疲劳断口的宏观特征，但疲劳源区一般不明显。断裂多源自表面缺陷或腐蚀坑底部。

（2）微观断口可见疲劳辉纹，但由于腐蚀介质的作用而模糊不清；二次裂纹较多且具有泥纹花样。通常，随着加载频率的降低，断口上的疲劳特征花样逐渐减少，而静载腐蚀断裂（应力腐蚀）特征花样则逐渐增多；当频率下降到 1Hz 时，腐蚀疲劳断口的形貌逐步接近应力腐蚀断口的形貌，断口上出现较多的类解理断裂花样，同时还呈现出更多的腐蚀产物。

（3）腐蚀疲劳属于多源疲劳，裂纹的走向可以是穿晶型的，也可以是沿晶型的，穿晶裂纹比较常见。碳钢、铜合金的腐蚀疲劳断裂多为沿晶分离；奥氏体不锈钢和镁合金等多为穿晶型断裂；Ni-Cr-Mo 钢在空气中多为穿晶型断裂，而在氢气和 H_2S 气氛中多为沿晶或混晶型断裂。加载频率低时，腐蚀疲劳易出现沿晶分离断裂，而且裂纹通常是成群的。在单纯机械疲劳的情况下，多源疲劳的各条裂纹通常分布在同一个平面（或等应力面）上不同的部位，然后向内扩展，相互连接直至断裂。而在腐蚀疲劳情况下，一条主裂纹附近往往出现多条次裂纹，它们分布于靠近主裂纹的不同截面上，大致平行，各自向内扩展，达到一定长度之后便停止下来，只有主裂纹继续扩展直至断裂。因此，主裂纹附近出现多条次裂纹的现象，是腐蚀疲劳失效的表面特征之一。

（4）断口上的腐蚀产物与环境中的腐蚀介质一致。利用扫描电镜或电子探针对断口表面的腐蚀产物进行分析，用以确定腐蚀介质成分，是失效分析常用的方法。但腐蚀产物也给分析工作带来很大不便，许多断裂的细节特征被覆盖，需要仔细清洗断口。

当断口上既有疲劳特征，又有腐蚀疲劳痕迹时，可以判断为腐蚀疲劳破坏。但是，当断口未见明显宏观腐蚀迹象，而又无腐蚀产物时，也不能认为这种断裂就一定是机械疲劳。例如，不锈钢在活化态的腐蚀疲劳的确受到严重的腐蚀，但在钝化态的腐蚀疲劳通常看不到明显的腐蚀产物，而后者在不锈钢工程事故中经常可以遇到。

影响腐蚀疲劳的因素很多，且在很多情况下，腐蚀疲劳与应力腐蚀的断口有许多相似之处，因此不能单凭断口特征就确定失效为腐蚀疲劳是危险的，必须综合分析各种因素的作用，才能得出准确的判断。

5.3.3 热疲劳断裂

1. 热疲劳的基本概念

金属材料由温度梯度循环引起的热应力循环（或热应变循环）而产生的疲劳破坏称为热疲劳破坏。

金属零件在高温条件下工作时，其环境温度并非恒定，有时是急剧反复变化的。由此造成的膨胀和收缩若受到约束，会在零件内部产生热应力（又称温差应力）。温度反复变化，热应力也随之反复变化，从而使金属材料受到疲劳损伤。热疲劳实质上是应变疲劳，因为热疲劳破坏起因于材料内部膨胀和收缩产生的循环热应变。

塑性材料抗热应变的能力较强，不易发生热疲劳。相反，脆性材料抗热应变的能力较差，热应力容易达到材料的断裂应力，易受热冲击而破坏。对于长期在高温下工作的零部件，由于材料组织的变化，原始状态是塑性的材料也可能转变成脆性或材料塑性降低，从而产生热疲劳断裂。

高温下工作的构件通常要经受蠕变和疲劳的共同作用。因为蠕变和疲劳分别属于两种不同类型的损伤过程，会产生不同形式的微观缺陷。在蠕变和疲劳的共同作用下，材料的损伤和破坏方式完全不同于单纯蠕变或疲劳加载，蠕变和疲劳共同作用下损伤的发展过程和相互影响的机制至今仍不十分清楚，即使对于简单的高温疲劳，其损伤演变和寿命也会受到诸如加载波形、频率、环境等在常温下可以忽略的因素的影响。

与腐蚀介质接触的部件还可能产生腐蚀性热疲劳裂纹。

2. 热疲劳破坏的特征

（1）典型的表面疲劳裂纹呈龟裂状，如图5-22所示；根据热应力方向，也可形成近似相互平行的多裂纹形态，图5-23所示为锅炉减温器套筒在交变的温差应力下产生的热疲劳裂纹。

（2）裂纹走向可以是沿晶型的，也可以是穿晶型的；一般裂纹端部较尖锐，裂纹内有或充满氧化物，如图5-24所示。

图 5-22　热疲劳失效的表面裂纹呈龟纹状

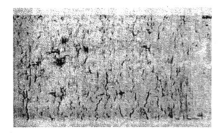

图 5-23　锅炉减温器套筒的热疲劳裂纹

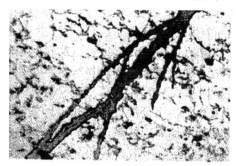

（a）20钢腐蚀性热疲劳裂纹，裂纹内腐蚀

（b）珠光体钢中的热疲劳裂纹，裂纹端部尖锐，充满氧化物

图 5-24　热疲劳失效裂纹形态

（3）宏观断口呈深灰色，并覆盖有氧化物。

（4）由于热蚀作用，微观断口上的疲劳辉纹粗大，有时还有韧窝花样出现。

（5）裂纹源于表面，裂纹扩展深度与应力、时间及温差变化相对应。

（6）疲劳裂纹为多源的。

3. 影响因素

（1）环境的温度梯度及变化频率越大，越易产生热疲劳。

（2）热膨胀系数不同的材料组合时，易出现热疲劳。

（3）晶粒粗大且不均匀的材料易产生热疲劳。

（4）晶界分布的第二相质点对热疲劳的产生具有促进作用。

（5）塑性差的材料更容易产生热疲劳。

（6）零件的几何结构对金属的膨胀和收缩的约束作用大，易产生热疲劳。

5.4　疲劳断裂失效的原因预防

5.4.1　疲劳断裂失效的原因

金属件发生疲劳断裂的实际原因很多，归纳起来通常包括结构设计不合理，材料选择不当，加工制造缺陷，使用环境因素的影响以及载荷频率或方式的变化几个方面。

1. 零件的结构形状

零件的结构形状不合理，主要表现在该零件中最薄弱的部位存在角、孔、槽、螺纹等形状的突变而造成过大的应力集中，疲劳微裂纹最容易在这些应力集中处萌生，这是零件疲劳断裂最常见的原因。

2. 表面状态

不同的切削加工方式（车、铣、刨、磨、抛光）会形成不同的表面粗糙度，即形成不同尺寸和尖锐程度的小缺口。这种小缺口与零件几何形状突变所造成的应力集中效果是相同的。尖锐的小缺口起到"类裂纹"的作用，因此疲劳断裂不需要经过疲劳裂纹萌生期而直接进入裂纹扩展期，极大地缩短零件的疲劳寿命。由于表面状态不良导致疲劳裂纹的形成是金属零件发生疲劳断裂的另一重要原因。

3. 材料及其组织状态

材料选用不当或在生产过程中由于管理不善而错用材料造成的疲劳断裂也时有发生。

金属材料的组织状态不良是造成疲劳断裂的常见原因。一般来说，回火马氏体较其他混合组织（如珠光体＋马氏体、贝氏体＋马氏体）具有更高的疲劳抗力；铁素体加珠光体组织的钢材疲劳抗力随珠光体组织相对含量的增加而增加；任何增加材料抗拉强度的热处理均能提高材料的疲劳抗力。

表面处理（表面淬火、化学热处理等）可提高材料的疲劳抗力，但由于处理工艺控制不当，导致马氏体组织粗大、碳化物聚集、过热等，可导致零件的早期疲劳失效。

其他化学处理，如镀铬、镍等可提高材料的表面硬度和耐磨性，似乎可以提高材料的疲劳抗力，但现有的试验研究结果表明：镀铬可导致疲劳强度σ_1（10^7次）下降37.5%～41%；200 ℃去氢未使疲劳强度上升，反而导致疲劳强度下降。镀铬导致疲劳强度下降的原因是镀铬使平滑的表面变成多裂纹的铬晶体表面，在疲劳应力作用下，垂直于基体表面的微裂纹将深入金属内部成为疲劳断裂的微裂纹，从而降低钢的疲劳开裂应力。镀铬还改变了疲劳断口形貌，由单源区（或少源区）疲劳断口变成多源区疲劳断口，疲劳裂纹从多方向向心部延伸，缩短了裂纹扩展时间。可以说利用镀铬难以实现既提高轴的硬度又不使疲劳强度降低的目的。

组织的不均匀性，如非金属夹杂物、疏松、偏析、混晶等缺陷，使疲劳抗力降低，成为疲劳断裂的重要原因。失效分析时，夹杂物引起的疲劳断裂比较常见，但要找到真正的疲劳源难度比较大。图5-25所示为夹杂物引起的疲劳断口中裂纹源的形态，在夹杂物周围，疲劳辉纹呈同心圆形态。

4. 装配与连接效应

装配与连接效应对构件的疲劳寿命影响很大。图5-26所示为钢制法兰盘上螺纹连接件的拧紧力矩大小对疲劳强度的影响。由图可知，正确的拧紧力矩可使疲劳寿命提高 5

倍以上。人们通常认为越大的拧紧力对提高连接的可靠性越有利，使用实践和疲劳试验表明，这种看法具有很大的片面性。

图 5-25　夹杂物引起的疲劳断裂

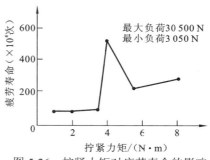

图 5-26　拧紧力矩对疲劳寿命的影响

5. 使用环境

环境因素（温度及腐蚀介质等）的变化，使材料的疲劳强度显著降低，往往引起零件过早地发生断裂失效。例如，淬火并回火状态下的镍铬钢[$w(C)=0.28\%$，$w(Ni)=11.5\%$，$w(Cr)=0.73\%$]在海水中的疲劳强度大约只是在大气中的疲劳强度的 20%。许多在腐蚀环境中服役的金属零件的表面会产生腐蚀坑，由于应力集中的作用，疲劳断裂往往易于在这些腐蚀坑处萌生。

6. 载荷频谱

许多重要的工程结构件大多承受复杂循环加载，人们在揭示非比例循环加载的疲劳断裂规律和影响等方面进行了十分有益的工作。表 5-3 为不锈钢非比例加载的试验结果，在相同等效应变幅值、不同应变路径下，非比例加载低周疲劳寿命远小于单轴拉压低周疲劳寿命。非比例加载低周疲劳寿命强烈依赖于应变路径，与各种应变路径下的非比例循环附加强化程度有直接关系。

表 5-3　316L 不锈钢非比例加载低周疲劳寿命（$\Delta\varepsilon/2 = 47\%$）

应变路径			疲劳寿命 $2N_f$/次
单轴拉压		$\Delta\varepsilon_3/\Delta\varepsilon_1=0.0$	6 563
椭圆路径		$\Delta\varepsilon_3/\Delta\varepsilon_1=0.5$	1 250
矩形路径		$\Delta\varepsilon_3/\Delta\varepsilon_1=0.5$	929
正方形路径		$\Delta\varepsilon_3/\Delta\varepsilon_1=1.0$	779
圆形路径		$\Delta\varepsilon_3/\Delta\varepsilon_1=1.0$	663

注：$\Delta\varepsilon_3/2=\Delta\gamma/2\sqrt{3}$；$\Delta\varepsilon_1/2=\Delta\varepsilon/2$；$\Delta\gamma/2$ 和 $\Delta\varepsilon/2$ 分别为切应变和拉应变幅。

5.4.2　疲劳断裂的预防措施

疲劳断裂的预防措施与疲劳断裂的发生原因相对应，具体的预防措施为改善构件的结构设计，提高表面精度，尽量减少或消除应力集中作用，提高零件的疲劳抗力。其中，提高金属零件的疲劳抗力是防止零件发生疲劳断裂的根本措施，基本途径有以下三个方面。

1. 延缓疲劳裂纹的萌生时间

延缓金属零件疲劳裂纹萌生时间的措施及方法主要有喷丸强化、细化材料的晶粒尺寸及通过形变热处理使晶界呈锯齿状或使晶粒定向排列并与受力方向垂直等。

喷丸强化是提高材料疲劳寿命最有效的方法之一，作用超过表面涂层和改性技术及其复合处理。在镀铬之前进行有效的喷丸强化，可以抵消由镀铬引起的材料疲劳抗力降低。例如，喷丸强化三因素对 Ti 合金微动疲劳抗力均有改进作用，且随表面加工硬化、表面粗糙度增加、引入表面残余压应力的顺序递增。在应力集中程度较严重的接触载荷下，残余压应力的作用更显著。可以说，各种能够提高零件表面强度，但不损伤零件表面加工精度的表面强化工艺，如表面淬火、渗碳、渗氮、碳氮共渗、涂层、激光强化、等离子处理等，都可以提高零件的疲劳抗力，延缓疲劳裂纹的萌生时间。

2. 降低疲劳裂纹的扩展速率

对于一定的材料及一定形状的金属零件，当其已经产生疲劳微裂纹后，为了防止或降低疲劳裂纹的扩展，可采用如下措施：对于板材零件上的表面局部裂纹可采取止裂孔法，即在裂纹扩展前沿钻孔以阻止裂纹进一步扩展；对于零件内孔表面裂纹可采用扎孔法将其消除；对于表面局部裂纹采取刮磨修理法。除此之外，对于零件局部表面裂纹，也可采用局部增加有效截面或补金属条等措施以降低应力水平，达到阻止裂纹继续扩展的目的。

对于疲劳裂纹扩展过程的各种阻滞效应已有很多研究。已经证实采用大电流脉冲处理可有效延长低碳钢、金属钛、钛合金等材料的疲劳寿命。大电流脉冲对 Ti-6Al-4V 合金的疲劳裂纹扩展行为影响的研究结果表明，在疲劳裂纹扩展过程中，大电流脉冲对裂纹的再扩展有阻滞效应，起减缓疲劳裂纹扩展的作用，如图 5-27 所示。

3. 提高疲劳裂纹门槛值的长度

疲劳裂纹的门槛值（ΔK_{th}）主要取决于材料的性质，通常只有材料断裂韧度的 5%～10%。例如，结构碳钢、低合金结构钢、18-8 不锈钢和镍基合金的 $\Delta K_{th} = 5.58 \sim 6.82$ MPa·m$^{1/2}$，铝合金和高强度钢的 $\Delta K_{th} = 1.1 \sim 2.2$ MPa·m$^{1/2}$。ΔK_{th} 是材料的一个重要性能参数。对于一些要求有无限寿命、绝对安全可靠的零件，就要求它们的工作 ΔK 值低于 ΔK_{th}。

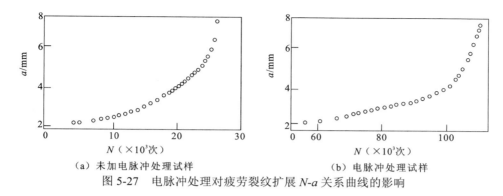

（a）未加电脉冲处理试样　　　　　（b）电脉冲处理试样
图 5-27　电脉冲处理对疲劳裂纹扩展 N-a 关系曲线的影响

正确地选择材料和制定热处理工艺十分重要。在静载荷状态下，材料的强度越高，所能承受的载荷越大；但材料的强度和硬度越高，对缺口敏感性越大，对疲劳强度越不利。因此，选材时应从疲劳强度对材料的要求来考虑，一般从下列几方面进行选材：在使用期内允许达到的应力值；材料的应力集中敏感性；裂纹扩展速度和断裂时的临界裂纹扩展尺寸；材料的塑性、韧性和强度指标；材料的抗腐蚀性能、高温性能和微动磨损疲劳性能等。

第 **6** 章 腐蚀失效分析

环境介质作用下的失效是相当广泛的概念。应当说，一切机电产品都处于一定的环境中，一切机电产品的失效也都与环境有关，只不过有时环境的影响不是主要因素。"环境"是指机电产品工作现场的气氛、介质和温度等外界条件。金属构件或整个机械产品的环境失效主要模式是常说的腐蚀，当然包括"环境"与应力共同作用下的破坏，如应力腐蚀、氢脆、腐蚀疲劳及液态金属致脆等。腐蚀破坏是机电装备失效的三大模式之一。

本章主要涉及金属的腐蚀失效形式——点蚀、大气腐蚀、接触腐蚀、缝隙腐蚀、应力腐蚀与氢脆、液态金属致脆等。

金属零件的腐蚀损伤是指金属材料与周围介质发生化学及电化学作用而遭受的变质和破坏。因此，金属零件的腐蚀损伤多数情况下是一个化学过程，是金属原子从金属状态转化为化合物的非金属状态造成的，是一个界面的反应过程。由于一切机械产品或多或少均与"环境"相作用，因而金属材料或构件的腐蚀问题遍及国民经济和国防建设的各个部门，也与我们的日常生活息息相关。据不完全统计，每年由于腐蚀而报废的金属构件和材料，约相当于金属年产量的 20%～40%，而由腐蚀造成的经济损失，约占年国民经济总产值的 4%。因此研究腐蚀发生的原因和条件，寻找腐蚀损伤的特征及其规律，找出防止的对策，对于国民经济的可持续发展，以及提高国防设备的质量与可靠性，均具有十分重要的意义。

6.1 概　　述

按照腐蚀发生的机理，腐蚀基本上可分为两大类：化学腐蚀和电化学腐蚀。两者的差别仅在于前者是金属表面与介质只发生化学反应，在腐蚀过程中没有电流产生。而后者在腐蚀进行的过程中有电流产生。

（1）化学腐蚀。由于化学腐蚀与电化学腐蚀的区别仅在于化学腐蚀过程中没有电流产生，因而金属与不导电的介质发生的反应属于化学腐蚀。相对于电化学腐蚀而言，发生纯化学腐蚀的情况较少，它可分为两类：①气体腐蚀，是金属在干燥气体中（表面上没有湿气冷凝）发生的腐蚀。气体腐蚀一般情况下为金属在高温时的氧化或腐蚀。发动机涡轮叶片常发生这一类损伤。②在非电解质溶液中的腐蚀，一般指金属在不导电的溶液中发生的腐蚀，如金属在有机液体（如乙醇和石油等）中的腐蚀。

（2）电化学腐蚀。电化学腐蚀的特点是在腐蚀的过程中有电流产生。按照所接触的环境不同，电化学腐蚀可分为：①大气腐蚀，是指金属的腐蚀在潮湿的气体中进行。如水蒸气、二氧化碳、氧等气相与金属均形成化合物。②土壤腐蚀，埋设在地下的金属结构件发生的腐蚀。如金属结构件在天然水中和酸、碱、盐等的水溶液中所发生的腐蚀属于这一类。实际上，金属在熔融盐中的腐蚀也可视为这一类。③接触腐蚀（电偶腐蚀）。④在电解质溶液中的腐蚀。两种电极电位不同的金属互相接触时发生的腐蚀。两种金属电极电位不同，组成一电偶，因此也称为电偶腐蚀。⑤缝隙腐蚀，在两个零件或构件的连接缝隙处产生的腐蚀。⑥应力腐蚀和腐蚀疲劳，在应力（外加应力或内应力）腐蚀介质共同作用下的腐蚀称为应力腐蚀，当应力为交变应力时，一般发生腐蚀疲劳。

除上述几种环境外，生物腐蚀、杂散电流的腐蚀、摩擦腐蚀、液态金属中的腐蚀都属于化学腐蚀。对航天航空结构件而言，发生电化学腐蚀的情况远多于发生化学腐蚀的情况。而在电化学腐蚀中，最常见的腐蚀形式当属大气腐蚀、接触腐蚀、缝隙腐蚀、应力腐蚀和腐蚀疲劳。

按照破坏的方式，腐蚀可分为三类：均匀腐蚀（全面腐蚀）、局部腐蚀及腐蚀断裂。其中：均匀腐蚀作用在整个金属表面上，腐蚀速率大体相同；局部腐蚀是其腐蚀作用仅限于一定的区域内，它包括斑点腐蚀、脓疱腐蚀、点蚀（孔蚀）、晶间腐蚀、穿晶腐蚀、选择腐蚀、剥蚀；而腐蚀断裂则是在应力（外加应力或内应力）和腐蚀介质共同作用下导致零件或构件的最终断裂。

6.2 均匀腐蚀

如果金属材质及腐蚀环境都较为均匀，腐蚀均布于构件的整个表面，且以相同的腐蚀速率扩展，则这种全面腐蚀就是均匀腐蚀。均匀腐蚀是一种累积的损伤，其宏观表征是构件厚度逐渐变薄，金属材料逐渐损耗。用电化学过程解释均匀腐蚀历程则视金属构件表面由无数阴、阳极面积非常小的腐蚀原电池组成，微阳极与微阴极处于不断的变动状态，因为整个金属表面在溶液中都处于活化状态，只是各点随时间（或位置）有能量起伏，能量高时（处）为阳极，能量低时（处）为阴极，随电化学历程的推移，金属构件的表面遭受均匀的腐蚀。如果金属构件表面某个位置总是阳极，则此处不断的阳极溶解会产生局部腐蚀。

材质及环境不可能绝对均匀，金属构件实际上不可能被绝对均匀地腐蚀，因此工程上把金属构件比较均匀或比较不均匀的腐蚀都算作均匀腐蚀。以平均腐蚀速率表示腐蚀进行的快慢。工程上常以单位时间内腐蚀的深度表示金属的平均腐蚀返率，即金属构件的厚度在单位时间内的减薄量。而且工程上常以三级或四级标准评定金属构件用材的合理性，表 6-1 所列为四级标准。

表 6-1 金属材料耐均匀腐蚀的四级标准

耐蚀性评定	耐蚀性等级	腐蚀深度/（mm/a）	应用
优秀	1	<0.05	很关键构件
良好	2	0.05～0.5	关键构件
可用	3	0.5～1.0	非关键构件
不可用（腐蚀严重）	4	>1.0	无

均匀腐蚀的控制及预防方法包括：选择合适的耐均匀腐蚀材料；应用表面保护覆盖层把构件表面与环境隔离；电化学保护方法；改变环境的成分、浓度、pH 值及温度，或添加防腐剂改善环境，在某些情况下也是控制均匀腐蚀有效及合理的方法。

6.3 局部腐蚀

局部腐蚀主要集中在金属表面的某个区域,而其他区域几乎未遭到任何腐蚀的现象。所谓局部的概念，可小到晶界，也可大到全部面积的几分之一。局部腐蚀由电化学不均一性（如异种金属、表面缺陷、浓度差异、应力集中、环境不均匀等）形成局部电池。局部腐蚀阴阳极可区分，阴极/阳极面积比很大，阴、阳极共轭反应分别在不同的区域发生，局部腐蚀集中在个别位置，急剧发生，材料快速腐蚀破坏。

各种局部腐蚀不仅腐蚀面积有很大差异，而且形态也各异，因此又可分为若干类。局部腐蚀的危害性比均匀腐蚀大得多，有一些局部腐蚀常常是突发性和灾难性的，可能引起各类事故，因此应特别注意。局部腐蚀又可分为点腐蚀、缝隙腐蚀、晶间腐蚀、电偶腐蚀、应力腐蚀、腐蚀疲劳、选择性腐蚀、磨损腐蚀、氢脆等。

6.3.1 点腐蚀

在构件表面出现个别孔坑或密集斑点的腐蚀称为点腐蚀或点蚀，又称孔蚀或小孔腐蚀。点蚀是一种由小阳极大阴极腐蚀电池引起的阳极区高度集中的局部腐蚀形式。每一种工程金属材料，对点蚀都是敏感的，易钝化的金属在有活性侵蚀离子与氧化剂共存的条件下，更容易发生点蚀。如不锈钢、铝和铝合金等在含氯离子的介质中，经常发生点蚀，碳钢在表面的氧化皮或锈层有孔隙的情况下，在含氯离子的水中也会发生点蚀。缝隙腐蚀是另一种更普遍且与点蚀很相似的局部腐蚀。

1. 点蚀的特征

（1）点蚀的蚀孔小，点蚀核形成时一般孔径只有 20～30 μm，难以发现。点蚀核长大到超过 30 μm 后，金属表面才出现宏观可见的蚀孔。蚀孔的深度往往大于孔径，蚀孔通常沿着重力或横向发展。一块平放在介质中的金属，蚀孔多在朝上的表面出现，很少在朝下的表面出现，蚀孔具有向深处自动加速进行的作用。

（2）点蚀只出现在构件表面的局部地区，有较分散的，有较密集的。若腐蚀孔数量少并极为分散，则金属表面其余地区不产生腐蚀或腐蚀很轻微，有很高的阴阳极面积比，腐蚀孔向深度穿进速度很快，比腐蚀孔数量多且密集的快得多，这是很危险的。密集的点蚀群，腐蚀深度一般不大，且容易发现，危险性低。

（3）点蚀伴随有轻微或中度的全面腐蚀时，腐蚀产物往往会将点蚀孔遮盖，把表面覆盖物除去后，即暴露出隐藏的点蚀孔。

（4）点蚀从起始到暴露经历一个诱导期，但长短不一。将一块 18-8 铬镍不锈钢放在含三氯化铁的硫酸中浸泡，在几天内就可明显看到表面出现腐蚀孔洞，这是点蚀的极端情况。一般工程上往往在几个月或更长的时间从介质泄漏才发现点蚀穿透金属构件的厚度。

（5）在某一给定的金属-介质体系中，存在特定的阳极极化电位门槛值，高于此电位则发生点蚀，此电位称为点蚀电位或击穿电位。此电位可提供给定金属材料在特定介质中的点蚀抗力及点蚀敏感性的定量数据。

（5）当构件受到应力作用时，点蚀孔往往易成为应力腐蚀开裂或腐蚀疲劳的裂纹源。

2. 点蚀的形貌

（1）构件表面点蚀的形状，在构件金属表面上看见的点蚀有开口孔和闭口孔。开口的点蚀孔其孔口没有覆盖物，闭口的点蚀孔其孔口被半渗透性腐蚀产物所覆盖。耐蚀性较差的金属材料如碳钢、低合金钢容易形成开口的点蚀孔，因其生成的腐蚀产物易受介质作用而离开孔口；而不锈钢的钝化膜既不溶于构件所处的介质溶液，也不溶于蚀孔内的溶液，往往被腐蚀产物遮盖不容易发现，危害性更大。

（2）点蚀孔的剖面形状，有半球形的、椭圆形的、杯形的、袋形的，有深窄形的或浅 V 形的，也有各种复合形状的。美国麻点腐蚀的检验和评定 ASTM G46-76 中的点腐蚀的各种剖面形状如图 6-1 所示。点蚀孔的形貌主要受腐蚀物和腐蚀产物在蚀孔周围介质之间交换时所存在的条件所控制。

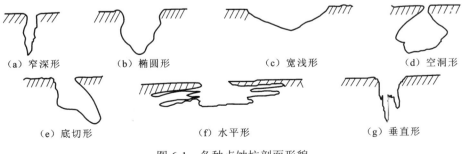

（a）窄深形　　（b）椭圆形　　（c）宽浅形　　（d）空洞形

（e）底切形　　（f）水平形　　（g）垂直形

图 6-1　各种点蚀坑剖面形貌

3. 点蚀的机理及影响因素

（1）点蚀的机理。点蚀经历了点蚀孔的形成及点蚀孔的扩展两个阶段。

点蚀孔的形成：金属表面的位错露头、杂质相界、不连续缺陷或金属表面钝化膜和保护膜的破损等部位都可以成为点蚀源，在电解质中，这些部位往往呈活性状态，电位比邻近完好部位较负，两者之间形成局部微电池。局部微电池作用的结果，使阳极金属溶解形成了点蚀核，阳极溶解产生的电子流向邻近部位促成发生氧的还原反应得到阴极保护。经一段时间的局部微电池作用，点蚀核部位溶出点蚀孔。若介质中含有活性离子，如氯离子，能优先吸附于点蚀核部位，或者排挤吸附的 HCF、离子，与金属作用形成可水解的化合物，更容易引起金属表面的微区溶解而形成点蚀孔。金属氯化物水解反应表明，其既生成腐蚀产物和氯离子，且氯离子能反复作用而不发生损耗。

阳极反应 $\qquad$ $Fe \longrightarrow Fe^{2+} + 2e^-$，$Ni \longrightarrow Ni^{2+} + 2e^-$，$Cr \longrightarrow Cr^{3+} + 3e^-$

阴极反应 $\qquad$ $O_2 + 2H_2O + 4e^- \longrightarrow 4OH^-$

氯化物的水解反应 $\qquad$ $MCl_n + nH_2O \longrightarrow M(OH)_n \downarrow + nH^+ + nCl^-$

点蚀孔的扩展：在点蚀孔内由于阳极溶解下来的金属离子形成的化合物发生水解而生成氯离子，因此蚀孔中的溶液的 pH 值下降，酸性加强。这样又加速了金属的溶解，从而造成点蚀孔的扩大与加深。而且腐蚀产物生成后积聚在孔口也使孔内外物质迁移难以进行，孔口的积聚物越来越多，使孔内形成闭塞电池。随着水解反应的继续进行，pH 值不断下降，孔内金属离子浓度上升，为了维持电荷平衡，孔外活性的氯离不断地穿过腐蚀产物向蚀孔内迁移，导致孔内氯离子进一步集聚，这就是点蚀扩展的"自催化酸化"过程。点蚀以自催化酸化发展下去，使金属构件的蚀孔迅速穿进，以至穿透壁厚，发生介质泄漏，图 6-2 所示为不锈钢在充气氯化钠溶液中的点蚀过程示意图。

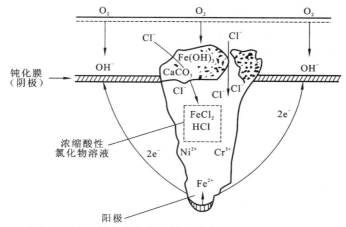

图 6-2　不锈钢在充气氯化钠溶液中的点蚀过程示意图

（2）影响点蚀的主要因素。影响点蚀的因素与金属构件本身的材料成分、组织、冶金质量、表面状态有关，更与金属件所处的环境条件密切相关，如介质成分、浓度、pH

值、温度、流动状态等。

①材料。钝化的金属材料有较高的点蚀敏感性，如铬奥氏体不锈钢的点蚀敏感性比普通碳钢高。钼、铬、镍、氮等合金元素能提高不锈钢抗点蚀的能力，而硫、碳等元素则会降低不锈钢的抗点蚀能力。提高钢的冶金质量，降低有害元素及各种偏析、夹杂物等缺陷有利于提高抗点烛能力。在相当于碳化物析出的温度下进行热处理，则点蚀数目增多，对铬镍奥氏体不锈钢进行固溶处理可使之得到最好的抗点蚀性能。构件粗糙的金属材料表面要比光滑的表面更容易发生点蚀。

②环境。含氯离子的溶液最容易引起点蚀，在实际生产中，许多装备都是在含有不同浓度的氯离子的水溶液中有点蚀倾向，其中含有氧化性金属阳离子的氯化物如 $FeCl_3$、$HgCl_2$ 等属于强烈的点蚀促进剂。工作中，提高溶液中氯化物的浓度，将增加不锈钢的点蚀倾向（图 6-3）。在氯化物的溶液中，加入 SO_4^-、ClO_4^-、NO_3^- 和 OH^-，可起到缓蚀作用，降低不锈钢的点蚀倾向。缓蚀效果按如下次序递减：$OH^- \rightarrow NO_3^- \rightarrow SO_4^- \rightarrow ClO_4^-$。缓蚀的程度取决于它们的浓度和溶液中 Cl^- 的浓度，抑制点蚀的浓度随阴离子而不同，Cl^- 浓度越大，需要量也越大。

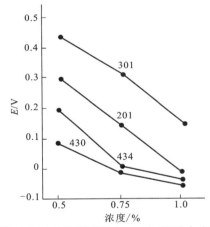

图 6-3　氯化物浓度对几种不锈钢在 H_2SO_4 溶液中点蚀电位的影响

在碱性介质中，随着 pH 值升高，对点蚀的抗力增强，在酸性介质中，pH 值影响不明显，如图 6-4 所示。升高温度一般要增加点蚀的倾向（图 6-5）。在温度高于 100℃时，点蚀可产生在没有侵蚀性阴离子的情况下，如碳钢在纯水中观察到有点蚀发生，此时水中氧含量仅为 10^{-6} 数量级。

在静止介质中要比在流动的介质中更易于发生点蚀，因此对溶液进行搅拌、循环或通气都有利于减轻点蚀。流体流动能把局部浓度高的氢离子、氯离子及有害离子驱除，减轻积聚。对于不锈钢，有利于减轻点蚀的流速为 1 m/s 左右，过高的流速会导致磨损腐蚀。

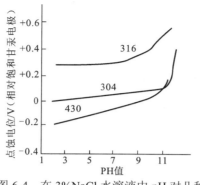

图 6-4　在 3%NaCl 水溶液中 pH 对几种
常用不锈钢点蚀电位的影响

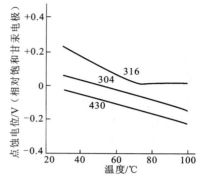

图 6-5　在 3%NaCl 水溶液中，温度对
几种常用不锈钢点蚀电位的影响

4. 预防点蚀的措施

为了预防点蚀，可从构件材料和改善使用环境两方面采取措施。

（1）材料方面的措施。

①选用耐点蚀性能良好的金属材料，如采用碳含量低于 0.03% 的高铬、含钼、含氮的不锈钢。在常用的奥氏体不锈钢中，其耐点蚀性能顺序为 304<316<317。目前，普遍认为奥氏体+铁素体双相钢及高纯铁素体不锈钢有良好的耐点蚀性能，钛和钛合金有很高的耐点蚀性能。

②对材料进行合理的热处理，对于 Cr-Ni 奥氏体不锈钢或奥氏体+铁素体双相不锈钢，在固溶处理状态下，可获得最佳的耐点蚀性能。

③对金属构件进行钝化处理或在条件允许的情况下进行阳极氧化处理，使其表面膜均匀致密。避免任何天然的和外加的保护膜层的破裂。

（2）改善使用环境的措施。

①降低环境的侵蚀性，包括对酸度、温度、氧化剂和卤素离子的控制，要特别注意避免卤素离子向局部浓缩，尤其是氯离子。

②提高溶液的流速或搅拌溶液，使溶液中的氧及氧化剂的浓度均匀化，避免溶液停滞不动，防止有害物质附着在构件表面上。

③定期进行清洗，使构件表面保持洁净。

④添加缓蚀剂。

⑤采取阴极保护的电化学保护方法，如工程上采用铝、锌等作为牺牲阳极，对钢构件施加阴极保护，使钢构件的电位低于临界点蚀电位，可防止点蚀。

6.3.2　缝隙腐蚀

金属零件缝隙腐蚀失效是指金属材料由于腐蚀介质进入缝隙并滞留产生电化学腐蚀作用而导致零件失效。因此，作为一条能成为腐蚀电池的缝隙，其宽窄程度必须足以使腐蚀介质进入并滞留其中。所以，缝隙腐蚀通常发生在几微米至几百微米宽的缝隙中，而在那些宽的沟槽或宽的缝隙，因腐蚀介质畅流而一般不发生缝隙腐蚀损伤。图 6-6 为 M.G. 方坦纳（M.G. Fontana）和 N. D. 格林（N.D. Greene）所提出的不锈钢在充气的氯化钠溶液中发生缝隙腐蚀的机理示意图。假定起初不锈钢是处在钝化状态，整个表面（包括缝隙内表面在内）均匀地发生一定的腐蚀。按照混合电位理论，阳极反应（即 M $\longrightarrow$ M$^+$+e$^-$）由阴极反应（即 O$_2$+2H$_2$O+4e$^-$ $\longrightarrow$ 4OH$^-$）来平衡。但是，由于缝隙内的溶液是停滞的，阴极反应耗尽的氧来不及补充，形成氧的浓度电池（充气不均匀电池）；从而使缝隙内的阴极反应中止。然而，缝隙内的阳极反应（即 M $\longrightarrow$ M$^+$+e$^-$）却仍然继续进行，以至于形成一个充有高浓度的带正电荷金属离子溶液的缝隙。为了平衡这种电荷，带负电荷的阴离子，特别是 Cl$^-$，移入缝隙内，而形成的金属氯化物（即 M$^+$Cl$^-$）又被水解成氢氧化物和游离酸：

$$M^+Cl^- + H_2O \longrightarrow MOH + H^+ + Cl^-$$

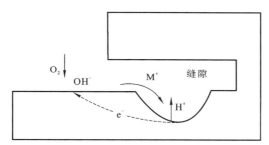

图 6-6　不锈钢在氯化钠溶液中发生缝隙腐蚀的机理示意图

这种酸度增大的结果导致钝化膜的破裂，因而形成与自催化点腐蚀相类似的腐蚀损伤。如同点腐蚀一样，水解反应所产生的酸，使缝隙内溶液的 pH 值降至 2 以下，而缝隙外部溶液的 pH 值仍然保持中性。

有人通过对 304 不锈钢自然缝中离子种类分析发现：缝隙内部溶液的酸化主要是由铬离子的水解控制，即 Cr^{3+}+3H$_2$O $\longrightarrow$ Cr(OH)$_3$+3H$^+$；而 Ni^{2+} 的水解作用主要是导致 pH 值为中性，有利于抗缝隙腐蚀能力的提高。

缝隙腐蚀与点腐蚀比较有很多相似的地方，首先两者的腐蚀机理是基本相同的，腐蚀的扩展是闭塞电池作用，腐蚀在缝隙内或孔内的自催化酸化过程中加速进行。

缝隙腐蚀与点腐蚀不同的是腐蚀产生的条件和过程略有差异。点腐蚀首先要萌生点蚀核，而缝隙腐蚀起源于构件金属表面的狭小缝隙。点腐蚀是通过腐蚀核成长形成点烛孔，逐渐形成闭塞电池，然后才加速腐蚀的，而缝隙腐蚀由于已具有缝隙，腐蚀刚开始就可很快形成闭塞电池而加速腐蚀。除了缝隙腐蚀比点腐蚀一般更容易发生和扩展外，所形成的腐蚀形态也有所不同，点腐蚀的蚀孔一般窄而深，缝隙腐蚀的蚀坑相对宽而浅。

影响点腐蚀的因素及预防点腐蚀的措施一般也适用于缝隙腐蚀。其中，在结构设计上避免 0.025～0.1 mm 的缝隙或使缝隙尽可能地保持敞开，在实际操作中保持构件表面洁净是首要的。

6.3.3 晶间腐蚀

晶间腐蚀是指构件金属材料的晶界及其邻近部位优先受到腐蚀，而晶粒本身不被腐蚀或腐蚀很轻微的一种局部腐蚀。不锈钢的晶间腐蚀比普通碳钢及低合金钢普遍。奥氏体不锈钢的晶间腐蚀问题曾一度成为使用这类钢材的严重阻碍，但经过几十年的努力，对晶间腐蚀问题的了解已较深入，并有了控制其扩展的方法，晶间腐蚀失效已经大大减少。

1. 晶间腐蚀的特征

（1）腐蚀只沿着金属的晶粒边界及其邻近区域狭窄部位无规则取向扩展。

（2）发生晶间腐蚀时，晶界及其邻近区域被腐蚀，而晶粒本身不被腐蚀或腐蚀很轻微，或整个晶粒可能因其晶界被破坏而脱落。

（3）腐蚀使晶粒间的结合力大大削弱，严重时使构件完全丧失机械强度和韧性。如遭受晶间腐蚀的不锈钢，表面看起来还很光亮，敲击时声音沙哑，其实内部晶界已发生相当严重的腐蚀，经不起微小的作用力便成碎粒。

（4）晶间腐蚀敏感性通常与构件成形热加工有关。

（5）构件在服役或检修期间都难以发现及检测晶间腐蚀，当构件产生严重的晶间腐蚀时，导致的失效往往是很危险的。

2. 晶间腐蚀的形貌

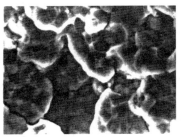

图 6-7　晶间腐蚀形貌

金属晶界是结晶学取向不同的晶粒间紊乱错合的区域，也是各种固溶元素偏析或金属化合物（如碳化物和 δ 相）沉淀析出的有利区域。因此，大多数的金属和合金，如不锈钢、铝合金，由碳化物分布不均匀或过饱和固溶体分解不均匀，引起电化学不均匀，从而促使晶界成为阳极区而在一定的腐蚀介质中发生晶间腐蚀损伤。金属构件的晶间腐蚀损伤起源于表面，裂纹沿晶扩展，如图 6-7 所示。

3. 晶间腐蚀的机理及影响因素

（1）晶间腐蚀的机理。晶间腐蚀是由于晶界原子排列较为混乱，缺陷多，晶界较易吸附 S、P、Si 等元素及晶界容易产生碳化物、硫化物、δ 相等析出物。这就导致晶界与晶粒本体化学成分及组织的差异，在适宜的环境介质中可形成腐蚀原电池，晶界为阳极，晶粒为阴极，因而晶界被优先腐蚀溶解。可见晶间腐蚀产生必须有两个基本因素：一是内因，即金属晶粒与晶界的化学成分及组织的差异，导致电化学性质不同，从而使金属具有晶间腐蚀倾向；二是外因，即腐蚀介质能显示晶粒与晶界的电化学性质的不均匀性。以下用晶界元素贫乏理论解释最广泛使用的奥氏体不锈钢最常出现的晶间腐蚀现象及影响因素。

（2）奥氏体不锈钢晶间腐蚀的贫铬论贫乏论是最早提出又被广泛接受的理论，该理论能满意地解释奥氏体不锈钢和铁素体不锈钢在各自敏化条件下出现的晶间腐蚀问题。以奥氏体不锈钢为例，奥氏体不锈钢晶间腐蚀的原因主要是由晶界贫铬所引起的，当不锈钢构件在对晶间腐蚀敏感的温度（称敏化温度）范围内停留一定时间时，就会产生晶间腐蚀倾向。因为不锈钢出厂时已经固溶处理，固溶处理就是把钢加热到 1 050～1 150 ℃后进行淬火，以获得均相固溶体，即过饱和的碳在材料中是均匀分布的，但钢材在制成构件的过程中或在以后的使用中，当其受热或冷却通过 450～850 ℃时，过饱和的碳便会形成$(Fe, Cr)_{23}C_6$从奥氏体基体中析出而分布在晶界上。高铬含量的碳化物析出消耗了晶界附近大量的碳和铬，而消耗的铬因为扩散速度比碳慢，不能从晶粒中得到补充，结果晶界附近的铬含量低于钝化保护必需的限量（即含 Cr12%）而形成贫铬区，钝态受到破坏后电位下降，而晶粒本身仍维持较高电位的钝态，在腐蚀介质中晶界与晶粒构成活态-钝态微电池，由于贫铬区的宽度很狭窄，电池具有小阳极-大阴极的面积比，这就导致晶界区的腐蚀。电子探针可指示晶界及其附近区域碳和铬的分布，如图 6-8 所示。

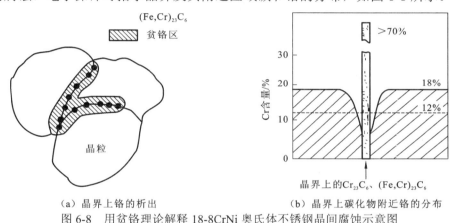

（a）晶界上铬的析出　　　　　　（b）晶界上碳化物附近铬的分布

图 6-8　用贫铬理论解释 18-8CrNi 奥氏体不锈钢晶间腐蚀示意图

（3）奥氏体不锈钢晶间腐蚀的影响因素。只有具有晶间腐蚀倾向的金属材料接触了具有晶间腐蚀能力的介质，才有可能产生晶间腐蚀。以下就从材料及环境介质等方面介绍晶间腐蚀的影响因素。

材料成分影响：奥氏体不锈钢碳含量越高，晶间腐蚀倾向越大，不仅产生晶间腐蚀倾向的加热温度和范围扩大，晶间腐蚀程度也加重；铬、钼含量增高，有利于减弱晶间腐蚀倾向；钛和铌与碳的亲和力大于铬与碳的亲和力，形成稳定的碳化物 TiC、NbC，可降低晶间腐蚀倾向。

加热温度和时间的影响：奥氏体不锈钢的晶间区域贫铬受原子扩散的影响，而温度与时间对扩散有很大作用。温度低时，碳原子没有足够的扩散能量，不会析出碳化物；温度很高时，碳化物析出与重新溶入奥氏体是平衡的；只有在 450～850 ℃的敏化温度范围，奥氏体不锈钢才容易发生晶间腐蚀，700～750 ℃温度区最为危险。在某一温度区停留的时间对扩散也有影响，即使经过敏化区的温度，但若停留时间很短，碳也来不及扩散至晶界；若停留时间很长，连晶粒的铬也能扩散到晶界，则晶界附近区域不会贫铬。图 6-9表示金属构件在一定的温度区域及一定的保温时间内，金属材料才会有晶间腐蚀倾向。

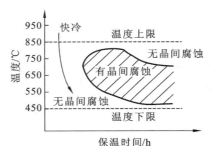

图 6-9 晶间腐蚀与温度、时间的关系

环境介质的影响：并非处于敏化状态的奥氏体不锈钢在所有的环境介质中都会出现晶间腐蚀。一般能促使晶粒表面钝化，同时又使晶界表面活化的介质，或者可使晶界处的析出相发生严重的阳极溶解腐蚀的介质，均能诱发晶间腐蚀；而那些可使晶粒及晶界都处于钝化状态或活化状态的介质，因为晶粒与晶界两者间的腐蚀速率无太大的差异，不会导致晶间腐蚀发生。表 6-2 列出工业生产中奥氏体铬镍不锈钢产生晶间腐蚀的一些介质条件。

表 6-2 奥氏体铬镍不锈钢产生晶间腐蚀的介质条件举例

介质	温度/℃	介质	温度/℃
硝酸（1%～60%）+氯化物、氧化物	68～88	亚硫酸盐蒸煮液	—
硝酸（20%）+金属硝酸盐（6%～9%）+硫	88	亚硫酸盐+二氧化硫	—
酸盐（2%）		硫酸+硫酸亚铁	—
硝酸（5%）	101	硫酸+硝酸	
硝酸铵	—	硫酸+甲醇	
硝酸钙	—	亚硫酸	
硝酸+盐酸	—	硫酸铝	
硝酸+氢氟酸	—	磷酸	
硝酸银+乙酸	—	磷酸+硝酸+硫酸	
工业乙酸	—	海水	环境温度
乙酸+水杨酸	—	油田污水	
乙酸+硫酸	—	原油	
乙酸+乙酸酐	236	氯化铁	—
乙酸丁酯	257	甲酸	
尿素熔融物（高、中压）	高温	氯氰酸	
硫酸（98%）	43	氢氰酸	
硫酸（78%）		氢氟酸	
硫酸（13%）	45	乳酸	
硫酸（4%）	88	乙二酸	
硫酸（1%）	65	苯二酸	
硫酸（0.1%）+硫酸铵（1%）	105	硫酸氢钠	
硫酸铜	—	硫酸氢钠+硫化钠	
硫酸铁+氢氟酸	—	次氯酸钠	

4. 预防晶间腐蚀的措施

（1）尽可能降低钢中的碳含量，以减少或避免晶界上析出碳化物。钢中的碳含量降低到 0.02% 以下时，不易产生晶间腐蚀。为此，可采用真空脱碳法和氩氧吹炼法以及双联和炉外精炼等方法实现。在实际应用中可选用各种牌号的超低碳不锈钢，如 00Cr19Ni11、00Cr17Ni14Mo2 及 00Cr19Ni13Mo3 等。

（2）采用适当的热处理以避免晶界沉淀相的析出或改变晶界沉淀相的类型。采用固溶处理，冷却时快速通过敏化温度范围，以避免敏感材料在晶界形成连续的网状碳化物，这是解决奥氏体不锈钢晶间腐蚀的有效措施。采用稳定化处理（840～880 ℃）使含钛或铌的奥氏体不锈钢中的 $Cr_{23}C_6$ 分解，而使碳与钛或铌化合，以 TiC 或 NbC 形式析出。对在热处理后焊补的构件，若有可能可再进行固溶处理。

（3）在不锈钢中加入适量的稳定化元素钛或铌，或加入微量的晶界吸附元素硼，控制晶界沉淀和晶界吸附，以减少或避免不锈钢中的碳化物（$Cr_{23}C_6$）在晶界析出，从而降低晶间腐蚀倾向。

（4）选用奥氏体–铁素体（不形成连续网络状）双相不锈钢，这类钢具有良好的抗晶间腐蚀性能。

6.3.4　电偶腐蚀

浸泡在电解质溶液中的金属构件，当其与不同电极电位的其他构件接触（包括能电子导电的非金属），或该金属构件的不同部位存在电位差时，电位较负的金属或部位腐蚀加速，这就是电偶腐蚀。

1. 电偶腐蚀现象

电偶腐蚀现象非常普遍，电偶腐蚀可以因有电位差的异种金属构件接触而产生或因金属材料与可导电的非金属材料接触存在电位差而引起，也可以在同一个构件的不同部位因有电位差而引起；可以因金属材料种类不同或状态不同在同一环境介质中有不同的电位而引起；也可以因同一种类同一状态的金属材料所处环境条件不同而有不同的电位而引起。只要具有不同电位的两个电极（两个构件或两个部位）耦合，就能产生电偶电流而引发电位较负的电极金属材料产生电偶腐蚀，此时电位较正的电极则会受到阴极保护，其腐蚀相对减缓。电位差是电偶腐蚀的原动力，两个电极的电位差要有一定的数值才能在宏观上测试出电偶电流，其原理如图 6-10 所示。从以上分析可知，电偶腐蚀应该包括多种类型的电化学腐蚀，最常见的有双金属材料腐蚀、构件工作区域腐蚀及浓差腐蚀等。

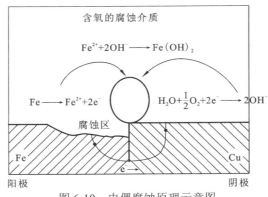

图 6-10　电偶腐蚀原理示意图

（1）双金属材料腐蚀。由不同类型的两种金属材料（包括能电子导电的非金属）耦合产生的腐蚀，可以是两个构件，也可以是一个构件的两个组件。双金属材料的电偶腐蚀又称异种金属腐蚀。在工程装备中，采用不同金属材料的组合是普遍的，且是不可避免的，所以这种电偶腐蚀是很常见的，且往往以双金属材料腐蚀定义电偶腐蚀。这种类型的电偶腐蚀的实例是很多的。用铁铆钉连接的铜板在潮湿的空气中会发生接触腐蚀，铁为阳极，发生溶解而被腐蚀，如图 6-11 所示；碳钢和铜相接触，在同一电解液中组成的电偶，使钢的腐蚀比其单独存在时加大，如图 6-12 所示。还有在常见的焊接结构中，焊缝比母材腐蚀严重，原因是焊接过程的高温熔化和冷却过程引起成分和组织的变化，如果焊条选取或焊接工艺不适合，焊接构件在电解质溶液中，其焊缝电位比母材低，在焊缝与母材使用的电耦合中，焊缝腐蚀将被加速。输水阀门的黄铜阀座加速铸钢阀腐蚀也是常见的双金属电偶腐蚀。

图 6-11　铁铆钉连接的铜板上发生电偶腐蚀

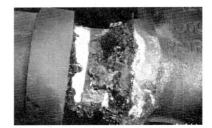

图 6-12　铜换热管和碳钢管板发生电偶腐蚀

（2）构件工作区域腐蚀。用一种金属材料制成的构件，在电解质溶液中使用时，常可发现不同区域腐蚀程度的差异，这种工作区域的腐蚀常常发生在构件表面金属材料有局部不完整或非均质的部位，这些部位是电偶腐蚀的阳极，而大部分相对均匀完整的部位是阴极；当金属构件进行冷加工时，一个部位比另一个部位有高的残余应力，其中高应力区域是阳极，低应力区域是阴极。这种构件工作区域的腐蚀可体现在电偶腐蚀机理引起的各种形貌的局部腐蚀，如构件的点腐蚀、缝隙腐蚀，点蚀孔内及缝隙内就是电偶的阳极，被加速腐蚀，而蚀孔外及缝隙外就是电偶的阴极。

（3）浓差腐蚀。当构件各个部位接触的电解质腐蚀性成分含量不同，最容易引起浓差腐蚀。最典型的是氧浓差电偶腐蚀，氧供应充分的部位为阴极，腐蚀得到减缓，氧供应不足的部位为阳极，腐蚀加速。如石油化工厂的储罐底部直接与土壤接触，底部的中央氧到达困难，而边缘处氧容易到达，金属在土壤中的腐蚀与在电解液中的腐蚀本质是一样的，这样便形成供氧不均匀的宏观电池，所以罐底的中央是阳极，常遭受电偶腐蚀破坏。埋地的长输管道通过不同结构和不同潮湿程度的土壤时，最容易形成各种浓差引起的电偶腐蚀。

2. 金属电偶腐蚀的倾向性

判断两种金属耦合是否会发生电偶腐蚀通常可用金属的电动序或电偶序，但电动序在工程应用上价值不大。

电动序是纯金属按标准电极电位大小顺序排列的，理论上认为两种金属构成电池时，由电动序可知哪一种金属是阳极，哪一种金属是阴极，两种金属距离越远，产生电偶腐蚀的可能性越大，但工程构件实际上大多不是纯金属，有的还带有表面膜，而且介质也不可能是该金属离子，且活度等于 1，并与之建立平衡，因此电动序对判断工程构件电偶腐蚀倾向性作用不大。

电偶序是根据实用金属在具体使用条件下测得的稳定电位的相对大小顺序的排列。鉴于大多数严重的电偶腐蚀事例都是在海水、海洋性气氛或土壤中发生，因此有大量推荐使用的工程金属在海水中、在土壤中的电偶序列表。例如，表 6-3 是某些金属在海水中的电偶序，该表是金属材料在 25 ℃、2.5～4 m/s 速度范围内流动的海水条件下测量的电位按大小顺序的排列，除个别情况外，这个序列表广泛应用于其他天然水和无污染大气中。电偶序中只列出金属稳定电位的相对关系，没有列出在该特定环境中每种金属的稳定电位值，主要是由于环境条件的变化、材料加工的影响、测试方法的不同，所测稳定电位数据会在很大的范围内波动，数据重现性差，列出实际数值的意义不大，所以国内外文献所列的电偶序都没有列出稳定电位值，阳极金属腐蚀较轻；非常靠近的两种金属组成偶对，表示两者之间电位相差很小，电偶腐蚀倾向有时小至可以忽略。

表 6-3　某些金属在海水中的电偶序

阳极（活性）端	阴极（惰性）端
镁	红黄铜 C2300
锌	硅青铜 C65100、65500
白铁（镀锌铁）	镍铜合金，10%
铝合金	镍铜合金，30%
低碳钢	镍 200（钝性）
低合金钢	Inconel 合金 600（钝性）
铸铁	蒙乃尔合金 400
不锈钢 410 型（活性）	不锈钢 410 型（钝性）
不锈钢 430 型（活性）	不锈钢 430 型（钝性）

阳极（活性）端	阴极（惰性）端
不锈钢 304 型（活性）（18Cr、9Ni）	不锈钢 304 型（钝性）
不锈钢 316 型（活性）（18Cr、12Ni、2Mo）	不锈钢 316 型（钝性）
铅	Inconel 合金 825
锡	Inconel 合金 625、合金 276
锰青铜 A-C67500	哈氏合金 C（62Ni、17Cr、15Mo）
海军青铜 C46400、C46500、C46600、C46700	银
镍 200（活性）	钛
Inconel 合金 600（活性）（80Ni、13Cr、7Fe）	石墨
哈氏合金 B（60Ni、30Mo、6Fe、1Mn）	锆
弹壳黄铜 C2700	钽
海军黄铜 C44300、C44400、C44500	金
铝青铜 C60800、C61400	铂

电偶序只能从热力学上预计发生电偶腐蚀的可能性，电偶腐蚀的电极过程是非常复杂的，腐蚀的发生和腐蚀速率的大小主要由极化因素决定，要热力学与动力学因素结合才能得出全面性的结论。因此，在可能的情况下应当进行试验做出判断，尤其是电偶序的序位逆转，更应做试验进行研究分析。

3. 电偶腐蚀的影响因素

（1）材料的起始电位差与极化作用。偶对的两种金属材料（或两个部位）的稳定电位的差值越大，电偶腐蚀的倾向性越大，而且当两种金属接触时，此开路电位差随时间的增加会有所变化，因为两种材料在电解质溶液中的极化受很多因素的影响，如电解质的种类、浓度、温度、流速、构件金属材料表面状态变化等，这些多因素的影响，使电偶腐蚀的扩展也受到影响。

（2）阴阳极的面积比。一般情况下，电偶腐蚀的阳极面积减小，阴极面积增大，将导致阳极金属腐蚀加剧，这是因为电偶腐蚀电池工作时，阳极电流总是等于阴极电流，阳极面积越小，则阳极上的电流密度越大，即阳极金属的腐蚀速率越大，所以应避免大阴极小阳极的面积比。

（3）介质电导率。介质电导率对电偶腐蚀的影响规律与对全面腐蚀的影响规律不同。介质电导率增加时，金属全面腐蚀的速率一般增大，而在电偶腐蚀条件下，随着电导率的增大，电偶电流可分散到离偶对结合处较远的阳极表面上，相当于加大了阳极面积，故使阳极腐蚀速率反而减小。例如，海水的电导率比纯净水要高，在海水中电流的有效距离可达几十厘米，阳极电流的分布比较均匀，比较宽，阳极材料腐蚀比较分散，而纯净水的腐蚀电流有效距离只有几厘米，使阳极金属在结合处附近形成深的沟槽。

4. 预防电偶腐蚀的措施

以下措施中的一种或几种结合起来，可以减轻或者避免电偶腐蚀，而且在构件设计时就应考虑。

（1）选择电偶序中尽可能靠近的金属组合，在实际工作介质中，两种金属之间的电位差约小于 50 mV，电偶腐蚀的倾向性一般可以忽略，如两种金属耦合是大阳极小阴极，则此电位差尚可放宽至约小于 100 mV；若两种金属耦合是小阳极大阴极，则此电位差应越小越好。

（2）尽量避免小阳极大阴极的结构，关键构件或构件面积较小时，如螺栓等，应采用惰性较大的金属，焊接结构应选择焊接材料的电位比母材电位稍高的焊缝组合。

（3）若无可避免要产生小阳极大阴极的电偶腐蚀，则小阳极的构件要设计成可更换的，没有介质塞积区的结构。

（4）在两种金属间通过使用涂层，加入非金属垫片等来绝缘或断开回路，同时保证在服役中不会发生金属之间的接触。

（5）保护涂层是抗腐蚀最普通的方法，若只能涂两种金属的一种，则要涂在惰性较大的阴极金属表面上。

（6）添加缓蚀剂来减少环境的侵蚀性或控制阴极或阳极反应速率。

（7）阴极保护是所推荐的电化学保护方法之一。使用牺牲阳极的阴极保护时，要用其活性同时高于偶接构件双金属的第三种金属作为牺牲阳极，如钢、铜等装备构件常用结构材料可用锌、铝或镁。若在散热器钢管子内表面上施加牺牲性的金属铝层以保护管子，则在冷凝器水箱中要安装锌阳极以保护钢管子和管板。

6.3.5　应力腐蚀

金属构件在静应力和特定的腐蚀环境共同作用下所导致的脆性断裂为应力腐蚀断裂。

1. 应力腐蚀的条件

应力腐蚀的条件可归纳为如下几点。

引起应力腐蚀的应力一般是拉应力。但这种拉应力可以很小，如不锈钢、黄铜等，在外加应力为 19～29 MPa 时，也会引起应力腐蚀破坏；合金不同、环境不同时所需要的拉应力大小不同。能引起金属产生应力腐蚀的最小应力称为应力腐蚀开裂的临界应力，常用 σ_{scc} 表示。然而用 σ_{scc} 表示应力腐蚀开裂的临界应力有很大的局限性。这是由于以下方面的原因。

用表面光滑试样测定的应力腐蚀断裂时间包括两部分：应力腐蚀裂纹形核阶段和裂纹扩展阶段。这两阶段很难分开。因此，用表面光滑试样测定这种方法时，两种不同合金可能得出同样的断裂时间曲线，尽管在一种合金中应力腐蚀裂纹形成快，扩展慢，而在另一种合金中形成慢、扩展快。这就是说，用 σ_{scc} 不能反映出已有裂纹材料在应力腐蚀条件下裂纹扩展的性质。例如，钛合金光滑试样放在 3.5%NaCl 溶液或海水中是不发生应力腐蚀开裂的，然而一旦试件上有了裂纹，则很快地发生应力腐蚀开裂。而在金属构件中，实际上很难避免裂缝或缺陷。

σ_{scc} 不能用来确定具有缺口或裂纹的试样中应力腐蚀裂纹是否扩展应力腐蚀裂纹扩展速率主要受裂纹尖端的应力强度因子 K 所控制。因此，人们采用断裂力学指标 K_{ISCC}，即应力腐蚀临界应力强度因子来表示材料抗应力腐蚀的能力。当时，在该腐蚀环境中长期暴露不发生破坏，当 $K_{ISCC}<K_r<K_{IC}$ 时，在腐蚀环境中经一定时间的裂纹稳定扩展而最终断裂；当 $K_r \geqslant K_{IC}$ 时，初始裂纹就失稳扩展。

应当指出，有一些关于压应力引起应力腐蚀断裂的报道，经分析，是以下两种情况导致的结果。

（1）对应力方向的误判导致应力腐蚀开裂，如圆柱形薄壁零件发生垂直于半径而平行于轴向的应力腐蚀裂纹时，测得残余应力平行于半径方向的径向应力 σ_r 是压应力，因而人们有时误以为是压应力引起的应力腐蚀裂纹。实质上引起应力腐蚀的应力是切向应力 σ_t，它是 σ_r 的分应力，属拉应力。

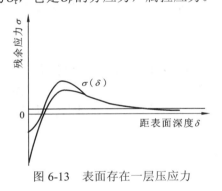

图 6-13　表面存在一层压应力

（2）在试样很薄的表面虽存在一定的压应力，但在亚表面以内为较大的拉应力存在，如图 6-13 所示，加上装配或工作拉应力，总体上仍为拉应力。

纯金属不发生应力腐蚀破坏。但几乎所有的合金在特定（敏感）的腐蚀环境中，都会引起应力腐蚀裂纹。添加非常少的合金元素都可能使金属发生应力腐蚀。如 99.99%的铁在硝酸盐中不发生应力腐蚀，但含有 0.04%C，则会引起应力腐蚀。

金属材料只有在特定的活性介质中才会发生应力腐蚀开裂，即对于一定的金属材料，需要有一定特效作用的离子、分子或络合物才会导致构件的应力腐蚀断裂。它们的浓度有时甚至很低也可以引起应力腐蚀断裂，如钢在 Cl^- 或 OH^- 等的作用下发生腐蚀断裂。而且阴离子对应力腐蚀速率的影响不是简单的叠加关系，如添加 NO_3^-，反而减弱了不锈钢在 Cl^- 作用下的应力腐蚀。

在同样环境中，钛合金的耐腐蚀性比合金钢好得多，因而人们在 20 世纪 60 年代中期以前一直认为钛合金是制造潜水艇壳体的首选材料。但 Brown 等在 20 世纪 60 年代中期的研究发现，一些有裂纹的高强度钛合金在载荷作用下浸入蒸馏水和盐水时，仅在几分钟内就被破坏了，在所有的试验中，初始应力强度因子的水平均远低于材料的 K_{IC}，几乎与布朗（Brown）等研究的同一时期，即 1965～1966 年，美国在执行登月飞行计划时，用 Ti-6A1-4V 钛合金制作的 N_2O_4 压力容器曾发生应力腐蚀开裂而导致失效或事故，竟达 10 次之多，曾成为宇航技术中的严重问题。

表 6-4 给出了一些常用金属材料易发生应力腐蚀开裂的敏感介质环境。

表 6-4　常用金属材料易发生应力腐蚀开裂的敏感介质

基	合金组元	敏感应力腐蚀介质
铝基	Al-Zn	大气
	Al-Mg	$NaCl + H_2O_2$，NaCl 溶液，海洋性大气
	Al-Cu-Mg	海水
	Al-Mg-Zn	海水
	Al-Zn-Cu	NaCl，$NaCl + H_2O_2$ 溶液
	Al-Cu	$NaCl + H_2O_2$ 溶液，NaCl，$NaCl + NaHCO_3$，KCl，$MgCl$
	Al-Mg	$CuCl_2$，NH_3Cl，$CaCl_2$ 溶液
镁基	Mg-Al	HNO_3，NaOH，HF 溶液，蒸馏水
	Mg-Al-Zn-Mn	$NaCl + H_2O_2$ 溶液，海洋大气，$NaCl + K_2CrO_4$ 溶液，潮湿大气 $+ SO_2 + CO_2$
	Mg	KHF_2 溶液
铜基	Cu-Zn-Sn Cu-Zn-Pb	NH_3 蒸气和 NH_3 溶液
	Cu-Zn-P	浓 NH_4OH
	Cu-Zn	NH_3 蒸气和溶液，胺类，潮湿 SO_2 气氛，$Cu(NO_2)_2$ 溶液
	Cu-n-Ni Cu-Sn	NH_3 蒸气和 NH_3 溶液
	Cu-Sn-P	大气
	Cu-P，Cu-As Cu-Ni-Al，Cu-Si， Cu-Zn，Cu-Si-Mn	潮湿的 NH_3 气氛
	Cu-Zn-Si	水蒸气
	Cu-Zn-Mn	潮湿 O_2 气氛，$Cu(NO_2)_3$ 溶液
	Cu-Mn	潮湿 SO_2 气氛，$Cu(NO_3)_3$，H_2SO_4，HCl，HNO_3 溶液
铁基	软铁	$FeCl_3$ 溶液
	Fe-Cr-C	NH_4Cl，$MgCl_2$，NH_4，H_2PO_4，Na_3HPO_4 溶液，$H_2SO_4 + NaCl$，$NaCl + H_2O_2$ 溶液，海水，H_2S 溶液
	Fe-Ni-C	$HCl + H_2SO_4$，水蒸气，H_2S 溶液
钛基	Ti-Al-Sn，Ti-Al-Sn-Zr， Ti-Al-Mo-V	H_2、CCl_4、NaCl 水溶液、海水 HCl、甲醇、乙醇溶液、发烟硝酸、融熔 NaCl 或融熔 $SnCl_2$、采、氟三氯甲烷和液态 N_2O_4、Ag（>466℃）、AgCl（371～482℃）、氯化物盐（288～427℃）、乙烯二等。

2. 应力腐蚀的特点

（1）应力腐蚀断裂属脆性损伤，即使是延性极佳的材料产生应力腐蚀断裂时也是脆性断裂。断口平齐，与主应力垂直，没有明显的塑性变形痕迹，断口形态呈颗粒状，如图 6-14 所示。

应力腐蚀是一种局部腐蚀，而且腐蚀裂纹常常被腐蚀产物所覆盖，从外表很难观察到。

上述两个特征使应力腐蚀断裂成为断裂之前没有预兆的突然性断裂，不易预防，危害性极大。

（2）应力腐蚀试样持续加载时，应力腐蚀裂纹扩展大体上由三个阶段组成，如图 6-15 所示。

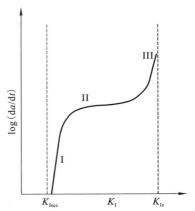

图 6-14　30CrMnSiA 合金的应力腐蚀特征　　图 6-15　应力腐蚀裂纹扩展速率与尺的关系

在第 I 阶段，da/dt 与 K_r 值有强烈的关系，曲线以 K_{Iscc} 为渐近线；在第 II 阶段，da/dt 与 K_r 值无明显的关系，但温度和环境仍产生强烈的影响；第 III 阶段，da/dt 又与 K_{Ic} 值有强烈的关系，曲线以 K_{Ic} 为渐近线；应力腐蚀试样到断裂的总时间 t_f 为以上三阶段稳定裂纹扩展时间 t_s 与稳定扩展前孕育期 t_i 的总和 $t_f = t_i + t_s$。

（3）焊接、冷加工产生的残余应力和组织变化很容易成为应力腐蚀的力学原因，甚至不同合金的热膨胀系数的差别也可能成为应力腐蚀的应力源。这就是说，应力腐蚀的应力源可以由外加载荷引起，也可以由在部件加工成型过程中，如铸造、锻造、轧制、挤压、机加工、焊接、热处理及磨削等工序中产生的残余应力引起。然而，不管是外加载荷还是金属内部的残余应力，引起应力腐蚀的应力源一般要有张应力的成分。同时，在拉应力垂直于拉长晶粒情况下的耐蚀性比拉应力沿着拉长晶粒的情况要小得多。通常情况下，板材的晶粒一般都是沿轧制方向延伸的，因此板材危险的受力状态是垂直于板材平面的拉伸应力（垂直于拉长晶粒的拉伸应力，即短横向的拉伸应力）。对于很薄的板材，在垂直表面的方向上（即厚度方向上，或称晶粒的短横向上）没有表面拉伸应力，因此很薄的板材很少有应力腐蚀破坏的。应力腐蚀裂纹往往沿模锻件的模锻分离面进行。这也是因为那里的拉伸应力作用在短横晶向。

应力腐蚀断裂的速度比机械快速脆断慢得多，快速机械拉伸可比应力腐蚀断裂快 10^{10}，应力腐蚀断裂速度大致（0.000 13）mm/h。但应力腐蚀断裂的速度比点蚀等局部腐蚀速率快得多，如钢在海水中应力腐蚀比点蚀快 10 倍。

金属材料在腐蚀环境中所经历的过程也很重要，如果在腐蚀性环境中放置一段时间，然后干燥一段时间，再重新处于腐蚀性环境中时，其腐蚀速率更快。

3. 应力腐蚀的断口特征

前面已经提及，应力腐蚀断裂是脆性断裂，因此应力腐蚀断裂断口的宏观特征为脆性断裂的特征：断口平直，并与正应力垂直，没有剪切唇口，没有明显的塑性变形，断口表面有时比较灰暗，这通常是有一层腐蚀产物覆盖着断口的结果。同时应力腐蚀断裂起源于表面，且为多源，起源处表面一般存在腐蚀坑，且存在腐蚀产物，离源区越近，腐蚀产物越多。腐蚀断裂断口上一般没有放射性花样。

应力腐蚀断口的微观形态可以是解理或准解理（河流花样、解理扇形）、沿晶型断裂或混合型断口。在怎样的情况下形成穿晶，怎样的情况下形成沿晶或混合断口，目前还不清楚，因此在一定的介质、温度、应力下某材料应力腐蚀断口上是何种形态及特征，应通过试验来确定。

高强度铝合金应力腐蚀断口的典型特征之一是沿晶型断裂，并在晶界面上有腐蚀产生的痕迹（图 6-16），其他合金的应力腐蚀断口也常存在沿晶型断裂的特征。

铝合金应力腐蚀断口上还可以看到另一种泥纹花样（图 6-17），平坦面上分布着龟裂裂纹，平坦面并不是断口金属的真实面貌，而是晶界面上覆盖了一层厚厚的腐蚀产物。

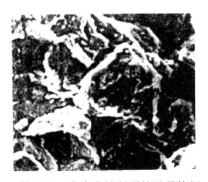 

图 6-16　应力腐蚀断裂的沿晶特征　　　　图 6-17　应力腐蚀断口上的龟裂及泥纹花样

奥氏体不锈钢在 Cl⁻ 介质中主要是穿晶型断裂，而 300 系列不锈钢在海洋性大气介质中除产生沿晶型断裂之外，还可见到韧窝。应力腐蚀裂纹扩展的早期断面上可以见到泥纹花样。

呈河流花样或扇形的准解理形貌是面心立方金属（Al 合金、奥氏体不锈钢）发生应力腐蚀断裂的又一典型特征，如图 6-18 所示。

应力腐蚀的微观断口上还常见二次裂纹，沿晶界面上一般存在腐蚀沟槽，棱边不大平直。

应力腐蚀裂纹扩展过程中会发生裂纹分叉现象，即在应力腐蚀开裂中裂纹扩展时有一主裂纹扩展得最快，其余是扩展得较慢的支裂纹。

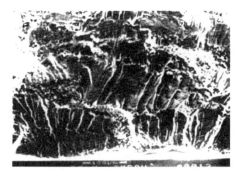

图 6-18 Al 合金应力腐蚀断口上的扇形准解理形貌

亚临界裂纹扩展中，裂纹分叉可分为两种，其中一种是微观分叉，这种分叉表现为裂纹前沿分为多个局部裂纹，这些分叉裂纹的尺寸都在一个晶粒直径范围之内。另一种是宏观分叉，分叉的尺寸较大，有时可达几毫米，甚至几厘米。

这种应力腐蚀裂纹分叉现象在铝合金、镁合金、高强度钢及钛合金中都可以见到。人们用应力腐蚀这一特征来区分实际断裂构件是应力腐蚀还是腐蚀疲劳、晶间腐蚀或其他断裂方式。

第 7 章 材料的磨损

7.1 磨损概述

7.1.1 磨损的定义

磨损是机械零件失效的三种主要原因（磨损、腐蚀、疲劳）之一。在日常生活中，磨损是无处不在的，如舰船柴油机运行中齿轮与齿轮接触、轴与轴套齿轮接触、气缸与气缸套或活塞接触，因为两个相互接触的物体在外力作用下发生相对运动或具有相对运动的趋势，在接触面之间产生切向的运动阻力，存在的阻力称为摩擦力，这种现象称为摩擦。因为摩擦的存在，零件或设备运行过程中使表面发生一系列变化，如摩擦表面几何形状发生变化、金属表面受力并发生变形、摩擦表面结构也会发生变化、摩擦表面温度升高，使表面化学状态发生改变；温度的变化，使摩擦表面组织发生变化。有摩擦就有磨损发生，据不完全统计，能源的 1/3～1/2 消耗于摩擦和磨损，约 80% 的机器零件失效是由摩擦和磨损引起的。

各种机械零件磨损造成的能源和材料消耗是十分惊人的。据统计，世界工业化发达国家的能源约 30% 是以不同形式消耗在磨损上的。美、英、德等发达国家每年因摩擦、磨损造成的损失约占国民生产总值的 2%～7%。2004 年末在我国召开的"摩擦学科学与工程前沿研讨会"上，相关统计数据表明我国每年由摩擦、磨损造成的损失 584.7 亿元，而 2003 年全国工矿企业在此方面的节约潜能约为 400 亿元。在全球正临资源、能源与环境严峻挑战的今天，研究摩擦与磨损对于节能、节材、环保以及支撑和保障高新技术的发展具有重要的现实意义。

磨损是伴随摩擦产生的，但与摩擦相比，磨损是一个十分复杂的过程。直到目前磨损的机理还不十分清楚，也没有一条简明的定量定律。对大多数机器来说，磨损比摩擦显得更为重要，实际上人们对磨损的理解远远不如摩擦。对机器磨损情况的预测能力也十分有限。对大多数不同系统的材料而言，其在空气中的摩擦系数（μ）大小相差不超过 20 倍，如聚四氟乙烯 $\mu=0.5$，洁净金属 $\mu=1$。而磨损率之差却很大，如聚乙烯对钢的磨损和钢对钢的磨损之比可相差 10^5 倍。

在有关磨损的著作中对磨损定义和概念的论述是不完全相同的。克拉盖尔斯基把磨损定义为"与摩擦结合力的反复扰动而造成的材料破坏"；1969 年，欧洲经济合作与发展组织对工程材料的磨损定义为，构件在与其表面相对运动而在承载表面上不断出现材料损失的过程。1979 年的标准中对磨损定义为，磨损是两个物体由于机械运动，即与另一固体、液体或气体的配对件发生接触和相对运动，而造成表面材料不断损失的过程。Tabor 将磨损定义为物体表面在相对运动中，机械和化学的过程使材料从表面上去除，即为磨损。

因此，关于磨损的定义，有几点需要指出。

（1）磨损并不局限于机械作用，由于伴同化学作用而产生的腐蚀磨损、由于界面放电作用而引起物质转移的电火花磨损、由于伴同热效应而造成的热磨损都属于磨损。强调磨损是相对运动中所产生的现象，因而橡胶表面老化、材料腐蚀等非相对运动中的现象不属于磨损研究的范畴。

（2）磨损发生在摩擦副接触表面材料上，其他非界面材料的损失或破坏，不包括在磨损范围之内。

（3）磨损是转移和脱落的现象，转移和脱落都是磨损。损失材料的一方应是遭到磨损，承受材料的一方称为负磨损。

7.1.2　磨损的分类

磨损是十分复杂的微观动态过程，磨损的分类方法很多，主要有以下三种分类方法。

（1）按发生磨损的环境及介质，分为干磨损、湿磨损、流体磨损。

（2）按发生磨损的表面接触性质，分为金属-金属磨损、金属-磨粒磨损、金属-流体磨损。

（3）按磨损机理，分为黏着磨损、磨粒磨损、腐蚀磨损、接触疲劳磨损、冲蚀磨损、微动磨损和冲击磨损。其中，前四种的磨损机理各不相同，后三种磨损机理常与前四种有相似之处，或为前四种机理中几种机理的复合。

例如，冲蚀磨损与磨粒磨损有类似之处，但也有其自身的特点，微动磨损常包含黏着、磨粒、腐蚀及疲劳等四种或由其中的三种综合而成。应该特别指出的是，材料或工件发生磨损常常是不止一种机理起作用，而是几种机理同时存在的，只是在不同条件下，某一种机理起主导作用。当工作条件发生变化时，磨损有可能从一种机理转变成另一种机理，例如，磨粒磨损往往伴随着黏着磨损，只是在不同条件下，某一种机理起主要作用。而当条件发生变化时，磨损也会以一种机理为主转变为以另一种机理为主。图 7-1 简单地归纳了几种磨损常用的分类方法。

磨损机理与磨损表面的损坏方式有关，在不同条件下，一种磨损机理会造成不同的损坏方式，而一种损坏方式又可能是由不同机理所造成的。图 7-2 为几种常见的磨损表面破坏方式和磨损机理间的关系。

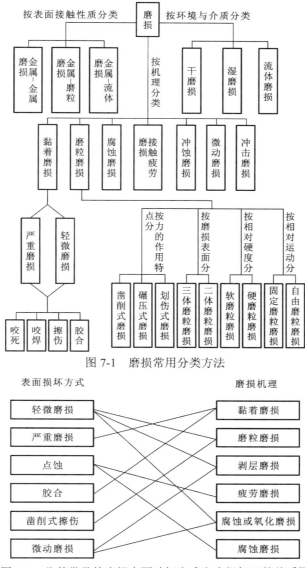

图 7-1　磨损常用分类方法

图 7-2　几种常见的磨损表面破坏方式和磨损机理的关系图

7.1.3　磨损的评定方法

关于磨损评定方法目前还没有统一的标准，这里介绍比较常用的方法。

1. 磨损量

评定材料磨损的三个基本磨损量是质量磨损量、体积磨损量和长度磨损量。

1）质量磨损量（W_w）

质量磨损量是指材料或试样在磨损过程中质量的减少量，以 W_w 表示，单位为 g 或

mg。试验前测出材料或试样的质量 W_1，经过一段时间的磨损后，将清洗干净并烘干的材料或试样称重 W_2，$W_w = W_1 - W_2$。

2）体积磨损量（W_v）

材料或试样在磨损过程中体积的减少量，是由测得的质量磨损量和材料的密度换算得来的。体积磨损量以 W_v 表示，单位为 mm^3 或 μm^3，不是测量出所磨损的体积，而是需要进行换算。先测出质量磨损量，用质量磨损量除以被测材料或试样的密度，即得到体积磨损量。

3）长度磨损量（W_1）

在磨损过程中材料或试样表面尺寸的变化量，以 W_1 表示，单位为 mm 或 μm。

2. 耐磨性

材料的耐磨性是指在一定工作条件下材料耐磨损的特性。材料耐磨性分为相对耐磨性和绝对耐磨性两种。

1）相对耐磨性

在相同的工作条件下，某材料的磨损量（以该磨损量做标准）与待测试样磨损量之比称为相对耐磨性，其表达式为

$$\varepsilon_{相对} = W_{标准} / W_{试样}$$

式中：$\varepsilon_{相对}$ 为相对耐磨性；$W_{标准}$ 为标准试样的体积磨损量，单位为 mm^3 或 μm^3；$W_{试样}$ 为待测试样的体积磨损量，单位为 mm^3 或 μm^3。

2）绝对耐磨性

绝对耐磨性是某材料或试样体积磨损量的倒数，其表达式为

$$\varepsilon_{绝对} = 1 / W_{试样}$$

式中：$\varepsilon_{绝对}$ 为绝对耐磨性，单位为 mm^{-3} 或 μm^{-3}；$W_{试样}$ 为待测试样的体积磨损量，单位为 mm^3 或 μm^3。

3. 磨损率

冲蚀磨损过程中常用磨损率，磨损率是指待测试样的冲蚀体积磨损量与造成冲蚀磨损所用磨料的质量之比，表达式为

$$\eta = W_{试样} / m_{磨料}$$

式中：η 为磨损率，单位为 mm^3/g 或 $\mu m^3/g$；$W_{试样}$ 为待测试样的体积磨损量，单位为 mm^3 或 μm^3；$m_{磨料}$ 为冲蚀磨损所用磨料的质量，单位为 g。

这种方法必须在稳态磨损过程中测量，在其他磨损阶段所测量的磨损率将有较大的差别。

上述三种磨损评定方法所得数据均是相对的，都是在一定条件下测得的，因此不同试验条件或工况下的数据是不可比较的。

7.2　黏着磨损

7.2.1　黏着磨损的特点和分类

黏着磨损是最常见的一种磨损形式，当两个固体表面相互滑动或拉开压紧的接触表面时常会发生这种磨损。黏着磨损的定义是指两个相互接触表面发生相对运动时，由于接触点黏着和焊合而形成的黏着结点被剪切断裂，被剪断的材料由一个表面转移到另一个表面，或脱落成磨屑而产生的磨损。黏着磨损通常以小颗粒状从一表面黏附到另一表面上，有时也会发生反黏附。这种黏附和反黏附，往往使材料以自由磨屑状脱落下来，同时会沿滑动方向产生不同程度的磨痕。

根据零件磨损表面的损坏程度，通常把黏着磨损分为五类，其各自的破坏现象和原因如表 7-1 所示。

表 7-1　黏着磨损的类型及破坏现象、破坏原因

类型	破坏现象	破坏原因
轻微磨损	黏着结点的剪切破坏基本上发生在黏着面上。摩擦系数大，表面材料的转移轻微	黏着结点强度低于摩擦副基体金属的强度
涂抹	黏着结点的剪切破坏发生在离黏着面不远的较软金属的浅层内。软金属之间的摩擦与磨损	黏着结点的强度比较硬金属的强度低，但比较软金属的高
擦伤（胶合）	黏着结点剪切破坏主要发生在较软金属的浅层内，有时硬金属表面也有擦痕	黏着结点的强度比两基体金属的强变都高
撕脱（咬焊）	比擦伤更重一些的黏着磨损。温度低时产生冷焊，高时产生熔焊	结点黏结强度大于任一摩擦件基体金属的剪切强度
咬死	摩擦副之间黏着面积较大，不能产生相对运动	黏着结点的强度较高，黏着面积较大

7.2.2　黏着磨损的机理

试验表明，当两洁净的金属表面相互接触时，会形成强有力的金属接点。接点的形成对金属材料来说，根据齐曼（Ziman）的"胶体模型"，金属中的"自由电子云"类似于黏结液，能使两金属界面上靠得很近的正离子结合起来，形成金属键，黏着强度基本决定界面上的电子浓度。

表面粗糙的两固体在法向压力作用下相互接触时，一小部分微凸体的顶峰受到很大的压应力，当达到流动压力时，就会发生塑性变形。当表面洁净时，两固体表面上的粒子随着距离的缩短，将先后出现物理键与化学键，当两表面上有成片的粒子相结合时就形成凸体桥，即接点。根据内聚功和黏着力的概念，如果两个固体的内聚功不同，而黏附功的大小又介于两内聚功之间，则断裂将发生在内聚功较小的固体内。

实际上，固体间的黏着受到两个主要因素的影响而被大大削弱，一个是表面上的氧化膜或其他沾染膜，但这些表面膜往往会被表面变形，特别是切应力所破坏，显露出新鲜的表面而被黏着。另一个是弹性应力恢复效应，即使完全净化的表面，在同一金属的半球体和平板试样间所观察到的黏着面积比预计的值要小。这是由卸去载荷后的弹性应力恢复效应所造成的。在接触区内，接点在其形成过程中被强烈地加工硬化，当载荷卸除后，界面发生了弹性变形，此时周边的连接桥处于拉力状态，由于延性不足而被拉断，所以只有一小部分接点被保留下来。当法向载荷存在时，对试样施加切向应力，便可见到黏着增大，这是由于法向和切向应力的复合，接触面积增大。

根据以上结论，对大多数金属来说，在施加了法向载荷之后黏着之所以不大，是由于微凸体桥缺乏延性和界面形状发生了变化。由于加工硬化了的微凸体桥缺乏延性，它们在略微延展时即发生断裂，这可通过在卸载前使接点退火而得到补救，退火温度约为其熔点的 1/2。退火可获得很大的法向黏着。西蒙诺夫曾提出，在洁净的表面上影响黏着的另一个因素是结晶表面间的结晶位向。具有完全配对的位向时，很容易发生黏着，在位向失配时，必须对界面供给一定的能量才能保持强固的黏着。能量可以是热量也可以是塑形变形功。这样低温比高温时需要更多的塑形变形来维护界面的强固黏着。

7.2.3 黏着磨损的模型

1. 黏着磨损的发生

两摩擦表面的金属直接接触，在接触点上产生固相焊合（黏着），若两摩擦表面相对运动，则黏着点被剪切，同时形成新的黏着点。这样黏着点被剪切，然后再黏着，再剪切，最后形成磨屑。这种接触表面黏着是由于两材料表面原子间的吸引。黏着磨损的发生过程如图 7-3 所示，是两接触材料界面的示意图，其中一个物体受到切向的位移，若从材料界面断裂所需之力大于从其中内部断裂所需之力，则断裂从后者内部发生，同时发生磨屑和移附。若接点的剪切强度大于上物体而小于下物体的基体强度，则剪切沿通道 2 剪断，并产生磨屑依附在下物体上，那么在洁净的金属接点附近的断裂可能存在 4 种情况。

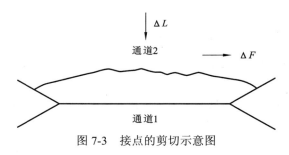

图 7-3　接点的剪切示意图

（1）界面比滑动表面中任一金属都弱，则剪切发生在界面上，并且磨损极小，例如，锡在钢上滑动。

（2）界面比滑动中的一金属强而比另一金属弱，这时剪切发生在较软金属的表层上，并且磨屑黏附到较硬金属表面上，如铝与钢滑动。

（3）界面比滑动中的一金属强，偶尔也比另一金属强，这时较软金属明显地转移到较硬金属上去，但偶尔也会撕下较硬金属，铜在钢上滑动往往出现这种情况。

（4）界面比两金属都强，这时剪切发生在离界面不远的地方。同种金属相互滑动时会发生这种情况。

从这些简单的情况可以看出，这四种情况之间磨损量可能相差很大，也许从 1 到 100 倍。前面已经指出，由于接触材料的界面常为断面面积最小处，且有大量缺陷如空隙等存在，故强度较低，断裂很可能发生在界面上，根据实验统计的结果，材料副在滑动时在其切断的接点中能形成较大磨屑的不到接点总数的 5%。图 7-4 是格林伍德（Greenwood）和泰伯（Tabor）的磨屑形成过程模型的图解说明。他们用不同金属与塑料的两维模型说明微凸体及其剪切，在某些情况下，特别是当接点的平面和滑动方向不平行时，黏附磨屑将会形成。不平行性肯定会存在，因为原始表面是粗糙的，或是在滑动过程中变粗糙的。另外，芬（Feng）曾指出，若接点与滑动方向平行，则通过滑动使接点变得粗糙，更容易形成切屑。

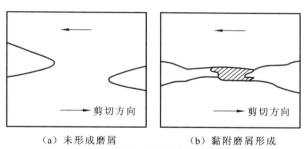

（a）未形成磨屑　　　　　　　（b）黏附磨屑形成

图 7-4　铜形成磨屑的两维模型

考虑到图 7-4 所示的磨屑形成模型，提出所有的断裂不发生在界面上而只发生在较软材料的内部，这是由于较软材料力学性能较差。其实并非如此，即较硬材料也会形成磨屑，只是在多数情况下较软材料形成较多的磨屑，且通常所形成的磨屑较大。事实证明，在所有研究过的两种不同材料在滑动或法向应力接触下，较硬材料也形成磨屑，这可能是较硬材料内部也有局部的低硬度区。假如这是符合实际的，那么接点也有较软材料的高硬度区，这样较硬材料就会形成磨屑，如图 7-5 所示。

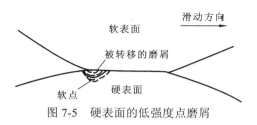

图 7-5　硬表面的低强度点磨屑

2. 黏着磨损的原子模型（汤姆孙模型）

由于金属以及许多非金属材料滑动时亚表面的复杂性，很难用一个简单的方程式来表达磨损。但人们常用某些工程变量如载荷、速度以及金属与非金属材料的某些力学性能，如屈服应力或硬度来表达磨损。硬度是容易测量的参量，并有助于设计时材料和工艺的选择。但是较硬材料不一定耐磨，这是相互作用时亚表层发生复杂的变化所致。亚表层的变化只能用 X 射线和电子衍射等方法来研究。

汤姆孙（Thomson）的黏着理论认为，当摩擦两表面十分接近时，原子将相互排斥，被排斥的原子将回到原来的位置上去；不仅如此，一个原子可能会从其平衡位置上被驱逐出来并黏着在另一表面的原子上，而不回到原来平衡的位置上去。这就是由于原子俘获而产生的磨损。两摩擦表面滑动时，借助原子从表面上被俘获的理论可用俘获过程中形成原子配对的能量消耗来推导出金属磨损量。若一原子对的能量消耗为 $E_c l$，E_c 为原子间的内聚力，l 是一个自由状态原子所运动的距离，则质量 m 为

$$m = \rho \left(\frac{\pi}{6} \right) d^3$$

式中：ρ 为被磨损金属的密度；d 为原子直径。

若在滑动中有 n 个原子对发生相互作用的能量消耗值为 E，则有

$$n = \frac{E}{E_c l}$$

在此过程中被磨损原子的总质量为

$$M = nm$$

代入 n，求得

$$M = \frac{Em}{E_c l} = \frac{E \rho \pi d^3}{6 E_c l} \tag{7-1}$$

按摩擦原子理论，有

$$\mu = \frac{\alpha E_c l}{dp}$$

式中：μ 为摩擦系数；p 为平均排斥力；α 为原子分开概率。

将 $E_c l$ 代入式（7-1），得

$$M = \alpha \frac{\pi}{6} \cdot \frac{E \rho d^2}{p \mu} \tag{7-2}$$

金属的流动应力 σ_y 就是晶格点阵所能承受的极限载荷，为

$$\sigma_y = \frac{p_{max}}{d^2 / 4}$$

式中：p_{max} 为最大排斥力。由 $p = p_{max}/2$，可知 $\sigma_y = 8p / d^2$，代入方程（7-2）中，得

$$M = \alpha \frac{4\pi}{3} \cdot \frac{E \rho}{\mu} \cdot \frac{1}{\sigma_y} = \alpha \frac{4\pi}{H} \cdot \frac{E \rho}{\mu} \tag{7-3}$$

式中：H 为金属的硬度。

式（7-3）表明总磨损量和金属的硬度成反比，这是合理的，但错误的是磨损和摩擦系数成反比。

3. 磨损定律

摩擦表面的黏着现象主要是界面上原子、分子结合力作用的结果。两块相互接触的固体之间相互作用的吸引力可分为两种，即短程力（如金属键、价键、离子键等）和长程力（如范德瓦耳斯力）。任何摩擦副之间只要当它们的距离达到几纳米以下时，就可能产生范德瓦耳斯力作用；当距离小于 1 nm 时，各种类型的短程力也开始起作用。如两块纯净的黄金接触时，在界面之间形成的是金属键，界面处的强度与基体相似。净化的钨和金在高真空中接触再分开时，发现有相当数量的金黏着转移到钨的表面，这表明清洁表面原子间的作用力是非常强的。实际当中，黏着现象也受许多宏观效应，如表层弹性力、表面的结构与特性、表面污染等影响。

关于黏着磨损的机理和模型，荷姆（Holm）、阿查德（Archard）、鲍登（Bowden）、泰伯等都做过深入的研究。但至今对许多基本问题还没有统一的、准确的结论。这里主要介绍得到各国许多学者承认的阿查德黏着磨损模型及黏着磨损方程式。

阿查德用屈服应力 R_{el} 与滑动距离来表达金属体积磨损 W_v。固体的表面是凹凸不平的，因此即使在十分微小的载荷下，表面至少有三点接触。当载荷逐渐加大，则接触点面积沿径向增大，同时邻近的接触点数也增多了，即载荷增大使真实接触面积 A_t 通过两个途径增大：一是原有接触点的接触面积增大；二是新的接触点增多。

阿查德模型示意图如图 7-6 所示，设球冠形的微凸体在载荷 L 的作用下压在另一相同的微凸体上。若上半球十分坚硬，则磨损只发生在无加工硬化的下半球体上。在载荷 L 的作用下，首先使上半球体压入下半球体中，并使下半球体发生塑性流动，如图 7-6（a）、（b）所示。设接触区圆平面的直径为 $2a$。

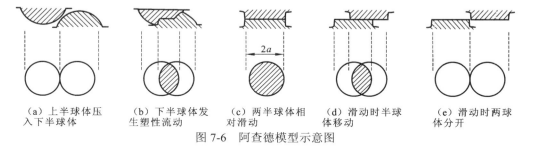

（a）上半球体压入下半球体　（b）下半球体发生塑性流动　（c）两半球体相对滑动　（d）滑动时半球体移动　（e）滑动时两球体分开

图 7-6　阿查德模型示意图

当相对滑动至如图 7-6（c）所示时，真实接触面积达最大值 πa^2，若有 n 个同样的接触点，则真实接触面积为 $A_t = n\pi a^2$，可以认为每个接触面积的半径并不完全相等，但可把 a 当作平均半径。当然接触面也不完全是圆形的，但为了计算方便，作此假设。当两接触面为塑性接触时，塑性变形由真实接触面积支承，$L = n\pi a^2 R_{el}$。其中，L 为法向载荷，R_{el} 为被磨损材料的屈服应力。随着滑动过程的进行，两表面发生如图 7-6（d）、（e）所示的位移。只要滑动 $2a$ 的距离，在载荷的作用下就会发生黏着点的形成、破坏，磨屑就会在微凸体上形成，并在较软材料上产生一定量的磨损。在此远程中，有个微凸体被剪切，故单位滑动距离所剪切的微凸体个数 $n_0 = n/2a$。假定当微凸体被剪切时，形成半球形磨屑：

$$\Delta V = \frac{2\pi a^3}{3}$$

式中：ΔV 为磨屑体积。

由于在滑动过程中接点的形成和剪断是连续不断地随机分布在整个表观面积上，不能说下表面的微凸体在每一接触中总是永远损耗去相当体积的材料；实际上微凸体经过长期接触后，要塑性变形和加工硬化，而黏附到上表面的材料也会反黏附到下表面上来。这时下表面不仅不损耗材料反而增加材料，故要计算有多少接点发生磨损是不可能的。只有假设有一概率 K，K 为单位滑动距离的 n_0 个接点中发生磨损的概率。

设 S 为总滑动距离，W_v 为较软材料上的总体积磨损，则

$$W_v = K \times n_0 \times S \tag{7-4}$$

根据前面公式，可得 $n_0 = \dfrac{L}{3R_{el}}$，将 n_0 代入式（7-4），得磨损率为

$$\frac{W_v}{S} = K\frac{L}{3R_{el}} \tag{7-5}$$

由于 R_{el} 近似等于 $H/3$，H 为较软材料的硬度，可求得

$$\frac{W_v}{S} = K\frac{L}{H} \tag{7-6}$$

这就是著名的阿查德方程。在此以前汤姆逊和荷姆都有类似的公式，即体积磨损量和载荷与滑动距离成正比，与材料的硬度成反比。K 通常量纲为一常数，一般情况下 $K \leqslant 1$，取决于摩擦条件和摩擦材料。

现在若设一圆锥形的微凸体与硬平面接触，剪切后圆锥体顶尖磨损，并留下一直径为 $2a$ 的表面，用上述同样的方法，微凸体的体积损失为 $(\pi a^3 \tan\theta)/3$（θ 为圆锥体的基角），则磨损率为

$$\frac{W_v}{S} = K\frac{L}{H} \cdot \frac{\tan\theta}{2} \tag{7-7}$$

由此可知，磨损率与材料的硬度成反比，而与法向载荷成正比。式（7-3）把磨损率与工程变量及零件材料的力学性能联系起来，这是阿查德方程有意义之处。

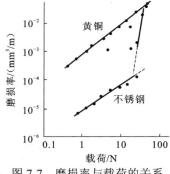

图 7-7　磨损率与载荷的关系

从阿查德磨损方程可以得出，磨损体积与滑动距离成正比，这已被试验所证实。然而，磨损率与法向载荷呈严格的正比关系却很少见。人们常常发现，随着载荷增加，磨损率会从高到低发生突然变化。如图 7-7 所示，黄铜销与工具钢环磨损时，黄铜的磨损率服从式（7-6）。然而，铁素体不锈钢销在载荷小于 10N 时，与式（7-6）吻合很好，但载荷超过 10N 时，则磨损率迅速增加。

阿查德模型简单明了地阐明了载荷、材料硬度和滑动距离与磨损量之间的关系。其不足之处在于，这个模型忽略了摩擦副材料本身的某些特性，如材料的变形特

性、加工硬化、摩擦热对材料的影响等。

7.2.4　影响黏着磨损的因素

黏着磨损的影响因素和磨粒磨损一样，也是受外因和内因的影响。主要有两个方面：一个是工作条件，包括载荷、速度及环境因素；二是材料因素，如材料的成分、组织及机械性能等。

1. 载荷

苏联学者系统地研究了产生胶合的影响因素，发现在一定速度下当表面压力达到一定临界值，并经过一段时间的运行后，才会发生胶合。几种材料的临界载荷值如表 7-2 所示。通过观察不同材料的试件在球磨机试验中磨痕直径的变化，可以反映出胶合磨损的情况。在一定速度下，当载荷达到一定值时，若磨痕的直径骤然增大，则这个载荷称为胶合载荷，如图 7-8 所示。

表 7-2　胶合磨损的临界载荷值

摩擦副材料	临界载荷/MPa	胶合发生时间/min
钢/青铜	170	1.5
钢/GCr15	180	2.0
钢/铸铁	467	0.5

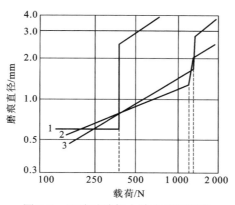

图 7-8　四球试验机上胶合载荷试验

1-钢-钢；2-钢-铸铁；3-钢-黄铜

但是根据试验发现，各种材料的临界载荷随滑动速度的增加而降低，这说明速度也对黏着磨损（特别是胶合）的发生起着重要作用。因此，仅载荷或者速度本身并不是直接导致黏着磨损的唯一原因，它们两者的影响是相关的。

2. 滑动速度

当载荷固定不变时，黏着磨损随着滑动速度增加而降低，然后又出现第二个高峰，接着又下降。图 7-9 为含 2%铅的 60/40 黄铜销与硬钢环在不同速度和温度下摩擦时的磨损率。

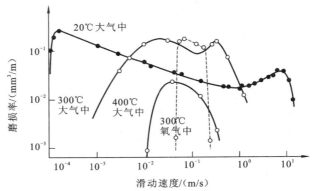

图 7-9　含 2%铅的 60/40 黄铜销与硬钢环在不同速度和温度下摩擦时的磨损率

随着滑动速度的变化，磨损机理也发生变化。图 7-10（a）为钢铁材料磨损量随滑动速度的变化规律。当滑动速度很小时，磨损粉末是红褐色的氧化物（Fe_2O_3），磨损量很小，这种磨损是氧化磨损。当滑动速度增大时，则产生颗粒较大并呈金属色泽的磨粒，此时磨损量显著增大，这一阶段为黏着磨损。如果滑动速度继续增大，则又出现了氧化磨损，这时产生的磨损粉末是黑色的氧化物（Fe_3O_4），磨损量又减小。再进一步增加滑动速度，则又出现黏着磨损，磨损量又开始增加。图 7-10（b）为钢铁材料磨损量随载荷的变化规律。当载荷低于临界载荷时产生氧化磨损，高于临界载荷时产生黏着磨损。

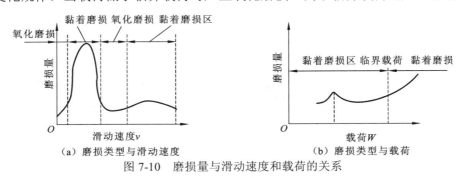

图 7-10　磨损量与滑动速度和载荷的关系

3. 温度的影响

在摩擦过程中，特别是在局部微区中所产生的热量，可使温度达到"闪温"。摩擦副表面局部微区（微凸）所产生的热量，可使瞬时温度达到很高，称为"闪温"。摩擦副表面温度的升高会发生一系列的化学变化和物理变化，会导致表面膜破坏、表面强烈氧化、相变、硬化和软化，甚至使表面微区熔化。但表面的瞬间局部温度是难以准确测定的，目前尚是摩擦学中的一个难题。

摩擦表面的温度对磨损的影响主要有三个方面。

（1）使摩擦副材料的性能发生变化。金属的硬度通常与温度有关，温度越高则硬度越低，由于微凸体间发生黏着的可能性随着硬度的降低而增加，因此在无其他影响时，磨损率随着温度升高而增加。为了抵消这种影响，在高温下工作的零件材料（如高温轴承材料），必须选择热硬性高的材料，如工具钢和以钴、铬、铝为基的合金等。当工作温度超过 850 ℃时，必须选用金属陶瓷及陶瓷。温度还会引起摩擦表面材料强烈的形变及相变，使磨损率发生极大的变化。

（2）使表面形成化合物薄膜。大多数金属表面在空气中都覆有一层氧化膜，氧化膜的形式和厚度都取决于温度。克拉盖尔斯基利用工业纯铁在不同速度下（即在不同界面温度下）相互摩擦的试验表明，低速下磨损率很高，表面黏着很多，但在较高速度下，磨损率几乎降低三个数量级，而且表面变得光滑发亮。据估计，在转变速度下，界面温度约为 1000 ℃，故滑动速度对磨损率的变化，往往可用温度的变化来解释。

（3）使润滑剂的性能改变。温度升高后，润滑剂的黏度下降，先氧化后分解，超过一定极限后，润滑剂将失去润滑作用。高温下必须使用其他润滑剂，如石墨、二硫化钼等固体润滑剂。油的氧化和分解会使其润滑性能发生不可逆的变化。一般来说，在边界润滑状态下，固体润滑剂能起最大的保护作用。

4. 材料性能的影响

1）摩擦副的互溶性

摩擦副的互溶性大时，当微凸体相互作用时，特别是在真空中容易形成强固的结点，使黏着倾向增大。相同金属或相同晶格类型、晶格常数、电子密度和电化学性能相近的金属则互溶性大，容易黏着。

2）材料的塑性和脆性

脆性材料比塑性材抗黏着能力强。塑性材料形成的黏着结点的破坏以塑性流动为主，结点的断裂通常发生在离表面较深处，磨损下来的颗粒较大，有时长达 3 mm，深达 0.2 mm。而脆性材料黏着结点的破坏主要是剥落，损伤深度较浅，同时磨屑容易脱落，不堆积在表面上。根据强度理论可知，脆性材料的破坏由正应力引起，而塑性材料的破坏取决于切应力。而表面接触中的最大正应力作用在表面，最大切应力却出现在离表面一定深度处，材料塑性越高，黏着磨损越严重。

3）金相组织

金属材料的耐磨性与其本身的组织结构有密切的关系，材料在摩擦过程中由于摩擦热和摩擦力的作用，显微组织会发生变化。一般来说，多相金属比单相金属黏着的可能性小；金属化合物相比单相固溶体黏着可能性小；金属与非金属组成摩擦副比金属与金属组成的摩擦副黏着可能性小；细小晶粒的金属材料比粗大晶粒的金属材料耐磨性好。

在试验条件相同的情况下，钢铁中铁素体含量越多，耐磨性越差；相同碳含量时，片状珠光体的耐磨性比粒状珠光体好。低温回火马氏体组织稳定性比淬火马氏体稳定，因而其耐磨性高于淬火马氏体。

4）晶体结构

一般条件下，密排六方晶体结构的金属比面心立方的金属抗黏着性能好。这是由于面心立方金属的滑移系数大于密排六方金属。在密排六方晶体结构中，元素的 c/a 越大，则抗黏着性能越好。

此外，表面粗糙度、表面膜也会对黏着磨损有一定的影响。

7.3　磨　粒　磨　损

7.3.1　磨粒磨损的定义与分类

1. 磨粒磨损的定义

磨粒磨损是因物料或硬凸起物与材料表面相互作用使材料产生迁移的一种现象或过程。物料或硬凸起物通常指非金属，如岩石、矿物等，也可以是金属，如轴与轴承之间的磨屑。同时，物料或凸起物尺寸的变化范围也是很大的，它可以是几微米的小磨屑，也可以是几十公斤甚至是几吨的岩石或矿物。磨粒磨损在许多资料上也称为磨料磨损，其实磨料与磨粒是两个概念。磨料是指参加磨损行为的所有介质，如空气、水、油、酸、碱、盐和各种磨粒，即硬颗粒或硬突出物等。而磨粒是指参加磨损行为的具有一定几何形状的硬质颗粒或硬的凸起物，如非金属的砂石、金属的微屑、金属化合物，以及非金属化合物颗粒。从而可以看出，磨料磨损应计入磨料的物理化学作用及机械作用的综合结果，而磨粒磨损只计入颗粒机械作用。因此，磨料磨损是包括磨粒在内的与外界介质有关的磨损，磨粒只是磨料的一组元；磨粒磨损是主要受磨粒本身性质影响而与外界介质无关的磨损。

磨粒磨损在大多数机械磨损中都能遇到，特别是矿山机械、农业机械、工程机械及铸造机械等，如破碎机、挖掘机、拖拉机、采煤机、运输机、砂浆泵等，它们有些是与泥沙、岩石、矿物直接接触，也有些是硬的砂粒或尘土落入两接触表面之间，造成各种不同程度和类型的磨粒磨损，机器和设备的失效分析表明，其中80%是磨损引起的，因此提高机器的耐磨性是延长机器寿命的主要有效措施。如果不能建立在工程中使用的磨损和耐磨性计算方法，就不可能很好地使相互摩擦的机器零件间的耐磨寿命得到延长。目前，对于磨损只有简单的数学模型，这种模型离正确的计算方程还很远，因为实际的磨损条件是十分复杂的，必须考虑到两个磨损表面材料的物理化学性能和力学性能、摩擦工况、介质、磨粒条件，以及摩擦件的结构特点等。

2. 磨粒磨损的分类

磨损的复杂性使得磨粒磨损的分类也比较困难，就目前来说分类方法较多，归纳起来有以下几种。

1）工业中常见的磨粒磨损的分类

（1）高应力碾碎式磨粒磨损。磨粒在两个工作表面间相互挤压和摩擦，磨粒被不断破碎成越来越小的颗粒。当磨粒与机械零件表面材料之间接触应力大于磨粒的崩溃强度时，有些金属材料表面被拉伤，塑性材料产生塑性变形或疲劳，而后由于疲劳产生破坏，脆性材料则发生破碎或断裂，如滚式破碎机中的滚轮、球磨机的磨球和衬板等，如图 7-11 所示。

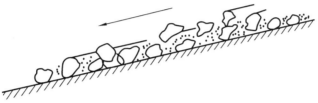

图 7-11　高应力碾碎式磨粒磨损示意图

（2）低应力划伤式磨粒磨损。松散磨粒自由地在表面上滑动，磨粒本身不产生破坏，也就是说，磨粒与材料表面之间的作用力不超过磨粒的崩溃强度，材料表面被轻微划伤。这种磨损多发生在物料的输送过程中，如溜槽、漏斗、犁铧、料车等，如图 7-12 所示。

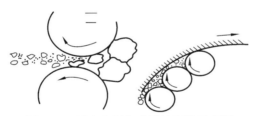

图 7-12　低应力划伤式磨粒磨损示意图

（3）冲击磨粒磨损。磨粒（一般为块状物料）垂直或以一定的倾角落在材料的表面上，工作时局部应力很高，如破碎机中的滑槽或锤头，如图 7-13 所示。

（4）凿削型磨粒磨损。磨粒对材料表面有高应力冲击式运动，从材料表面撕下较大的颗粒或碎块，从而使被磨材料表面产生较深的犁沟或深坑，如挖掘机斗齿、颚式破碎机中的齿板等，如图 7-14 所示。

（5）腐蚀磨粒磨损。与环境条件发生化学反应或电化学反应相比，磨损是材料损失的主要原因，如含硫或水介质环境的煤矿设备、选矿及化工机械等。

（6）冲蚀磨粒磨损。气体或液体带有磨粒冲刷零件表面，在材料表面造成损耗，如泵中的壳体、叶轮和衬套，如图 7-15 所示。

（7）气蚀-冲蚀磨粒磨损。固体与液体做相对运动，在气泡破裂区产生高压或高温而引起磨损，并伴有流体与磨粒的冲蚀作用，如泥浆泵中的零件，如图 7-16 所示。

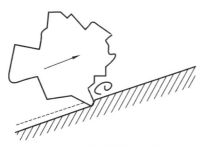

图 7-13　冲击磨粒磨损示意图

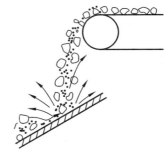

图 7-14　凿削型磨粒磨损示意图

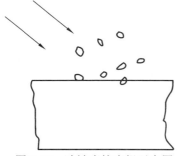

图 7-15　冲蚀磨粒磨损示意图

图 7-16　气蚀-冲蚀磨粒磨损示意图

2）以工作环境分类

（1）一般磨粒磨损：正常条件下的磨粒磨损。

（2）腐蚀磨粒磨损：在腐蚀介质中发生的磨粒磨损。

（3）热磨粒磨损：指高温下的磨粒磨损，高温和氧化加速了磨损，如燃烧炉中的炉篦、沸腾炉中的管道等。

3）以磨粒的干、湿状态分类

（1）干磨粒磨损，使用的磨粒是干的。

（2）湿磨粒磨损，使用的磨粒是湿的。

4）以磨粒和材料的相对硬度分类

（1）硬磨粒磨损，指金属硬度 H_m/磨粒硬度 H_a<0.8，如一般钢材受石英砂的磨损。

（2）软磨粒磨损，指金属硬度 H_m/磨粒硬度 H_a>0.8，如煤或其他软矿石对钢零件的磨损。

5）以磨损接触物体表面分类

（1）两体磨粒磨损：指硬质颗粒直接作用于被磨材料的表面，如犁铧、水轮机叶片。

（2）三体磨粒磨损：指硬质颗粒处于两个被磨表面之间。两个被磨表面之间可以是相对滑动运动，磨粒处于两个滑动表面中间，如活塞与气缸间落入磨粒；两个被磨表面之间也可以是相对滚动运动，磨粒处于两个滚动表面中间，如齿轮间落入磨粒。

6）以磨粒固定状态分类

（1）固定磨粒磨损：指磨粒固定，并和零件表面相对滑动。磨粒可以是小颗粒，如砂纸、砂轮、锉刀等；磨粒也可以是很大的整体，如岩石、矿石等，如采煤机截齿、挖掘机斗齿等。

（2）自由磨粒磨损：指磨粒自由松散与零件表面相接触。磨粒可以在表面滚动或滑动，磨粒之间也有相对运动，如工作状态中的输送机溜槽、正在犁地的犁铧等。

上述分类主要是介绍各种磨粒磨损的定义，为清晰起见，把各种分类列于表 7-3。

表 7-3　根据不同系统特性磨粒磨损的分类

系统特性	磨粒磨损类型
使用条件	低应力磨粒磨损
	高应力磨粒磨损
	冲击磨粒磨损
	气蚀-冲蚀磨粒磨损
	腐蚀磨粒磨损
接触条件	两体磨粒磨损
	三体磨粒磨损
磨粒条件	滑动磨粒磨损
	滚动磨粒磨损
	开式磨粒磨损
	闭式磨粒磨损
	固定颗粒磨粒磨损
	半固定颗粒磨粒磨损
	松散颗粒磨粒磨损
磨粒和材料的相对运动	软磨粒磨损 $H_m/H_a>0.8$
	硬磨粒磨损 $H_m/H_a<0.8$
磨粒磨损机理	塑形变形磨粒磨损
	断裂磨粒磨损
特殊环境	一般磨粒磨损
	腐蚀磨粒磨损
	热磨粒磨损
面损坏形貌	擦伤型磨粒磨损
	刮伤型磨粒磨损
	研磨型磨粒磨损
	凿削型磨粒磨损
	犁皱型磨粒磨损
	微观切削型磨粒磨损
	微观裂纹型磨粒磨损

7.3.2　磨粒磨损的简化模型

拉宾洛维奇在他的 *Friction and Wear of Materials*《材料的摩擦与磨损》一书中提出简单的磨粒磨损模型，以两体磨粒磨损为例来介绍以切削力为主的磨粒磨损的定量计算式。

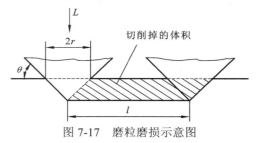

图 7-17　磨粒磨损示意图

如图 7-17 所示，假定单圆锥形磨粒在载力 F 的作用下，压入较软的材料中并在切向力的作用下，在表面滑动了一定的距离，犁出了一条沟槽，则

$$F = H \times \pi r^2 \tag{7-8}$$

式中：F 为法向载荷；H 为被磨材料的硬度；$2r$ 为压痕直径。

设 θ 为凸出部分的圆锥面与软材料表面间的夹角，当摩擦副相对滑动 l 的距离时，沟槽的截面积为

$$A_{\mathrm{g}} = \frac{1}{2} \times 2r \times t = r^2 \times \tan\theta \tag{7-9}$$

式中：t 为沟槽深度。

将式（7-8）代入式（7-9），可得

$$A_{\mathrm{g}} = \frac{L \times \tan\theta}{\pi H} \tag{7-10}$$

由此可知被迁移的磨沟槽体积，即磨损量为

$$\Delta W_{\mathrm{v}} = A_{\mathrm{g}} \times l = \frac{L \times l \times \tan\theta}{\pi H} \tag{7-11}$$

单位滑动距离材料的迁移为

$$\frac{\Delta W_{\mathrm{v}}}{l} = A_{\mathrm{g}} = K_1 (2r)^2 = K_2 t^2 \tag{7-12}$$

式中：K_1、K_2 为磨粒的形状系数。

式（7-12）表明单位滑动距离体积迁移与磨沟的宽度平方或深度平方成正比。

假如把所有作用的磨粒加起来，则可得磨损率：

$$W = \frac{W_{\mathrm{v}}}{l} = \frac{\overline{\tan\theta}}{\pi} \times \frac{L}{H} \tag{7-13}$$

式（7-13）即简化的磨粒磨损公式，$\overline{\tan\theta}$ 为各个圆锥形磨粒 $\tan\theta$ 的平均值。

式（7-13）与阿查德的磨损方程式基本相同，即磨损量与载荷及滑动距离成正比，而与被磨材料的硬度成反比。只是基于简化模型，微凸体的高度、形状分布和微凸体前方的材料堆积等因素并未考虑。

根据阿查德方程

$$\frac{W_{\mathrm{v}}}{S} = K \frac{L}{H}$$

可以得到一种适用于较大范围磨粒磨损的情况，其表达式为

$$W_v = K_{abr} L / H \tag{7-14}$$

式中：K_{abr} 为磨粒磨损系数，它包括微凸体的几何形状和给定微凸体的剪切概率，因此表面粗糙度对磨损体积的影响十分明显。

两体磨粒磨损的 K_{abr} 值在 $2\times10^{-1}\sim2\times10^{-2}$，而三体磨粒磨损的 K_{abr} 值在 $2\times10^{-2}\sim2\times10^{-3}$，比两体磨粒磨损的数量级要小。两种磨损方式所用的磨粒是一样的，因此可能在三体磨粒磨损时，磨粒大约90%的时间处于滚动状态，其余时间才会产生滑动并磨削表面，故磨损较小。这也可以解释拉宾诺维奇测得的三体磨粒磨损的摩擦系数为 0.25，而两体磨粒磨损为 0.6，三体比两体摩擦系数低的原因。

磨粒磨损方程由于只考虑磨粒的形状系数，并假设所有的磨粒都参加切削，同时犁出的沟槽体积全部成为磨屑。而实际磨损过程中的影响因素是十分复杂的，从外部的载荷大小、施力情况、磨粒的硬度、相对运动情况、迎角、环境因素、材料的组织和性能等都对磨损有较大的影响。虽然如此，但这个简化的磨粒磨损模型不失为有效的模型，有理论和实用价值。目前，许多研究者都在此基础上加以修正，以期获得较完善和符合实际的方程。

7.3.3 磨粒磨损机理

磨粒磨损机理是指零件表面材料和磨粒发生摩擦接触后材料的磨损过程，亦即材料的磨屑是如何从表面产生和脱落下来的。目前，可采用光学显微镜、电子显微镜、离子显微镜、X 射线衍射仪、能谱、波谱仪，以及铁谱仪、光谱等仪器综合分析磨损零件的表面、亚表面及磨屑，并把磨损试验放到电镜中进行直接观察与录像，用单颗粒试验机进行试验等方法，以寻求揭示磨粒磨损的机理。目前提出的关于磨粒磨损机理，主要有以下几种。

1. 微观切削磨损机理

磨粒与材料表面发生作用产生的力分为法向力与切向力两个方向上的分力。法向力垂直于材料表面使磨粒压入表面，由于磨粒有一定的硬度，在材料表面产生压痕。切向力使磨粒在材料表面向前推进，当磨粒的形状、角度与运动方向适当时，磨粒就像刀具一样，对材料表面进行切削，从而形成切屑。但是这种切削的宽度和深度都很小，由它产生的切屑也很小，在显微镜下观察这些切屑形貌，与机床上的切屑形貌很相似，即切屑的一面较光滑，而另一面有滑动的台阶，有些还产生了弯曲的现象，由此称为微观切削，如图 7-18 所示。

2. 多次塑变导致断裂的磨损机理

表面材料塑性很高，当磨粒滑过表面时，除切削外，大部分磨粒只把材料推向两边或前面，虽然这些材料的塑性变形很大，但它仍没有脱离母体，在沟底及沟槽附近的材

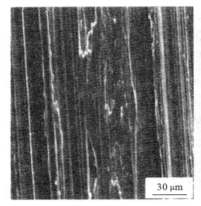 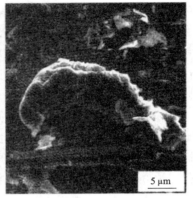

（a）光滑切屑　　　　　　　　　　（b）弯曲切屑

图 7-18　微观切削与产生的磨屑

料也同样产生较大的塑性变形。产生犁沟时可能有一部分材料被切削而形成切屑，而另一部分则未被切削，在塑性变形后被推向两边或前面。如果产生犁沟时全部的体积被推向两边和前面而不产生任何切屑，就称为犁皱。犁沟或犁皱后堆积在两边和前面的材料以及沟槽中的材料，当再次受到磨粒的作用时，一种可能是把堆积起来的材料重新压平，另一种可能是使已变形的沟底材料遭到再一次犁皱变形，这个过程的多次重复进行，就会导致材料的加工硬化或其他强化作用，最终剥落成为磨屑。

在磨粒磨损过程中，材料表面的塑性变形主要表现为犁削、堆积和切削，如图 7-19所示。由于较软材料产生塑性流动，犁沟在表面形成一系列沟槽，当表面产生犁沟时，材料从沟槽向侧边转移，但并未剥离表面，如图 7-19（a）所示。但当表面受到多次犁削作用后，低周疲劳作用使材料剥离表面。一旦表面形成犁沟，无论是否产生磨粒，沿沟槽侧边都会形成脊缘，经过反复加载和卸载，这些脊缘被滑动的微凸体碾平并最终断裂，如图 7-20 所示。这种犁削过程同时引起亚表面的塑性变形，形成表面和亚表面裂纹形核点，后续的加载和卸载过程导致这些裂纹在表层内扩展并与邻近裂纹相连，最终扩展到表面形成磨损碎片。

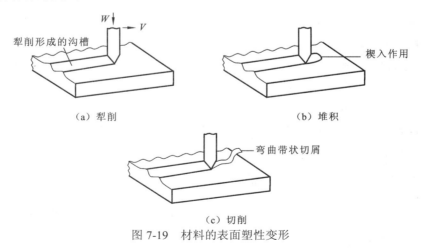

（a）犁削　　　　　　　　　　　　（b）堆积

（c）切削

图 7-19　材料的表面塑性变形

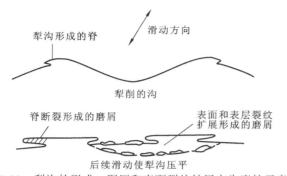

图 7-20　犁沟的形成、碾压和表面裂纹扩展产生磨粒示意图

由于多次塑性变形而导致断裂的磨粒磨损在球磨机的磨球和衬板、颚式破碎机的齿板以及圆锥式破碎机的壁上所造成的磨损更具典型性。当磨粒的硬度超过零件表面材料的硬度时，在冲击力的作用下，磨粒压入材料表面，使材料发生塑性流动，形成凹坑及其周围的凸缘。当随后的磨粒再次压入凹坑及其周围的凸缘时，又重复发生塑性流动，如此多次地进行塑性变形和冷加工硬化，最终使材料产生脆性剥落而成为切屑。

通过进一步分析磨损机理可以知道，材料多次塑性变形的磨损是因为多次变形引起材料的残余畸变，同时达到材料不破坏其间的联系而无法改变其形状的极限状态，这是材料不可能再继续变形和吸收能量的缘故。塑性变形降低了材料应力重新分配的能力，有些截面（当外力不变时）由于应力增长而逐渐丧失塑性并转变成脆性状态，在冲击力的作用下断裂成磨屑。

3. 疲劳磨损机理

曾有研究者指出："疲劳磨损机理在一般磨粒磨损中起主导作用"。这里的疲劳一词是指由重复作用应力循环引起的一种特殊破坏形式，这种应力循环中的应力幅不超过材料的弹性极限。疲劳磨损是因表层微观组织受周期载荷作用产生的。

标准的疲劳过程常有发展的潜伏期，在潜伏期内表面不出现任何破坏层，材料外部发生硬化而不会发生微观破坏。当进一步发展时，在合金表层出现硬化的滑移塑变层和裂纹。

近年来研究发现，在超过弹性极限的周期性重复应力作用下有破坏现象，这种现象称为低应力疲劳，因而扩大了疲劳的含义。尽管如此，当前对疲劳磨损的机理依然存在不同的观点，例如：疲劳磨损与剥层理论以及多次塑性形变理论之间存在的共性和差异；它们的破坏形式及条件等都在不断地讨论中。

4. 微观断裂磨损机理

磨损时磨粒压入材料表面具有静水压的应力状态，因此大多数材料都会发生塑性变形。但是有些材料，特别是脆性材料，断裂机理可能占主导地位。当断裂发生时，压痕四周外围的材料都要被磨损剥落，即简单磨损方程中的 K_{abr} 要比 1 还大，因此磨损量比塑性材料的磨损量大。

　　脆性材料的压入断裂，其外部条件取决于载荷大小、压头形状及尺寸（即磨粒形状及尺寸）和周围环境等参量，内部参量则主要取决于材料的硬度与断裂韧性等。压入试验时若为球形压头，在弹性接触下伸向材料内部的锥形裂纹常会形成断裂。若用小曲率半径的压头，常会变成弹塑性变形。如果压头是尖锐的，则压痕未达到临界尺寸前不会发生断裂，而且这个临界尺寸随着材料硬度的降低和断裂韧性的提高而增大。这些静态压痕现象同样适合滑动情况，但产生断裂压痕的载荷要大些。此外，环境条件也有影响，比如在玻璃磨粒作用下，若有水和酸性溶液存在，则会使断裂增强。至于多晶体脆性材料，即使压痕尺寸小于临界尺寸，也会发生次表面断裂。

　　对脆性材料来说，压痕带有明显的表面裂纹，这些裂纹从压痕的四角出发向材料内部伸展，裂纹平面垂直于试样表面而呈辐射状，压痕附近还有横向的无出口裂纹。裂纹长度随压痕大小可粗略计算，而且断裂韧性低的材料裂纹较长。对磨粒磨损来说，当横向裂纹互相交叉或扩散到表面时，就会造成微观断裂机理的材料磨损。

　　实际上，脆性材料的体积磨损取决于断裂机理、微观切削机理和塑性变形机理所产生的磨损。这种有关材料磨损各种机理的平衡，取决于平均压痕深度和产生断裂的临界压痕深度。尖锐的压头在压入材料表面时，弹塑性压入深度随着载荷增大而逐渐增加。在达到临界压痕深度时，因压入而产生的拉伸应力使裂纹萌生并围绕压入的塑性区扩展。在滑动时，产生裂纹的临界压入深度比静态压入时要浅得多，这大概是滑动作用使拉伸应力提高所致。劳恩等提出临界压痕深度与断裂韧性和硬度之间的关系为

$$I \propto (K_c/H)^2 \tag{7-15}$$

式中：I 为临界压痕深度；K_c 为材料的断裂韧性；H 为材料的硬度。

　　莫尔的试验证明磨粒的压痕深度和材料的断裂临界压痕深度的相对值，对材料断裂机理在磨粒磨损中所造成的影响，并指出高的 K_c/H 值趋向于低的磨损。

　　由此可见，磨粒磨损可能出现的几种机理，有些机理及其细节有待进一步深入研究。有的人曾提出不同的理论，如克拉盖尔斯基提出的磨屑分离是由于重复变形、原子磨损及疲劳破坏。其中，没有包括断裂破坏，那是脆性材料或硬化过程脆化材料所出现的现象。至于原子磨损机理，盖拉库诺夫提出原子从一个物体的晶体点阵中扩散到另一个物体的晶体点阵中去。这种机理的研究还不充分，并且没有基础，它还不能作为磨损的基本机理。磨粒磨损过程中不止有一种机理而往往有几种机理同时存在，由于磨损时外部条件或内部组织的变化，磨损机理也相应地发生变化。

7.4　冲蚀磨损

7.4.1　冲蚀磨损的定义与分类

1. 冲蚀磨损的定义

　　冲蚀磨损（erosion wear）是指材料受到小而松散的流动粒子冲击时表面损坏的一类磨损现象。其定义可以描述为固体表面同含有固体粒子的流体接触做相对运动，其表面

材料所发生的损耗。携带固体粒子的流体可以是高气流，也可以是液流，前者产生喷砂型冲蚀，后者则称为泥浆型冲蚀。

2. 冲蚀磨损的分类

根据颗粒及其携带介质的不同，冲蚀磨损又可分为固体颗粒冲蚀磨损、流体冲蚀磨损、液滴冲蚀磨损和气蚀等。

1）固体颗粒冲蚀磨损

固体颗粒冲蚀磨损是指气流携带固体粒子冲击固体表面产生的冲蚀。这类冲蚀现象在工程中最常见，如入侵到直升机发动机的尘埃和沙粒对发动机的冲蚀，气流运输物料对管路弯头的冲蚀，火力发电厂粉煤锅炉燃烧尾气对换热器管路的冲蚀等。

2）流体冲蚀磨损

流体冲蚀磨损是指液体介质携带固体粒子冲击到材料表面产生的冲蚀。这类冲蚀表现在水轮机叶片在多泥沙河流中受到的冲蚀，建筑行业，石油钻探、煤矿开采、冶金矿山选矿场中及火力发电站中使用的泥浆泵、杂质泵的过流部件受到的冲蚀，以及在煤的气化、液化（煤油浆、煤水浆的制备）、输送及燃烧中有关输送管道、设备受到的冲蚀等。

3）液滴冲蚀磨损

液滴冲蚀磨损是指高速液滴冲击造成材料的表面损坏。如飞行器、导弹穿过大气层及雨区时，迎风面上受到高速的单颗粒液滴冲击出现的漆层剥落和蚀坑；在高温过热蒸汽中高速运行的蒸汽轮机叶片因受到水滴冲击而出现小的冲蚀等。

4）气蚀

气蚀是指由低压流动液体中溶解的气体或蒸发的气泡形成和泯灭时造成的冲蚀。这类冲蚀主要出现在水利机械上，如船用螺旋桨、水泵叶轮、输送液体的管线阀门，以及柴油机汽缸套外壁与冷却水接触部位过窄的流道等。

7.4.2　冲蚀磨损理论

早在 20 世纪 40 年代，人们就开始对冲蚀磨损进行了研究，起初人们主要研究冲蚀磨损的规律和各种影响因素。关于冲蚀磨损理论的研究，则是近二十年来才发展起来的。然而，到目前为止，虽已建立数种冲蚀磨损理论，可以解释冲蚀磨损的各种现象、影响因素，并预测材料抗蚀性能，也提出了控制冲蚀磨损的方法。但仍未建立起较完整的材料冲蚀磨损理论。现有的各种冲蚀磨损理论都只能在一定范围内适用。主要有以下几种冲蚀磨损理论。

1. 微切削理论

该理论是由芬尼（Finnie）等于 1958 年提出的。为使问题简化，假定在冲击时，粒子不变形、不开裂而且宽度不变，作用在粒子上力的水平分量与垂直分量比例不变；切削过程中粒子与靶面接触高度和切削深度不变，因此又称为刚性粒子冲击塑性材料的微切削理论，其物理模型如图 7-21 所示。

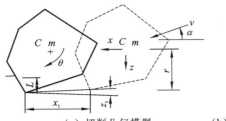

（a）切削几何模型　　　　　　　（b）切削过程中作用在磨粒上的接触应力

图 7-21　延性材料的切削模型

芬尼认为磨粒就如一把微型刀具，当它划过靶材表面时，把材料切除而产生磨损。假设一颗多角形磨粒，质量为 m，以一定速度 v 和冲角 α 冲击靶材的表面。由理论分析可得出靶材的磨损体积为

$$V = \frac{mv^2}{2p} \frac{\sin 2\alpha - 3\sin^3 \alpha}{2} \quad (0 < \alpha < \alpha_0) \tag{7-16}$$

$$V = \frac{mv^2}{2p} \frac{\cos^2 \alpha}{6} \quad (\alpha_0 < \alpha < 90°) \tag{7-17}$$

式中：V 为粒子总质量为 m 时造成的总磨损体积；m 为冲蚀磨粒的质量；v 为磨粒的冲蚀速度；p 为靶材的塑性流动应力；α 为磨粒的冲角；α_0 为临界冲角。

由式（7-16）和式（7-17）可以看出，材料的磨损体积与磨粒的质量和速度的平方（即磨粒的动能）成正比，与靶材的流动应力成反比，与冲角 α 呈一定的函数关系。当 $\alpha < \alpha_0$ 时，V 随 α 的增加明显增大。但当 $\alpha > \alpha_0$ 后，V 随 α 的增加逐渐降低，通过理论计算得到的临界冲击角 α_0 为 18.43°。

大量试验研究表明，对于延性材料、多角形磨粒、小冲角的冲蚀磨损、切削模型非常适用。而对于不很典型的延性材料（如一般的工程材料）、脆性材料、非多角形磨粒（如球形磨粒）、冲角较大（特别是冲角 $\alpha = 90°$）的冲蚀磨损则存在较大的偏差。

2. 脆性断裂理论

该理论是针对脆性材料提出来的，脆性材料在磨料冲击下几乎不产生变形。芬尼等根据赫兹应力的分析，夹在流体中的固体粒子从流体中获得能量，当冲击靶面时，进行能量交换，粒子的动能转化为材料的变形和裂纹的产生，引起靶面材料的损失。观察遭受粒子冲击的脆性材料的表面，发现有两种形式的裂纹：第一种是垂直于靶面的初生径向裂纹；第二种是平行于靶面的横向裂纹。前一种裂纹使材料强度削弱，后一种裂纹则是材料损失的主要原因。

谢尔登（Sheldon）和芬尼于 1966 年对冲角为 90° 时脆性材料的冲蚀磨损提出断裂模型，并得出脆性材料（单位重量磨粒的）冲蚀磨损量的表达式为

$$E = K_1 r^a v_0^b$$

（7-18）

对于球形磨粒，有

$$a = \frac{3n}{n-2}$$

对于多角形磨粒，有

$$a = \frac{3.6n}{n-2}$$

对于任一形状磨粒，有

$$b = \frac{2.4n}{n-2}$$

而

$$K_1 \propto E^{0.8}/R_t^2$$

式中：E 为靶材的弹性模量；R_t 为材料的弯曲强度；r 为磨粒的尺寸；v_0 为磨粒的速度；n 为材料缺陷分布常数。

试验结果表明，几种脆性材料（如玻璃、MgO、Al_2O_3、石墨等）a 和 b 的试验值与理论值基本一致。

7.4.3　薄片剥落磨损理论

莱维（Levy）及其同事使用分步冲蚀试验法和单颗粒寻迹法研究冲蚀磨损的动态过程。研究发现，无论是大冲角（如 90° 冲角）还是小冲角的冲蚀磨损，由于磨粒的不断冲击，靶材表面材料不断地受到前推后挤，于是产生小的、薄的、高度变形的薄片。形成薄片的大应变出现在很薄的表面层中，该表面层由于绝热剪切变形而被加热到（或接近于）金属的退火温度，于是形成一个软的表面层。在这个软的表面层的下面，有一个由于材料塑性变形面产生的加工硬化区。这个硬的次表层一旦形成，将会对表面层薄片的形成起促进作用。在反复的冲击和挤压变形作用下，靶材表面形成的薄片将从材料表面上剥落下来。

除以上介绍的几种冲蚀磨损理论之外，中国的研究者也提出了各种不同的冲蚀磨损理论与模型。中国矿业大学（北京）研究生部邵荷生、林福严等通过大量的试验研究，提出了一个以低周疲劳为主的冲蚀磨损理论。

他们认为，在法向或近法向冲击下，冲蚀磨损主要是以变形产生的温度效应为主要特征的低周疲劳过程。其材料去除机理表现为：材料在磨粒的冲击下产生一定的变形，变形可能是弹性的，随冲击速度及粒子直径的增大，弹性变形加大。如果材料是脆性的，并且弹性变形足够大，将会在材料表面和次表面形成裂纹而剥落；如果弹性变形不足以使材料破坏，则材料将发生塑性变形，一般情况下材料的塑性应变是比较大的，因而变形能大。这种变形能除少量转化为材料的畸变能外，大部分都转化为热能。冲蚀速度高，材料的应变率也很高，因此在大多数冲蚀磨损中，冲击变形处在绝热的环境中，变形能转化的热能会使变形区的温度上升，于是可能产生绝热剪切或变形局部化。当材料在磨粒的反复冲击下，变形区的积累应变很大时，材料便会从母体上分离下来而形成磨屑。

在斜角冲击时，材料的去除过程主要有两类：一类是切削过程，另一类是犁沟和形成变形唇（形唇）过程。在典型的切削过程中，材料在磨粒尖端的微切削作用下，大部分被一次去除而形成磨屑，磨痕的大小与磨屑的大小在尺寸上是相当的。在典型的犁沟和形唇过程中，一次冲击往往并不能直接形成磨屑，而仅仅使材料发生变形，当冲角较大时变形坑较短，变形材料主要堆积在变形坑的出口端形成变形唇，变形坑较长，材料除堆积在变形坑出口端形成变形唇外，还堆积在变形坑两侧，就像磨粒磨损中的犁沟一样。无论犁沟还是形唇，大部分材料在一次冲击中总是被迁移、被变形，而不是一次去除。总之，材料的变形和变形能力是影响冲蚀磨损的主要因素。

7.4.4　影响冲蚀磨损的主要因素

影响冲蚀磨损的因素有很多，主要包括材料自身的性质和工况条件。材料自身的性质主要指材料的力学性能、金相组织、表面粗糙度和表面缺陷等。工况条件主要有冲蚀速度、冲蚀角度、磨粒的影响等。

1. 材料自身性质

1）材料的弹性模量

材料的弹性模量 E 是材料抵抗弹性变形的指标，E 越大，材料阻止被磨表面产生变形的内在阻力越大，因此弹性模量对磨损有很大的影响。由式（7-16）和式（7-17）可以看出，式中只有 p 与材料的性能有关，说明只有流变应力影响了材料的冲蚀能。流变应力就是材料开始发生塑性变形时所承受的应力，从微观上说就是材料的临界切应力。而临界切应力与材料的弹性模量成正比，可以推出材料的弹性模量越高，材料的抗冲蚀性能越好。

2）材料硬度的影响

材料软硬程度的指标反映材料表面抗塑性变形的能力。韧性材料在低角度的冲蚀下，材料的磨损主要是由于微切削和犁沟变形造成的，材料的表面发生严重的塑性变形。因此，韧性材料在较小冲蚀角度作用下其硬度越高，材料抵抗微变形的能力越强，耐磨性也越好。

安志义等研究了冲角和硬度对冲蚀磨损的影响。研究表明，在冲角为 20° 时，随着材料硬度的增加，相对失重减少，即耐冲蚀磨损能力提高，如图 7-22 所示。当冲角为 90° 时，随着材料硬度的增加，相对失重增大，即耐冲蚀磨损能力降低，如图 7-23 所示。

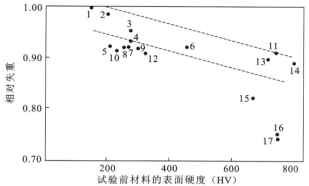

图 7-22　冲角 $\alpha=20°$ 时，材料的相对失重与硬度的关系

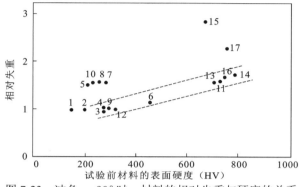

图 7-23　冲角 $\alpha=90°$ 时，材料的相对失重与硬度的关系

3）加工硬化的影响

有人认为靶材加工硬化（磨损）后的硬度更能反映材料性能与冲蚀磨损之间的关系。安志义等的试验发现，在冲角 $\alpha=20°$ 时，ZGMn13、ZGMn6Mo1、ZG2Mn10Ti（在图 7-22 中编号为 5、8、10 和 7）等奥氏体钢比原始硬度相同的碳钢和合金钢的相对磨损量小，即耐磨性高。测量试样磨损后次表层的显微硬度发现，具有奥氏体组织的高锰钢硬度提高约 150 HV，而具有铁素体、珠光体、马氏体组织的碳钢和合金钢，次表层的硬度最多提高 25 HV。靶材冲蚀磨损后的硬度与相对失重之间更接近直线关系。所以加工硬化能提高材料低角度冲蚀磨损的耐磨性。

相反，在冲角 $\alpha=90°$ 时，ZGMn13、ZGMn6Mo1、ZG2Mn10Ti 钢等比原始硬度相同的碳钢和合金钢的相对磨损量大。对磨损后试样次表层的显微硬度测试发现，高锰钢的硬度约提高 364 HV，而碳钢和合金钢最多提高 29 HV，而且冲蚀磨损后的材料硬度与相对失重之间更接近直线关系。显然加工硬化降低材料大角度冲蚀磨损的耐磨性。

4）材料组织的影响

材料的组织构造对材料耐磨性的影响是复杂而重要的，因为材料组织决定了材料的力学性能。

材料组织的耐冲蚀磨损与冲角有关，研究表明，在低冲角时相同成分的碳钢，马氏体组织比回火索氏体更耐冲蚀磨损。当组织相同时，碳含量高的比碳含量低的耐磨性高，这是由于低角度冲蚀磨损机制主要是微切削和犁沟。硬的基体更能抵抗磨粒的刺入，所以马氏体比珠光体更耐磨，高碳马氏体比低碳马氏体更耐磨。而马氏体基体上有大量碳化物存在时，耐磨性会明显提高。特别是 Crl2MoV 钢和高铬白口铸铁，不仅碳化物数量多，而且 M_7C_3 型碳化物比 M_3C 型碳化物硬度更高，相对石英砂来说是硬材料，能使石英砂磨粒棱角变钝。如果碳化物的数量少，尺寸小，则很容易被磨粒挖出，所以耐磨性较差，如图 7-24 所示。对于在软基体上分布碳化物的情况，由于基体硬度低，容易产生选择性磨损，使碳化物质点暴露出来而被挖掉，所以这类组织的耐磨性提高不大。

 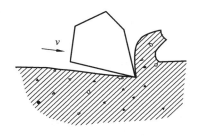

（a）碳化物数量多，尺寸大　　　　　（b）碳化物数量少，尺寸小

图 7-24　碳化物的数量和尺寸对低角度冲蚀磨损影响的示意图

与大角度冲蚀磨损的情况相反，硬度高的组织比硬度低的磨损加剧，这与大角度冲蚀磨损的机制有关。韧性高的组织（如奥氏体、回火索氏体、低碳马氏体等）受磨粒的垂直撞击时，材料表面产生剧烈的塑性变形，形成凿坑，塑性挤出。经过多次反复塑性变形而导致断裂和剥落。奥氏体高锰钢表层易于产生加工硬化，所以在同样条件下，更容易断裂和剥落。

脆性组织（如高碳马氏体、碳化物等）受磨粒垂直撞击时，往往一次（或几次）撞击就会产生断裂和脆性剥落，这里碳化物的存在是个不利的因素，碳化物的数量越多、尺寸越大，磨损越严重。

应该指出的是，工程材料往往不是非常典型的延性材料或脆性材料，因而它们的磨损机制和磨损规律也有所不同，所以要根据具体情况做具体分析。

2. 工况条件

1）磨粒的影响

冲蚀磨损试验常用的磨粒主要有 SiO_2、Al_2O_3、SiC 等，有时也用玻璃和钢球，也可以采用各种工况的实际磨料。磨粒对于冲蚀磨损的影响很复杂。

（1）磨粒硬度的影响。一般情况下，磨粒越硬，冲蚀磨损量越大。试验结果获得冲蚀磨损率与磨粒硬度之间的关系式为

$$\varepsilon = KH^{2.3}$$

（2）磨粒形状的影响。尖角形的磨粒比圆球形磨粒在同样条件下产生的冲蚀磨损更严重。例如，在 45° 冲角时，多角形磨粒比圆球形磨粒的磨损量大 4 倍。磨粒形状不同，

产生的最大磨损冲角也不同。例如，多角形的碳化硅、氧化铝磨粒产生最大冲蚀磨损冲角约为 16°，钢球产生最大冲蚀磨损的冲角约为 28°，一般延性材料产生最大冲蚀磨损的冲角为 16°～30°。

（3）磨粒尺寸的影响。磨粒尺寸对冲蚀磨损也有明显的影响。磨粒尺寸很小时，对冲蚀磨损影响不大。随着磨粒尺寸增大，靶材的冲蚀磨损也增大，当磨粒尺寸增大到一定值时，磨损几乎不再增加。这一现象称为尺寸效应，它与靶材有关。

（4）磨粒破碎的影响。磨粒在冲击靶材表面时会产生大量碎片，这些碎片能除去磨粒在以前冲击时在靶材表面形成的挤出唇或翻皮，增加靶材的磨损。这和由碎片造成的磨损称为二次磨损，而磨粒未形成碎片时造成的磨损称为一次磨损，冲蚀磨损是一次磨损与二次磨损的总和。

（5）磨粒嵌镶的影响。在冲蚀磨损的初期，由于磨粒嵌镶于靶材的表面，所以靶材的冲蚀磨损量很小，甚至不是产生失重而是增重，即产生负磨损，这一阶段称为"孕育期"。经过一段时间（或冲蚀了一定量的磨粒）之后，当靶材的磨损量大大超过嵌镶量时，才变为正磨损。随着冲蚀磨粒数量的增加，靶材的磨损量也稳定增加，这一阶段称为稳定（态）冲蚀期。

2）冲蚀速度的影响

冲蚀磨损与磨粒的动能有直接关系，因此磨粒的冲蚀速度对冲蚀磨损有重要的影响。研究表明，冲蚀磨损量与磨粒的速度存在以下关系：

$$\varepsilon = Kv^n \tag{7-19}$$

式中：K 是常数；v 是磨粒的冲蚀速度；n 是速度指数，一般情况下 $n=2\sim3$。延性材料波动较小，$n=2.3\sim2.4$；脆性材料则波动较大，$n=2.2\sim6.5$。

3）冲角的影响

冲角是指磨粒入射轨迹与靶材表面之间的夹角。冲角对冲蚀磨损的影响与靶材有很大关系。延性材料的冲蚀磨损开始随冲角增加而增大，当冲角为 15° 时达到最大值。然后随冲角继续增大而减小；脆性材料则随冲角的增加，磨损量不断增大，当冲角为 90° 时，磨损最大，如图 7-25 所示。

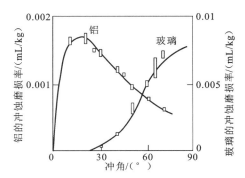

图 7-25　脆性材料与延性材料的冲蚀磨损曲线对比

磨料为 300 μm 铁球；冲击速度为 10 m/s

冲角对靶材的冲蚀磨损机制有很大影响。低角度冲蚀时，磨损机制以微切削和犁沟为主。高角度冲蚀时，延性材料起初表现为凿坑和塑性挤出，多次冲击经反复变形和疲劳，引起断裂与剥落。脆性材料在大尺寸磨粒和大冲击能量的垂直冲击下，以产生环形裂纹和脆性剥落为主，在小尺寸磨粒、冲击能量较小时，则可能具有延性材料的特征。

7.5 接触疲劳磨损

接触疲劳磨损又称表面疲劳磨损，是指齿轮、滚动轴承、凸轮等机器零件，在循环交变接触应力长期作用下所引起的表面疲劳剥落现象。当接触应力较小、循环交变接触应力次数不多时，材料表面只产生数量不多的小麻点，对机器正常运行几乎没有影响；但当接触应力较大、循环交变接触应力次数增多时，接触疲劳磨损将导致零件失效。

接触疲劳磨损类型和磨损过程与其他疲劳一样，接触疲劳也是一个裂纹形成和扩展的过程。接触疲劳裂纹的形成也是局部金属反复塑性变形的结果。当两个接触体相对滚动或滑动时，在接触区将造成很大的应力和塑性变形。由于交变应力长期反复作用，便在材料表面或表层的薄弱环节处引发疲劳裂纹，并逐步扩展。最后金属以薄片形式断裂剥落下来，所以塑性变形是疲劳磨损的重要原因。

根据剥落坑外形特征，可将接触疲劳失效分为三种主要类型，即点蚀、浅层剥落和深层剥落。

点蚀是指在原来光滑的接触表面上产生深浅不同的凹坑（也称麻点）。点蚀裂纹一般从表面开始，向内倾斜扩展，然后折向表面，裂纹以上的材料折断脱落下来即成点蚀。由点蚀形成的磨屑通常为扇形（或三角形）颗粒，凹坑为许多细小而较深的麻点。

浅层剥落是在纯滚动或摩擦力很小的情况下，次表层将承受更大的切应力，裂纹易于在该处形成。在法向和切向应力作用下，次表层将产生塑性变形，并在变形层内出现位错和空位，逐步形成裂纹。当有第二相硬质点和夹杂物存在时，将加速这一过程。基体围绕硬质点发生塑性流动，将使空位在界面处聚集而形成裂纹。一般认为，裂纹沿着平行于表面的方向扩展，然后折向表面，形成薄而长的剥落片。

深层剥落一般发生在表面强化的材料中，如渗碳钢中。裂纹源往往位于硬化层与心部的交界处，这是因为该交界处是零件强度最薄弱的地方。如果其塑性变形抗力低于该处的最大合成切应力，则将在该处形成裂纹，最终造成大块剥落。剥落裂纹一般从亚表层开始，沿与表面平行的方向扩展，最后形成片状的剥落坑。深层剥落所产生的磨屑呈椭圆形片状，形成的凹坑浅而面积较大。

7.5.1 接触疲劳磨损理论

1. 油楔理论

1935 年韦（Way）提出了由疲劳裂纹扩展形成点蚀的理论。在材料内表面已形成的微裂纹由于毛细管作用吸附润滑剂，使得裂纹尖端处形成油楔。当润滑剂由于接触压力而产生高压油波快速进入表面裂纹时，对裂纹壁将产生大的液体冲击，同时上面的接触面又将裂纹口堵住，使裂纹内的油压进一步升高，于是裂纹便向纵深扩展。裂纹的缝隙越大，作用在裂纹壁上的压力也越大，裂纹与表面之间的小块金属如同悬臂梁一样受到弯曲，当根部强度不足时，就会折断，在表面形成小坑，这就是"点蚀"，如图 7-26 所示。

在两个接触表面之间，法向力和摩擦力的共同作用，使得接触应力增大，如果在滚动过程中还存在滑动摩擦，则实际最大切应力十分接近表面。因此，疲劳裂纹最容易在表面产生。

2. 最大切应力理论

凡凯梯西（Venkatesh）和拉曼耐逊（Ramanthan）认为点蚀主要发生在接触表面下的最大切应力处。应力分布如图 7-27 所示。

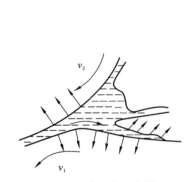

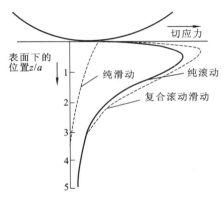

图 7-26　点蚀形成示意图　　　图 7-27　滚动与滑动时，接触面下切应力的分布图

他们用位错理论解释点蚀的产生。由于剪应力的作用，在次表层产生位错运动，位错在夹杂物或晶界等障碍处堆积。在滚动过程中，剪应力的方向发生变化，因此位错运动一会儿向前，一会儿向后。位错的切割，形成空穴，空穴集中形成空洞，最后成为裂纹。裂纹产生后，在载荷的反复作用下，裂纹扩展，最后折向表面，形成点蚀。

从赫兹弹性应力分析可知，在表面上产生最大压应力，而表面下某点出现最大切应力。由于滚动的结果，此处材料首先出现屈服，在外载荷的反复作用下，材料的塑性耗竭，随着滚动的推进，所有切应力方向都发生改变，以致在最大切应力处出现疲劳裂纹，随后表层逐渐被裂纹从金属基体隔离。一旦裂纹尺寸扩展到表面上，表层就会剥离而成为磨粒，这些磨粒可能是大尺寸碎片或薄片，并在摩擦表面留下"痘斑"。

3. 剥层磨损理论

1973 年，美国麻省理工学院的苏（Suh）提出剥层磨损理论。其基本论点是当两个滑动表面接触，硬表面上的微凸体在软表面上滑过时，软表面上的接触点将经受一次循环载荷，由于产生塑性变形，金属材料表面将出现很多位错。金属表面的位错密度常常比内部的位错密度小，即最大剪切变形发生在一定深度内。当微凸体在接触表面反复滑动时，表层下面一定深度处产生位错塞积，并形成空位或裂纹。金属材料中的夹杂物和第二相质点等缺陷往往是裂纹形成的地方，如图 7-28 所示。

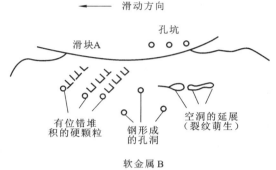

图 7-28　剥层磨损裂纹形成示意图

当裂纹形成以后，根据应力场分析，平行表面的正应力阻止裂纹向深度方向扩展，因此裂纹一般都是平行于表面扩展，微凸体每滑过一次，裂纹经受一次循环载荷，就在同样深度向前扩展一个微小的距离。当裂纹扩展到一定的临界尺寸时，在裂纹与表面之间的材料由于切应力而以薄片的形式剥落下来。

剥层磨损理论主要经历四个过程，即表面塑性变形、表层内裂纹成核、裂纹扩张、磨屑形成。分析表明，磨屑形状为薄而长的层状结构，这是表层内裂纹生成和扩展的结果。

1978 年相关学者用镍铬渗碳钢比较系统地研究了纯滚动及滚滑条件下的接触疲劳磨损问题。探讨了深层剥落裂纹的形成及扩展机理。他们发现，不同渗碳层厚度试样的剥层裂纹的形式都是相同的，与接触状态、赫兹应力和渗层厚度无关。剥层裂纹在接触表面下较浅的部位首先形成，然后通过重复的滚动接触引起的弯曲可以产生二次裂纹和三次裂纹，使剥层底部加深，最后裂纹扩展到两端而发生断裂，形成较深的剥落坑。

有人认为两滚动元件接触时，由于表面粗糙不平，局部压力很大，接触表面发生塑性变形，接触区可能产生很高的温度。在这种高温和高压的作用下，接触区的金属组织和性能将会发生变化。

剥层理论是建立在力学分析和材料学科以及充分的试验基础上的，到目前为止，是比较完整和系统的表面疲劳磨损理论之一。虽然在接触疲劳磨损中对组织和性能的变化研究得还不够充分。但通过剥层理论可以肯定，这种变化与接触疲劳裂纹的形成和扩展有密切的关系。

7.5.2　影响接触疲劳磨损的主要因素

影响疲劳磨损的因素有很多，凡是影响裂纹源形成和裂纹源扩展的因素，都会对接触疲劳磨损产生影响，下面介绍影响接触疲劳磨损的主要因素。

1. 载荷的影响

接触疲劳磨损不是用磨损量表示，而是用接触疲劳寿命表示，即在某一定接触应力下接触零件的循环周次。载荷是影响滚动零件寿命的主要因素之一。一般认为滚动轴承的寿命与载荷的立方成反比，即

$$N \times W^3 = 常数 \tag{7-20}$$

式中：N 为滚动轴承的寿命，即循环次数；W 为外加载荷。

一般认为滚动轴承 W 的指数在 $3 \sim 4$ 之间，常取为 $10/3$。式（7-20）不能表示接触疲劳极限的存在。现已证明，在循环切应力作用下，金属材料有确定的疲劳极限。接触疲劳是在循环切应力作用下发生的，因而也应有确定的疲劳极限。因此，接触疲劳寿命表达式还有研究改进的余地。

2. 热处理组织的影响

1）马氏体碳的质量分数

滚动零件的热处理组织状态对接触疲劳寿命有很大的影响。对于承受接触应力的机件，多采用淬火或渗碳钢表面渗碳强化。对滚动轴承钢而言，淬火及低温回火后的显微组织是隐晶马氏体和细粒状碳化物，在未熔碳化物状态相同的条件下，马氏体碳的质量分数为 0.4%～0.5%时，疲劳寿命最高。若固溶体的碳浓度过高，则易形成粗针状马氏体，脆性较大，而且残余奥氏体量增多，接触疲劳寿命降低。马氏体中的碳含量过低，则基体的强度、硬度降低，也影响接触疲劳寿命。

2）马氏体及残余奥氏体级别

渗碳钢淬火，因工艺不同可以得到不同级别的马氏体和残余奥氏体。一般情况下，马氏体及残余奥氏体级别越高，接触疲劳寿命越低。

3）未熔碳化物颗粒形状

对于马氏体碳质量分数为 0.5%的轴承钢，通过改变轴承钢中剩余碳化物颗粒大小，研究其对接触疲劳寿命的试验得出，细颗粒的碳化物（平均大小在 0.5～1.0 μm）的寿命比粗颗粒碳化物（1.4 μm 以上，一般为 2.5～3.5 μm）的寿命长。当然，碳化物颗粒和接触疲劳寿命不可能只是平均颗粒大小的问题，显然还和碳化物的数量、形状和分布有关。因此，未熔碳化物颗粒分布越均匀越好，形状的圆整度越高，即趋于小、少、匀、圆越好。

3. 表层性质的影响

1）表面硬度

硬度主要反映材料塑变抗力高低并在一定程度上反映材料切断抗力的大小。一般情况下，材料表面硬度越高，接触疲劳寿命越长，但并不永远保持这种关系。在中低硬度

范围内，零件的表面硬度越高，接触疲劳抗力越大。在高硬度范围内，这种对应关系并不存在。如图 7-29（a）所示，当轴承钢表面硬度为 62 HRC 时，轴承的平均使用寿命最高。对 20CrMo 钢渗碳淬火后在不同温度回火，从而得到不同的表面硬度，进行多次冲击接触疲劳试验时也证实了这一点，如图 7-29（b）所示。接触疲劳裂纹的生成主要取决于材料塑变抗力即抗剪强度，但接触疲劳裂纹的发展除剪切强度外，还与材料的正断抗力有关。而材料成分组织变化引起正断抗力的变化在硬度值上是反映不出来的。这就是为什么接触疲劳寿命开始随硬度的增加而增加，但达到一定硬度值后又下降。

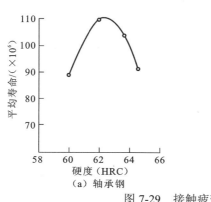 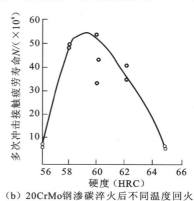

图 7-29　接触疲劳寿命与硬度的关系

2）材料硬度和匹配的影响

在正确选择材料硬度的同时，材料硬度和匹配不容忽视。它直接影响接触疲劳寿命。对轴承来说，滚动体硬度比座圈应大 1～2 HRC。对软面齿轮来说，小齿轮硬度应大于大齿轮硬度，但具体情况应具体分析。对于渗碳淬火和表面淬火的零件，在正确选择表面硬度的同时，还必须有适当的心部硬度和表层硬度梯度。实践证明，表面硬度高、心部硬度低的材料，其接触疲劳寿命将低于表面硬度稍低而心部硬度稍高者。若心部硬度过低，则表层的硬度梯度太陡，使得硬化层的过渡区发生深层剥落。试验和生产实践表明，渗碳齿轮的心部硬度一般在 38～45 HRC 较为适宜。

3）残余应力

在表面硬化钢（如渗碳齿轮）淬火冷却时，表层的马氏体转变温度比心部低，表面将产生残余压应力，心部为残余拉应力。一般来说，当表层在一定深度范围内存在有利的残余压应力时，可以提高弯曲，扭转疲劳抗力，并能提高接触疲劳抗力。但在压应力向拉应力过渡区，往往也是硬化层的过渡区，将加重该区域产生裂纹的危险性。

4. 冶金质量的影响

钢材的冶炼质量对零件的接触疲劳磨损寿命有明显的影响。轴承钢中的非金属夹杂物有塑性的、脆性的和不变形（球状）的三种，其中塑性夹杂物对寿命影响较小，球状夹杂物（钙硅酸盐和铁锰酸盐）次之，危害最大的是脆性夹杂物（氧化物、氮化物、硅酸盐和氰化物等）因为它们无塑性，和基体的弹性模量不同，容易在和基体交界处引起高度应力集中，导致疲劳裂纹早期形成。研究表明，这类夹杂物的数量越多，接触疲劳寿命下降得越多。

夹杂物与基体间膨胀系数的差别是影响疲劳强度的重要因素。膨胀系数小于基体的，淬火后界面产生拉应力，降低疲劳强度，氧化物即属于此。膨胀系数大于基体的，如硫化物，淬火后界面不会产生拉应力，因此对疲劳强度无害，甚至有利。改善钢的冶炼方法，进行净化处理，是减少夹杂物的根本措施。

5. 表面粗糙度的影响

接触疲劳磨损产生于滚动零件接触表面，所以表面状态对接触疲劳寿命有很大的影响。生产实践表明，表面硬度越高的轴承、齿轮等，往往必须经过精磨、抛光等工序以降低表面的粗糙度。同时，对表面进行机械强化以获得优良的综合强化效果，可进一步提高接触疲劳寿命。

6. 润滑的影响

润滑剂对滚动元件的接触疲劳磨损寿命有重要的影响。一般认为高黏度低指数的润滑剂由于不容易进入疲劳裂纹而提高接触疲劳寿命。温度升高，将使润滑剂的黏度降低，油膜厚度减小，导致接触疲劳磨损加剧。研究发现，不同材料滚动轴承的接触疲劳寿命随着润滑剂的不同而变化。对于各种润滑剂，接触疲劳寿命因材料而异。因此，滚动轴承的材料与润滑剂的配合非常重要。同时，在润滑剂中适当地加入某些添加剂，如二硫化钼、三乙醇胺等可以减缓接触疲劳磨损过程。

7.6　腐蚀磨损

在摩擦过程中，机械作用和摩擦表面材料与周围介质发生化学或电化学反应，共同引起的物质损失，称为腐蚀磨损，也称其为机械化学磨损。腐蚀磨损时材料表面同时发生腐蚀和机械磨损两个过程。腐蚀是由于在材料和介质之间发生化学或电化学反应，在表面形成腐蚀产物；机械磨损则是由两个相配合表面的滑动摩擦引起的。

材料失效的三大原因（疲劳断裂、腐蚀和磨损）中，磨损的研究起步较晚。金属材料的应力腐蚀开裂和腐蚀疲劳断裂虽然和腐蚀磨损相似，都属于力学和电化学因素同时作用造成的失效。但因有疲劳和腐蚀学科作为基础，应力腐蚀和腐蚀疲劳分别作为一门分支领域，其完整性和系统性远比腐蚀磨损成熟。腐蚀磨损研究则较少，它是极为复杂的过程，环境、温度、介质、滑动速度、载荷及润滑条件稍有变化，都会使磨损发生很大的变化。在一定条件下，腐蚀磨损是逐渐失效。例如，氧化磨损在轻载低速下，磨损缓慢，磨损产物主要是细碎的氧化物，金属摩擦面光滑。细碎氧化物能隔离金属摩擦面使之不易黏着，减少摩擦和磨损。因此，通常金属摩擦副在空气中比在真空中的摩擦系数都小。但当钢铁零件在含有少量水汽的空气中工作时，反应产物便由氧化物变为氢氧化物，使腐蚀加速。若空气中有少量的二氧化硫或二氧化碳，会使腐蚀更快，故在工业区、矿区及沿海区域工作的机械较易生锈。

腐蚀磨损的机理所需研究的内容和解决的问题一直是人们争论的焦点，广义上把腐蚀磨损分为化学腐蚀磨损和电化学腐蚀磨损两大类。前者是指气体或有机溶剂中的腐蚀磨损，后者是发生在电解质溶液中的腐蚀磨损，化学-腐蚀磨损又可分为氧化磨损和特殊介质腐蚀磨损两种。

7.6.1　氧化磨损

1. 氧化磨损过程及磨损方程

纯净的金属暴露在空气中，表面很快会与空气中的氧反应生成氧化膜，这层氧化膜避免了金属之间的相互接触，起到了保护作用。在摩擦过程中，金属表面的氧化膜受机械作用或由于氧化膜与基体金属的热膨胀系数不同，而从表面上剥落下来，形成磨屑。剥落后的金属表面就会再次与氧发生反应生成新的氧化膜，这样周而复始，形成的磨损称为氧化磨损。

除金、铂等极少数金属外，大多数金属一旦与空气接触，即使是纯净的金属表面，也会立即与空气中的氧反应生成单分子层的氧化膜。随着时间的延长，膜的厚度逐渐增长。在空气中，常温时金属表面的氧化膜是非常薄的。

在摩擦过程中，由于固体表面和介质间相互作用的活性增加，形成氧化膜的速度要比静态时快得多。因此，在摩擦过程中被磨去的氧化膜在下一次摩擦的间隙会迅速地生长出来，并被继续磨去，这便是氧化磨损过程。

阿查德的黏着磨损方程，首先且主要是假设表面相互作用发生在完全结晶的条件下，也就是在完全真空中才能满足。但实际并非如此，金属在大气中表面不可避免地会蒙上一层沾染膜。

奎因（Quinn）首先提出氧化磨损理论，他发现在磨屑里出现了不同的氧化物，这表明存在不同的氧化温度，并且在微凸体相互作用时会达到这种温度，在阿查德黏着磨损方程的基础上，建立了著名的轻微磨损的氧化理论，并推导出钢的氧化磨损方程，即

$$\bar{W}=\frac{W_v}{L}=\left[A_0\exp\left(-\frac{Q}{RT}\right)S/v\rho^2h^2\right]\frac{P}{3H} \tag{7-21}$$

式中：$\bar{W}$ 为磨损率；W_v 为体积磨损量；L 为滑动距离；P 为法向载荷；H 为材料硬度；ρ 为氧化膜密度；S 为接触的滑动距离；v 为滑动速度；A_0 为阿伦尼乌斯常数；Q 为氧化反应激活能；R 为摩尔气体常数；T 为滑动界面上的热力学温度；h 为氧化膜的临界厚度。

从式（7-21）可以看出，临界氧化膜越厚则磨损率越小。

2. 影响氧化磨损的因素

1）氧化膜性质的影响

（1）氧化膜硬度与基体硬度的比值。当氧化膜的硬度远小于基体硬度时，因基体太弱，无法支承载荷，故即使外力很小，氧化膜也很易破碎，形成极硬的磨料，氧化磨损严重。当氧化膜硬度与基体硬度相近时，在小的载荷作用下，两者同时变形，氧化膜不易脱落；当载荷变大后，变形增大，氧化膜也易破碎。当两者硬度都很高时，在载荷作用下变形很小，氧化膜不易变形，耐磨性增加。

（2）氧化膜硬度与金属基体的连接强度。氧化磨损的快慢取决于氧化膜的连接强度和氧化速度。脆性氧化膜与基体的连接强度较差，容易被磨掉。当氧化膜的硬度较差，或者氧化膜的生成速度低于磨损速度时，容易被磨掉。当氧化膜的硬度较大，结果氧化膜被嵌入金属内，成为磨料，磨损量较大。韧性氧化膜与基体的连接强度较高，或者氧化速度高于磨损速度时，则与基体结合牢固，不容易被磨掉。若氧化物较软，则对另一表面磨损就小，且氧化膜可起到保护表面的作用，磨损率较低。

（3）氧化膜与环境的关系。对于钢材摩擦副，由于表面温度、滑动速度和载荷不同，当载荷小、滑动速度低时，氧化膜主要被红褐色的 Fe_2O_3 覆盖，磨损量小；但当滑动速度增大、载荷增大后，由于摩擦热的影响，表面被黑色的 Fe_3O_4 覆盖，磨损量也较小。环境中的水汽、氧、二氧化碳及二氧化硫等对表面膜的影响较大。

有些氧化物的摩擦磨损性能还与温度有关，如 PbO，在 250 ℃ 以下润滑性能不好，但超过此温度时，就成为比 MoS_2 还好的润滑剂。

2）载荷的影响

轻载荷下氧化磨损磨屑的主要成分是 Fe 和 FeO，重载荷条件下磨屑的主要成分是 Fe_2O_3 和 Fe_3O_4。当载荷超过某一临界值时，磨损量随载荷的增大而急剧增加，磨损类型由氧化磨损转化为黏着磨损。

3）滑动速度的影响

低速摩擦时，钢表面主要成分是氧-铁固溶体以及粒状的氧化物和固溶体的共晶，磨损量较小，属于氧化磨损；随着滑动速度的增加，产生的磨屑增大，摩擦表面粗糙，磨损量增大，属于黏着磨损；当滑动速度较高时，表面主要是各种氧化物，磨损量略有降低；当滑动速度达到更高时，产生摩擦热，将由氧化磨损转变为黏着磨损，磨损量剧增。

4）金属表面状态的影响

当金属材料表面处于干摩擦状态时，容易产生氧化磨损。当加入润滑剂后，除起到减摩作用外，同时隔绝了摩擦表面与空气中氧的直接接触，使氧化膜的生成速度减缓，提高抗氧化磨损的能力。但有些润滑剂能促使氧化膜脱落。

7.6.2 特殊介质腐蚀磨损

1. 磨损过程

摩擦副在摩擦过程中，金属表面与酸、碱、盐等介质发生化学反应或电化学反应而形成的磨损称为特殊介质腐蚀磨损。其磨损机理与氧化磨损机理相似，但腐蚀的痕迹较深，磨损速度较快，磨屑呈颗粒状和丝状，是表面金属与周围介质的混合物。

应当指出，在各种腐蚀性磨损中，首先是发生化学反应，然后因机械磨损作用，化学生成物质将脱离表面。由此可见，腐蚀磨损的过程与某些添加剂通过生成化学反应膜以防止磨损的过程基本相同。两者的差别在于化学生成物质是保护表面防止磨损，还是促使表面脱落。化学生成物质的形成速度与被磨掉的速度之间存在平衡问题，两者相对大小的不同，将产生不同的效果。例如，用来防止胶合磨损的极压添加剂含硫、磷、氯等元素，它们的化学性质活泼。当极压添加剂的浓度增加时，化学活性增强，形成化学反应膜的能力提高，因而黏着磨损减小。而当添加剂的化学活性过高时，反而导致腐蚀磨损。

2. 特殊介质磨损的影响因素

1）腐蚀介质性质及温度影响

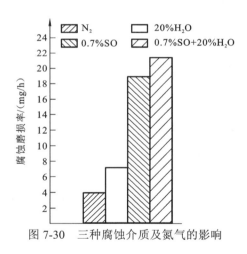

图 7-30 三种腐蚀介质及氮气的影响

腐蚀磨损的速度随着介质的腐蚀性强弱、腐蚀温度高低的影响而变化。图 7-30 为钢试样在三种腐蚀介质及氮气中进行表面喷砂磨损试验的结果。磨损率随介质的腐蚀性增强而变大。但若钢的表面上形成一层结构致密、与基体金属结合牢固的保护膜，或膜的生成速度大于磨损速度，则磨损将不再按腐蚀性的强弱变化而变化，而是要低得多。

此外，磨损率随介质温度的升高而增大，特别是高于一定温度后，腐蚀磨损将急剧上升。通常这个温度约 200℃，具体数值随介质的不同而略有差异。

2）材料性质的影响

有些元素，如镍、铬在特殊介质作用下，易形成化学结合力较强、结构致密的钝化膜，从而减轻腐蚀磨损。钨、钼在 500℃ 以上形成保护膜，减小摩擦系数，故钨、钼是抗高温腐蚀磨损的重要金属材料。此外，由碳化物、碳化钛等组成的硬质合金，都具有高抗腐蚀磨损能力。

由于润滑剂中含有腐蚀性化学成分，如含镉、铅等元素的滑动轴承材料很容易被润滑剂里的酸性物质腐蚀，在轴承表面上生成黑点，逐渐扩展成海绵状空洞，在摩擦过程中呈小块剥落。含银、铜等元素的轴承材料，在温度不高时与润滑剂中的硫化物生成硫化物膜，起减摩作用；但在高温时膜易破裂，如硫化铜膜性质硬而脆，极易剥落。为此，应合理选择润滑剂和限制润滑剂中的酸含量及硫含量。

7.6.3　电化学腐蚀磨损

1. 电化学腐蚀

当金属与周围的电解质溶液接触时，会发生原电池反应，比较活泼的金属失去电子而被氧化，这种腐蚀称为电化学腐蚀。实际上电化学腐蚀的原理就是原电池的原理。当金属表面形成化学电池时，腐蚀便会发生。被腐蚀的金属表面发生的是阳极反应过程，由于金属外层电子数少，并随着原子半径的增大，最外层很容易失去电子，金属原子失去电子便形成金属阳离子，其反应过程是

$$M \longrightarrow M^+ + e^-$$

式中：M^+ 表示金属阳离子；e^- 表示电子。

此时，金属显负电而溶液显正电。由于静电的相互作用，溶液中的金属离子和金属表面上的电子聚集在固-液界面的两侧，形成双电层。双电层间有电势差，称为电极电势，它的高低取决于材料特性、溶液中离子的浓度和温度等。我们知道，金属元素可按电极电势排序，该次序反映了金属在水溶液中得到和失去电子的能力，凡电极电势越低的金属，越容易失去电子，形成金属离子。

在水溶液中或熔融态中，能够导电的化合物称为电解质，如酸、碱、盐等。金属和电解质的水溶液或其熔融态发生电化学反应时，同时存在电子迁移，即氧化和还原，但与化学反应不同的是同时有化学能和电能相互转变的过程。

将化学能转变为电能的原电池中，电极电势较低的金属为流出电子的负极，电极电势较高的金属为流入电子的正极，电池的电动势等于正极的电极电势减去负极的电极电势。以铜锌电池为例，将锌片与铜片用导线相连后浸入有稀硫酸溶液的同一容器中，发现电流的指针立即转动，说明有电流通过；同时还可以发现锌的腐蚀，铜表面有大量的氢气泡逸出，如图 7-31（a）所示。这是由于锌的电位较低，铜的电位较高，它们各自在电极/溶液界面上建立的电极过程遭到破坏，并在两个电极上分别进行电极反应。在锌电极上，金属失去电子被氧化：

$$Zn \longrightarrow Zn^{2+} + 2e^-$$

在铜电极上，稀硫酸溶液中的氢离子得到电子被还原：

$$2H^+ + 2e^- \longrightarrow H_2$$

整个电池的总反应为

$$Zn + 2H^+ \longrightarrow Zn^{2+} + H_2$$

若将锌片与铜片直接连接后浸入稀硫酸中，同样可见锌加速溶解，同时铜表面有大量的氢气泡逸出，如图 7-31（b）所示。

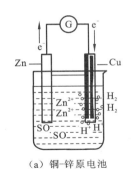
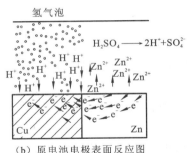

（a）铜-锌原电池　　　　　（b）原电池电极表面反应图

图 7-31　腐蚀原电池示意图

这样两种电位不同的金属相连后与电解溶液就构成了腐蚀原电池。另外，一种金属或合金浸在电解液中时，由于金属中还有杂质，材料的变形程度、微观组织或受力情况的差异以及晶界、位错缺陷的存在，都有可能产生电化学不均匀性，使金属各部位的电位不等，也构成腐蚀电池。把以形成腐蚀电池为主的磨损称为电化学腐蚀磨损。

2. 影响因素

1）金属材料自身性质

金属的电极电势及其表面膜的特征对电化学腐蚀起主要的作用。一般来说，电极电势越低（负）的金属，越容易失去电子而被腐蚀，但有些金属如铝，虽然其电极电势较低，但因其所产生的氧化膜能够与基体起隔离作用，防止腐蚀的继续发展，耐蚀性较好。在金属中，只有当其导电杂质的电极电势高于这种金属时，才能形成金属腐蚀电池。因此，在生产中常在被保护的金属表面上分散地覆盖电极电势低于该金属的另一种金属，如铝、锌等作为腐蚀电池的负极，以代替金属被腐蚀。

2）电解质

液体中含有腐蚀性气体或离子时才会发生化学腐蚀，因此有必要在碱性或中性的液体中添加使金属表面形成反应膜或难熔物质的无机缓蚀剂，如亚硝酸钠或磷酸盐等；在酸性液体中添加能够吸附于金属表面的有机缓蚀剂，如苯胺或硫酸铵等，可以减轻电化学腐蚀磨损。

3）温度

因为放热的原电池的电动势和产生的电流强度随着温度的升高而下降，而吸热的原电池的电动势和产生的电流强度随着温度的升高而增高，所以在电化学腐蚀磨损中，若是放热反应则随着温度的升高而使腐蚀减缓；反之，若为吸热反应，则随着温度的升高而加快。

7.7　腐蚀磨粒磨损

随着开发和利用自然资源活动的不断伸展，在海底、地下及江河中工作的机械日益增多，它们既受到液体介质的腐蚀，又受到石英砂、刚玉、泥土等坚硬质点的磨粒磨损，即使在地面上工作的机械中也不乏这种工作条件的零件。在所有的工程磨损状态，实际上有一半以上主要是磨粒磨损。我国大多数煤矿工作环境地处深层，空气相对湿度常年均在 90%以上，且井下大量通风，风速可达 6～10 m/min，腐蚀是相当严重的，加上煤粉、矸石等的磨损，使煤矿机械零部件在恶劣的工作条件下而造成腐蚀磨损失效，消耗巨大。

腐蚀磨粒磨损是在湿磨粒磨损条件下工作的，这时磨损的主要行为是磨粒磨损和腐蚀的相互作用，即腐蚀加速了磨粒磨损，而磨料将腐蚀产物从表面除去后，使新生金属表面外露，加快了腐蚀的速度。根据达姆（Dumm）的研究，认为矿物加工过程中往往是磨粒磨损、腐蚀和冲击复合作用的结果。

磨粒磨损除磨损金属外还会除去有保护作用的氧化物及极化层，使未氧化金属外露；由于磨粒的作用，在金属材料表面形成微观沟槽与压坑，为腐蚀创造的条件增加了腐蚀的微观表面积，在金属-矿物高应力接触处，塑变造成应变硬化，使腐蚀变得容易。

腐蚀使金属表面产生麻点，引起微观裂纹，在冲击的作用下，麻点处的裂纹扩展；腐蚀使金属表面变得粗糙，使磨粒磨损所需能量降低，加剧磨粒磨损；同时，晶界和多相组织中较不耐蚀的相先腐蚀，造成邻近金属变弱。

冲击使金属表面产生塑性变形，变形组织组成物易腐蚀；冲击使脆性组分断裂，延性组分撕裂，为化学腐蚀创造了场地，为磨粒磨损提供了能量；同时，冲击使金属、矿石及流体加热，增加了腐蚀效应。

这种腐蚀磨粒磨损机理就是在磨粒磨损、腐蚀和冲击的相互作用下，腐蚀介质使磨粒磨损变得容易，高能量冲击使金属材料破坏机理改变，相互组合加速磨粒磨损和腐蚀。

相关研究将磨球做上记号的铁燧石和石英为磨料，在不同条件下（干、湿及有机液体）通入不同气体（O_2、空气及 N_2），再加入 10%磁黄铁矿，以低碳钢、高碳低合金钢及不锈钢为磨球，进行试验。

在干磨时，球的磨损应该不受腐蚀的影响。在湿磨时，则磨损明显增加。湿磨时不仅磨球消耗量增加，且所粉碎的矿粒尺寸也变大。观察磨球的表面，在湿磨时，球表面被蒙上一层不同厚度的矿浆，其厚度取决于矿浆中固体的百分数和矿石粒的粗细。显然，其磨损机理与干磨有极大的区别。

试验表明，没有硫化物时，磨粒磨损的作用很显著，且矿浆的流变性能对磨损也有影响（矿浆在一定浓度时，包住球表面，但太浓太稀都不利）。当磨料中有硫化物矿物如磁铁矿等存在时，氧可使腐蚀及电化学腐蚀增加。

有相关研究用一系列不同材料（包括低碳钢、低合金高碳钢、马氏体不锈钢、镍硬铸铁及高铬铸铁磨球，用石英、石英加 10%黄铁矿及燧石为磨料，在干和湿的状态下并在不同气氛（O_2、N_2 及空气）中进行试验。

试验表明，磨球的磨损率随着由干到湿而增大，显然此增大是由腐蚀造成的。但近年来有研究指出，湿磨时浆体流变效应的冲蚀磨损可能是主要原因。然而，湿磨时对于氧化物矿石如燧石和石英，用 O_2 来冲洗比用 N_2 来冲洗磨损要大，这是腐蚀的原因。在此情况下，控制反应为 O_2 在阴极上的还原，即

$$O_2 + H_2O + 2e^- \longrightarrow 2OH^-$$

在球磨机中，磨球和矿物总是相互紧密地接触，在它们之间有水作为最好的离子导体，形成电池的两极，这是磨损率增加的原因。矿石表面作为负极而磨球材料作为正极。再者，负极（矿石）的表面积比正极（磨球）要大许多倍，因此正极的溶解使金属损失更加迅速。

球磨机内磨球-磨球以及磨球-矿石间的冲击和碰撞，使得所形成的表面保护膜破碎，在此情况下导致腐蚀继续下去。但是，若表面膜已经产生，则磨球的腐蚀将降至最小。因此，可以认为高铬铸铁和马氏体不锈钢在 O_2 或空气冲洗下用石英湿磨的磨损率低是由于磨球表面形成了 Cr_2O_3 惰性膜。

第 **8** 章　失效分析案例

8.1　变形与过载失效分析案例

1. 1Cr18Ni9Ti 弹簧垫圈回弹变形失效

弹簧垫圈在安装过程中发现有多个垫圈装配后回弹明显减小，不能满足设计要求（图 8-1、图 8-2），其他批次发现部分垫圈弹力不足，垫圈材料为 1Cr18Ni9Ti。

垫圈厚度 d、开口自由高度 h，压平后开口宽度 L 均符合标准要求。垫圈组织、硬度差异很大，失效件硬度较低，在 37 HRC 左右，可见晶粒和大量滑移带，变形较小；合格件硬度较高，在 50 HRC 左右，变形织构非常明显，晶粒不可见（图 8-3）。

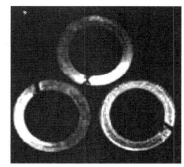

图 8-1　弹簧垫圈

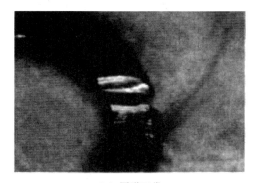

（a）回弹正常

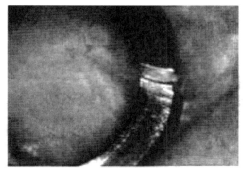

（b）回弹不足

图 8-2　回弹不同弹簧垫圈

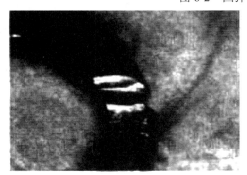

（a）回弹正常组织

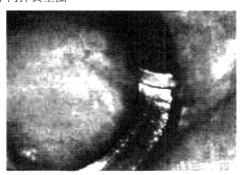

（b）回弹不足组织

图 8-3　不同垫圈组织

这是典型的弹性性能异常和应力松弛失效问题。加工变形量大，织构越强烈，形变强化作用越明显，形变马氏体含量也越多，其强度、硬度也越高，弹性越好。加工变形量小，未形成明显织构，形变强化弱，形变马氏体转变较少，弹性差。

结论与建议：弹簧垫圈回弹量的变化是垫圈在静应力长时作用下应力松弛的结果；弹簧垫圈回弹的差异与垫圈的组织、硬度不同有关，硬度高的垫圈回弹较好，硬度低的垫圈回弹较差；垫圈的硬度与材料变形程度不同及成分差异有关。建议在选用弹簧垫圈时考虑垫圈松弛的时间效应，选取硬度相对较高的弹性减退抗力更好的垫圈。

弹簧垫圈为弹性元件，导致其使用前后回弹量变化的主要原因是垫圈材料的弹性减退（又称为应力松弛）。应力松弛强调在恒应变下应力随工作时间延长而下降的现象，而弹性减退强调弹性变形能衰退的现象，两者与时间有函数关系。在选择弹性元件时一定要考虑弹性衰减问题，重要的是材料工艺控制。

2. 18Cr2Ni4WA 螺桩塑性伸长变形失效

在使用定力扳手装配螺桩时，有两根螺桩达不到规定安装力矩值，检查发现两根螺桩光杆处出现缩颈，螺桩伸长变形失效（图 8-4）。

螺桩光杆段存在拉长、缩颈等明显的塑性变形特征，表面存在明显的滑移带，螺桩为塑性变形失效。

螺桩的组织、硬度符合技术要求（图 8-5），正常安装力矩下螺桩光杆处的应力约为屈服强度的 50%，不会导致螺桩发生塑性变形。但估算公式中的参数均为经验值，实际情况的微小差别对实际载荷的影响很大。例如，在润滑条件下，螺桩光杆处所受载荷明显增大，所以实际安装时，螺桩光杆处承受的应力有可能逼近螺桩的屈服强度。如果附加安装冲击等其他偶然因素，螺桩光杆处应力值就可能超过其屈服强度，导致螺桩光杆处发生塑性变形失效。

图 8-4   失效件与完好件外形对比

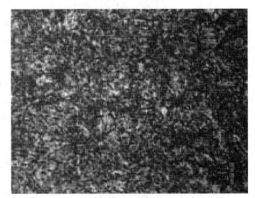

图 8-5   螺桩组织

结论与建议：螺桩均为塑性变形失效，两根螺桩的塑性变形失效主要与偶然因素导致的载荷过高超过材料屈服强度有关。建议测试同批次螺桩的屈服强度，并检测在不同润滑条件下导致螺桩屈服的力矩大小。

　　屈服是材料在应力作用下发生宏观塑性变形的一种现象。屈服现象是金属材料开始塑性变形的标志，对服役过程中不允许产生塑性变形的零件来说，出现屈服现象即代表零件的失效。设计操作中除了考虑材料本身的屈服强度外，装配、使用条件变化导致的计算外载荷必须高度关注。

3. 散热器壳体局部失稳变形

　　散热器壳体材料为 1Cr18Ni9Ti，薄壁管车削加工后采用氩弧焊连接，焊接后发现壳体局部凹陷变形（图 8-6）。

图 8-6　局部壳体变形

　　这是典型的结构失稳变形案例。正常情况下散热器由于尚未使用，基本不存在内部负压现象，壳体本身是不可能凹陷变形的，通过对壳体内壁的观察发现，凹陷处附近存在多道焊缝和焊接缺陷（图 8-7）。这种焊接热的作用不但会影响壳体刚度，而且焊缝附近会出现明显的残余应力，当应力达到一定水平时会导致壳体失稳凹陷变形，同时由于焊缝对变形的拘束作用，变形仅限于焊缝附近的小面积区域。

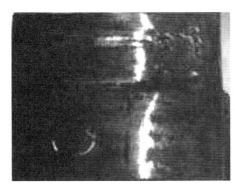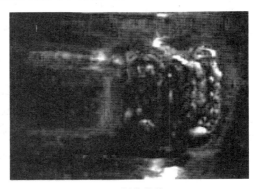

（a）焊缝处缺陷　　　　　　　　　　　　　　　（b）焊接缺陷

图 8-7　凹陷区附近内部焊缝及缺陷

　　结论与建议：壳体为失稳变形，多次焊接热和变形引起的局部焊接应力和结构应力升高是导致结构失稳的主要原因。建议改进局部焊缝分布、降低焊接热量。

　　虽然壳体的失稳变形没有造成散热器失效，但很可能引发局部疲劳等破坏性损伤，也可视为失效。结构失稳除了应力作用，环境温度的影响也很重要。

4. 液压柱塞泵传动轴扭转过载断裂

某型飞机着陆滑行转弯时，液压系统压力突降为 0，检查发现液压柱塞泵的传动轴断裂（图 8-8）。

传动轴断口平齐，与轴线垂直，边缘较光亮，可见扭转摩擦痕迹，心部粗糙，呈灰黑色（图 8-9）。微观上断口边缘区均为扭转剪切韧窝，方向大致与轴边缘相切，越接近心部粗糙区韧窝越趋向于等轴化（图 8-10）。

图 8-8　断裂传动轴

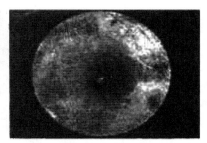

图 8-9　扭转过载断口宏观形貌

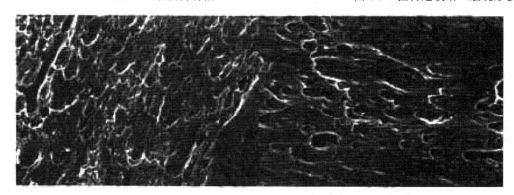

（a）边缘区扭转剪切韧窝

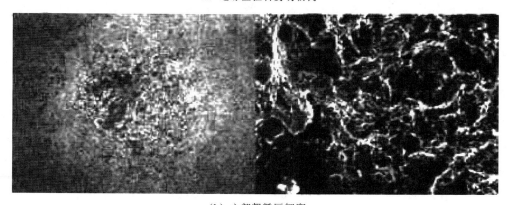

（b）心部粗糙区韧窝

图 8-10　传动轴断口微观形貌

结论：传动轴为扭转过载断裂；异物导致个别柱塞孔异常磨损和卡滞，柱塞体卡死，其头部发生撞击断裂后，柱塞系统崩溃，旋转阻力急剧加大，最终使得传动轴瞬间发生扭转剪切断裂。

在某些特殊情况下，扭转过载断裂与扭转疲劳特征很难区分，要根据材料、受力以及其他构件损伤情况综合加以判断。

8.2　疲劳断裂失效分析案例

1. 高压涡轮整体叶盘叶根裂纹分析

在试车考核过程中，高压涡轮整体叶盘多个叶片在叶根位置出现裂纹，如图 8-11 所示。针对多次出现的整体叶盘叶片裂纹问题，叶盘从提高抗力的角度先后采取了铸造工艺（从普通精密铸造改为细晶铸造）和选材（从 K417G 调整为 K447A、GH710）等措施的调整，仍未解决叶盘叶片裂纹问题，叶盘工作温度约为 650 ℃。

图 8-11　高压涡轮整体叶盘及裂纹叶片

高压涡轮整体叶盘共 43 片叶片，其中 18 片叶片在叶根处存在荧光线性显示，裂纹叶片在整个叶盘上的分布无规律性，但均位于叶片尾缘距叶根 2~3 mm，线性显示长度为 1~7 mm，横向扩展，打开裂纹断口，呈现蓝色的高温氧化物，疲劳均起源于叶片靠排气边处，由叶盘往叶背、排气边往进气边扩展。有的裂纹疲劳起源于排气边基体内部夹杂处，源区附近可见类解理刻面，呈现镍基高温合金高周疲劳扩展第一阶段的典型特征。有的裂纹起源于叶盘侧表面，呈小弧线源特征，源区未见冶金缺陷，疲劳扩展区均可见疲劳弧线和疲劳条带等特征（图 8-12）。

整体叶盘叶片裂纹位置一致，均位于尾缘或近尾缘距叶根 1/3 叶身高度附近，大多数集中在距叶根 3 mm 以内，裂纹形貌相似，细小弯曲，断口起源位置和扩展方式大致相同，尤其是部分断口源区呈现镍基高温合金高周疲劳扩展第一阶段典型的类解理小刻面特征，断口可见明显的疲劳弧线和细密的疲劳条带。综合裂纹位置、形貌、断口特征来看，所有裂纹性质相同，均为起裂应力较大的高周疲劳裂纹。叶片出现高周疲劳破坏往往与其振动有关，此型整体叶盘裂纹位置均集中在叶根处，即一弯振动节线附近，从

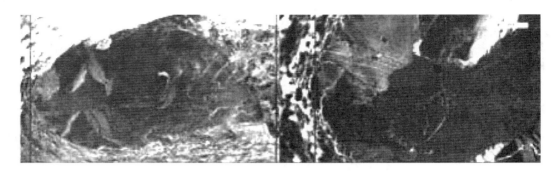

（a）裂纹1断口形貌

（b）裂纹2断口形貌

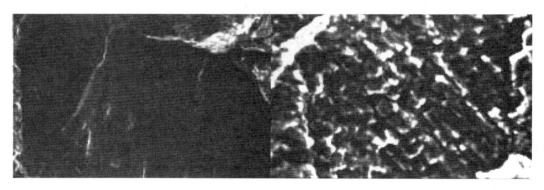

（c）疲劳小弧线

图 8-12　打开裂纹断口微观形貌

其位置上看也符合振动导致的高周疲劳破坏形式。解决叶片振动疲劳破坏一方面从解决振动入手，另一方面在振动不可避免的情况下提高材质抗力。

2. 动力涡轮导向器裂纹分析

动力涡轮导向器共有 17 片静子叶片，其中 3 片为空心叶片，互成 120°，其中两个空心叶片为油路导管通道，如图 8-13 所示。动力涡轮导向器静子叶片上的裂纹主要位于靠外环的叶片叶根附近，进排气边均有，且分布无明显规律。以出油嘴通道的空心叶片上最为严重，在空心叶片叶根与外环转接处呈三叉裂纹形貌，一处扩展至外环与挡探焊接位置，另两处各往叶片排气边和进气边扩展。空心叶片进气边一侧的裂纹延伸至篦齿，其他叶片排气边叶根处可见裂纹（图 8-14）。

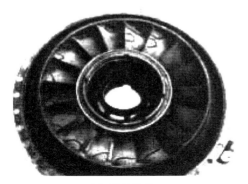

（a）排气边面　　　　　　　　　　　　　　　（b）进气边面

图 8-13　动力涡轮导向器宏观形貌

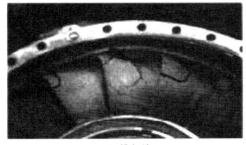
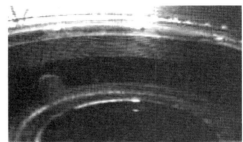

（a）排气边　　　　　　　　　　　　　　　（b）进气边及篦齿

图 8-14　导向器排气边面出油嘴通道的空心叶片上裂纹形貌

进、排气边裂纹曲折，尤其是进气边叶根转接处裂纹，开口较大，且主裂纹周围均可见许多分叉裂纹及平行裂纹（图 8-15）。断口呈现灰绿色的高温氧化色，裂纹起源于叶片内腔表面一侧（图 8-16 和图 8-17），呈多个线源特征，源区附近低倍即可见较宽的疲劳条带，源区侧面（内腔表面）可见橘皮状的微裂纹，断口氧化严重（图 8-18）。

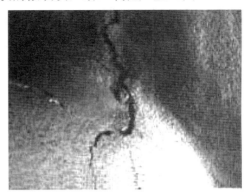

（a）排气边裂纹　　　　　　　　　　　　　　（b）进气边叶根转接处裂纹

图 8-15　进气边叶根转接处裂纹形貌

图 8-16 排气边外环叶根转接处裂纹断口

图 8-17 进气边延伸至篦齿裂纹断口

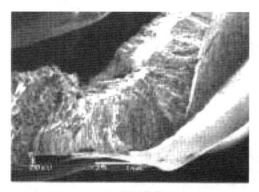

（a）源区低倍

（b）源区高倍

（c）源区侧面微裂纹

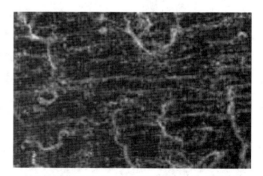

（d）扩展区氧化皮附着下的疲劳条带特征

图 8-18 排气边外环叶根转接处裂纹断口微观形貌

　　排气边叶根附近裂纹断口沿晶+穿晶断裂，局部可见较为细密的疲劳条带，从条带扩展大致推测，裂纹起源于叶片排气边叶盆侧（实心叶片），如图 8-19 所示。

　　动力涡轮导向器空心叶片处裂纹弯曲，呈跳跃性扩展，裂纹条数多且分叉，叶片裂纹区域存在"皱皮"等变形特征。裂纹断口呈暗灰色，氧化严重，主裂纹断口可见氧化层附着下的疲劳条带，条带间距宽。疲劳源呈多个线源特征，源区附近可见许多平行的微裂纹，金相上裂纹分叉严重，充满氧化物。由此可知，动力涡轮导向器空心叶片裂纹性质为热疲劳裂纹。

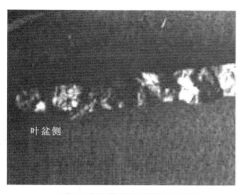 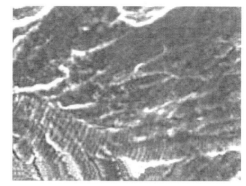

（a）实心叶片排气边裂纹断口形貌　　　　　　（b）局部可见疲劳条带

图 8-19　叶片排气边裂纹断口微观形貌

叶片热疲劳是由于热应力多次反复作用而产生的累积损伤,起动机涡轮每一次启动,都伴随着涡轮温度的急剧变化,在叶片断面上产生极大的温差,是产生热应力的根源。叶片裂纹集中分布在两个区域。

（1）排气边和进气边叶根转接处（最严重的裂纹叶片位于空心叶片进排气边处,从叶片叶根转接处的内腔表面起源）。从结构上看,空腔叶根转接处的壁厚变化以及气流的冲击变化都存在不均匀的现象,容易造成很大的温差。

（2）叶片排气边叶身中部。排气边壁最薄,叶身中部为叶片高温区,承受较高的热应力。从工作状态来看,叶片热应力主要取决于温度循环的上限温度和下限温度,且上限温度起主导作用,由于异常导致起动机工作温度过高,热应力水平较大,多次温度循环导致热损伤;从金相组织上看,局部组织存在片状次生α相回溶的过热现象,但未见这些过热特征分布规律,可能与叶片温度场分布不均匀或材质本身组织的不均匀性有关。

3. 高压涡轮叶片掉块与裂纹分析

在对某型发动机高压涡轮盘做低循环寿命考核试验时,作为配重的涡轮叶片在前缘缘板处有 8 片出现掉块、60 片出现裂纹（全台叶片共 73 片）,本次试验叶片发生失效前总寿命为 888 循环周次。

叶片损伤及断裂形式主要有以下特点。

（1）73 件叶片中有 68 件出现开裂或掉块现象,且开裂位置及形貌基本相似（图 8-20）。

图 8-20　叶片掉块后宏观形貌

（2）叶片断面粗糙，低倍下放射棱线粗大（图 8-21），断裂源区位于前缘缘板与伸根段交接处，呈大线源特征（图 8-22）。

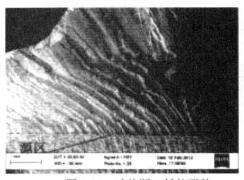

图 8-21　叶片断口低倍形貌　　　　　　图 8-22　叶片裂纹源区高倍形貌

（3）断口扩展区疲劳条带较宽，疲劳条带平均间距达到 8.5 μm（图 8-23）；对 1 件叶片断口定量分析结果可知，叶片裂纹扩展寿命为 382 循环周次，萌生寿命为 506 循环周次。

（4）在裂纹扩展中后期还可见大量的二次裂纹（图 8-24）。

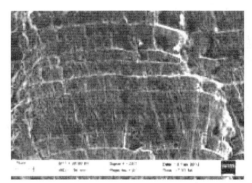

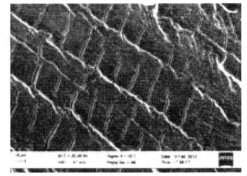

图 8-23　叶片断裂扩展区疲劳条带形貌　　　图 8-24　叶片断裂扩展区大量的二次裂纹

由以上特征及计算结果可知，本次涡轮叶片失效具有寿命较短、断面粗糙、裂纹扩展较快的特点，可判断涡轮叶片掉块为低周疲劳断裂。

4. 钛合金中央件耳片断裂分析

钛合金旋翼主桨毂中央件试验件在高周疲劳试验进行到 25.2 万次时，耳片发生断裂。耳片与衬套配合表面损伤形貌及断口形貌存在以下特点。

（1）耳片断面 A 扩展区占断口面积较大，瞬断区面积较小，A、B 断面裂纹均起源于距孔边倒角约 2 mm 处（图 8-25），源区颜色较深，存在磨损特征，点源如图 8-26 所示。

（2）源区侧面呈明显磨损形貌（图 8-27），能谱分析表明磨损表面含 Fe、Cr 元素，来源于衬套材料（不锈钢），与源区位置相对应的衬套表面也可见明显的磨损形貌（图 8-28）。

图 8-25　耳片断口宏观形貌

图 8-26　断口源区低倍形貌

图 8-27　源区侧面磨损形貌

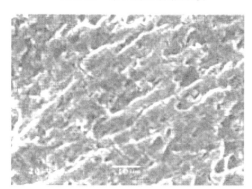

图 8-28　疲劳扩展区细密的疲劳条带

（3）疲劳扩展区疲劳条带明亮、细密。

由以上特征可知，耳片断口呈典型的高周疲劳，且源区及侧表面存在明显的磨损形貌（图 8-29）。这说明耳片与衬套之间存在微动磨损，因此耳片的断裂为微动疲劳断裂。

（a）一侧的磨损痕迹

（b）对面一侧的磨损痕迹

图 8-29　与耳片配合的衬套宏观形貌

5. 油箱端盖裂纹分析

某后油箱在试验过程中端盖出现漏水,检查发现油箱端盖加强筋底部 R 角出现开裂。端盖材料为 LF6 防锈铝合金。

端盖裂纹沿着加强筋 R 角（平行于轧制方向）曲折、断续分布（图 8-30），裂纹附近可见大量腐蚀产物（图 8-31）。将裂纹打开，对断口进行观察，断口形貌存在以下特点。

图 8-30　后油箱端盖宏观形貌

图 8-31　后油箱端盖裂纹形貌

（1）裂纹起源于内表面侧，断面平坦，颜色灰暗，呈多源特征，棱线粗大，疲劳弧线特征清晰可见，如图 8-32（a）所示。

（2）扩展初期呈沿晶型断裂特征，晶界面上存在较多腐蚀凹坑，如图 8-32（b）所示。

（3）扩展中后期可见疲劳条带特征、疲劳条带+沿晶的混合特征，如图 8-32（c）、（d）所示。

（4）断口源区侧表面可见腐蚀凹坑。

由以上特征可知，端盖裂纹性质为腐蚀疲劳开裂。

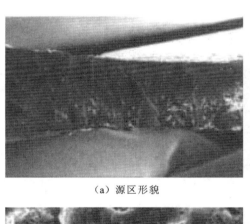

（a）源区形貌

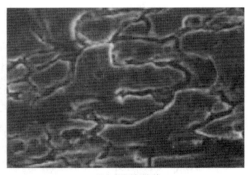

（b）沿晶形貌

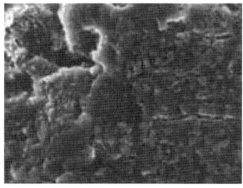

（c）疲劳条带形貌

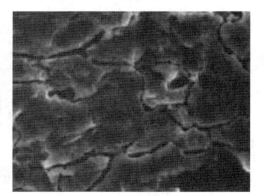

（d）沿晶+疲劳条带形貌

图 8-32　后油箱端盖裂纹断口形貌

8.3　环境介质作用下的失效分析案例

1. 卡箍螺栓断裂失效分析

沿海机场使用的飞机卡箍螺栓发生断裂失效，磁粉检查发现更多的螺栓存在裂纹，裂纹位于 T 形卡箍螺栓光杆部位，周向分布（图 8-33）。螺栓材料为 1Cr17Ni2 不锈钢。

宏微观观察发现，螺栓裂纹沿晶界曲折扩展，局部可见晶粒脱落（图 8-34），裂纹的两侧存在腐蚀坑，能谱测试结果表明，坑底表面含 0.38%（质量分数）的 Cl 元素和 0.47%（质量分数）的 S 元素。

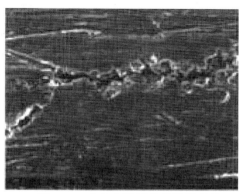

图 8-33　T 形卡箍螺栓的裂纹分布　　　　图 8-34　卡箍螺栓裂纹的沿晶形貌

卡箍螺栓断口分为两个区域，裂纹区颜色呈暗黄色，人为打断区呈银灰色（图 8-35），暗黄色断面均为沿晶特征，靠近卡箍螺栓表面的断口沿晶腐蚀特征较明显（图 8-36）。能谱测试表明，断口腐蚀区表面含 0.44%（质量分数）的 Cl 元素和 0.22%（质量分数）的 S 元素。

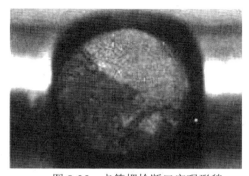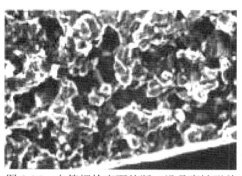

图 8-35　卡箍螺栓断口宏观形貌　　　　图 8-36　卡箍螺栓表面的断口沿晶腐蚀形貌

金相检查表明，螺栓光杆部位表层约 50 μm 存在沿晶腐蚀特征，裂纹均沿晶界曲折扩展。化学成分分析结果表明，螺栓的碳含量高于技术要求上限。

失效分析结果表明，开裂与断裂卡箍螺栓的失效性质均为应力腐蚀。卡箍螺栓在回火脆性温度区间回火以及表层脱碳导致材料耐蚀性下降导致了螺栓应力腐蚀失效。不锈钢本身可以形成较致密的钝化膜，因此在常规情况下不会发生应力腐蚀。但是，如果表面钝化的状态由于机械原因或表面脱碳等材质因素而受到破坏，就会大大增加其应力腐蚀速率。

2. 氧气瓶瓶口裂纹分析

2011 年经大修更换的新氧气瓶，2014 年发现瓶口处存在裂纹。该氧气瓶随飞机的飞行使用时间为 1 132.52 h，气瓶更换期为 10 年。

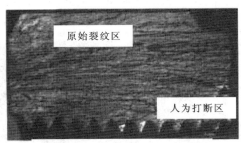

图 8-37　螺母裂纹打开后断面宏观形貌

根据断口的颜色亮度可分为两个区域（图 8-37）。

①颜色相对灰暗且呈层条状的区域为原始裂纹区域，断口相对平整，且靠近螺母上端面一侧可见放射状的棱线，棱线收敛位置偏靠螺纹侧，原始裂纹断面未见剪切唇和塑性变形特征。沿径向观察断口发现，原始裂纹已从螺母外侧完全扩展至内螺纹侧，螺母径向已完全裂透。

颜色相对光亮并呈小颗粒状区域为人为打开区域。靠近螺母上断面的断面腐蚀较重，S[3.06%（质量分数）]、Cl[0.39%（质量分数）]腐蚀元素含量较高，断裂特征不可见，表面布满了泥纹状的腐蚀产物。继续往断口中部观察，腐蚀情况逐渐减轻，仅在局部可见小范围的泥纹腐蚀区域，S[0.96%（质量分数）]、Cl[0.25%（质量分数）]元素含量相对近螺母上端面断面较低，其余部位均为沿晶形貌特征，晶粒轮廓清晰，如图 8-38 所示。材料晶粒组织明显，晶界比较清晰，可见大块的晶粒沿挤压方向呈带状分布，以及小块的再结晶晶粒聚集分布。裂纹沿小块的晶粒之间开裂，且可见二次裂纹，如图 8-39 所示。

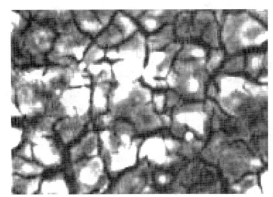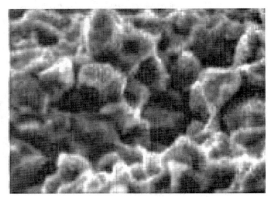

图 8-38　断面微观形貌

由以上特征可以得出以下结论。

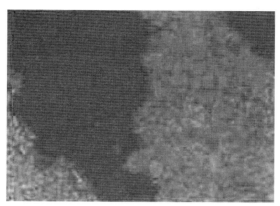

图 8-39　截面沿晶裂纹形貌

（1）氧气瓶瓶口螺母的开裂模式为应力腐蚀开裂。

（2）瓶口材料存在应力腐蚀敏感性，在含 S、Cl 的腐蚀环境中，受到持续拉应力作用，导致了螺母应力腐蚀开裂。

对于铝合金来说，其应力腐蚀敏感性很强，因此，大部分铝合金零件均容易发生应力腐蚀。使用该材料，需要从应力状态和表面防护状态两个方面考虑。

3. 燃烧室壳体裂纹分析

某固体火箭发动机燃烧室壳体进行水压爆破试验，在加压至 11.8 MPa 时（设计要求爆破破坏压强不得小于 24.1 MPa），燃烧室壳体后封头端试验堵盖处发生泄漏并泄压，从第 II 象限至第 III 象限的第 3～5 颗喷管固定螺钉头部断裂飞出。螺钉材料为 30CrMnSiNi2A 超高强度钢。

螺钉均断裂于第一扣螺纹处，断口的宏观特征基本相同，呈暗灰色，断口平齐，断面可见放射棱线，由棱线可知断裂从退刀槽呈线性起源（图 8-40）。断口上存在两个明显不同的区域：I 区呈结晶颗粒状；II 区呈纤维状。I 区（源区）微观呈沿晶形貌：晶粒轮廓鲜明，晶界面上布满了细小条状的撕裂棱线，可见鸡爪状形貌和二次裂纹（图 8-41）。II 区呈韧窝断裂特征。

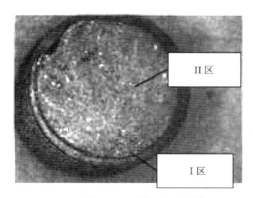

图 8-40　断口宏观形貌

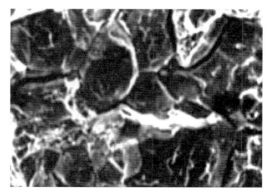

图 8-41　I 区的沿晶高倍形貌

材质检查表明,螺钉的显微组织均为回火马氏体、下贝氏体及少量的残余奥氏体,组织正常。螺钉的硬度均为 49 HRC 左右,在设计要求的 48～50.3 HRC 范围内;换算后的抗拉强度 $\sigma_b \approx 1\,690\,MPa$,符合 $\sigma_b = (1\,666 \pm 98)\,MPa$ 的设计要求。氢含量测试结果显示,螺钉基体的氢质量分数均小于 10^{-6}。

失效分析结果表明,螺钉的断裂性质为氢脆断裂。按照工程经验,质量分数小于 10^{-6} 的氢并不易导致 30CrMnSiNi2A 螺钉发生氢致脆性断裂。螺钉硬度换算所得的抗拉强度为 $1\,690\,MPa$ 左右,符合 $\sigma_b = (1\,666 \pm 98)\,MPa$ 的设计要求。然而,螺钉材料的初始设计强度 $= (1\,500 \pm 98)\,MPa$,按淬火+回火的热处理制度,回火温度应在 360 ℃ 左右,恰好处在该材料的回火脆性温度区间(350～550 ℃)。为避免回火脆性,设计部门将设计强度改为 $\sigma_b = (1\,666 \pm 98)\,MPa$,采用的热处理制度为 890～910 ℃ 油淬后 (300 ± 30) ℃回火。热处理后螺钉的强度达到设计要求,但在使用过程中发生了氢脆断裂失效。为查找断裂的真正原因,螺钉材料的设计强度改回初始值 $\sigma_b = (1\,500 \pm 98)\,MPa$,为此用等温淬火代替淬火+回火工艺,即加热到 890～910 ℃ 后油淬,$(310～330)$ ℃保温 1 h 后空冷。采用该工艺后,材料的强度 $\sigma_b = (1\,500 \pm 98)\,MPa$。采取上述改进措施后,螺钉的氢脆断裂得到了有效预防。

螺钉的断裂性质为氢脆断裂,断裂原因主要是螺钉材料的抗拉强度偏高,增大了螺钉的氢脆敏感性。强度越高的结构钢,氢脆敏感性越大。因此在设计时,选用的螺栓强度并不是越高越好,而是强度适应原则,即在满足要求的前提下尽可能降低强度。而实现这个目的,是依靠整体结构优化的。因为只有结构设计更合理,紧固件需要承受的额外应力才越小。

4. TC4 钛合金舵翼开裂分析

导弹舵翼在生产过程中检查时发现,表面焊缝边缘的热影响区存在裂纹(图 8-42)。舵翼是采用两层 TC4 钛合金薄板通过电阻焊连接,舵翼一端薄板内部有配重块,通过三个钢制螺栓与钛合金骨架连接,螺栓表面有镀镉层。舵翼去应力退火工艺为:工件入炉后抽真空以不超过 10 ℃/min 的速度升温至 600～650 ℃,保温 180～300 min,随炉冷至 190 ℃ 充氮气冷却后出炉。

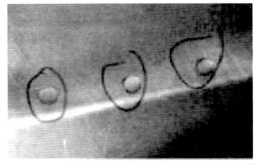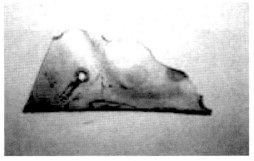

图 8-42　舵面裂纹及断口

裂纹断口宏观特征一致，表面呈黑色，与周围人工打断的亮灰色断口反差明显。断裂从钛板的内表面起源，向外面扩展（图 8-43）。

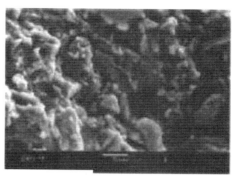

图 8-43　板面断口微观形貌

裂纹均是在焊后的高温热处理过程中产生的，而且是在长时间的保温条件下才出现，而产生镉脆裂纹需同时具备金属镉的存在、一定的温度、一定的拉应力三个条件。舵翼上配重块连接用的是钢制螺栓，表面经过镀镉处理，而镉的熔点只有 319.5 ℃，在真空条件下镉的熔化和汽化温度更低，而镀镉层的使用温度也不能超过 200 ℃。在舵翼进行高温热处理过程中，温度已经达 610 ℃，由于镉的熔点相当低，在该温度条件下，钢制螺栓表面的镀镉层会发生熔化甚至汽化成镉蒸气，舵翼在 610 ℃条件下进行热处理时，舵翼内腔特别是在螺栓周围会形成镉蒸气浓度很高的气氛。同时，焊缝热影响区的残余应力为拉应力状态，使该区域成为镉快速扩散的区域，高温下气态镉沿材料晶界、相界快速扩散，镉脆裂纹随之产生。

舵翼失效性质为镉脆断裂，其原因是与镀镉件接触且在高温下使用。

任何涉及镀镉的零件，首先要考虑镉脆的问题。一旦存在高温环境，就不能使用镀镉处理。目前，镀镉工艺由于镉脆以及污染等问题也逐渐被取代。

5. 铝合金大梁腐蚀分析

LD2 铝合金大梁由毛坯加工成成品后，检查时发现内腔表面存在成片黑色斑点（图 8-44）。

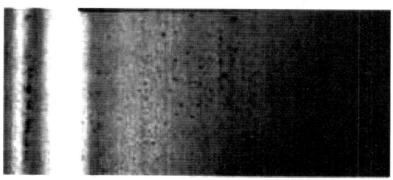

图 8-44　铝合金大梁表面黑色斑点

　　大梁内腔的阳极化膜致密，黑色斑点表现为阳极化膜表面成片出现的点状损伤，黑色斑点形状不规则，周围浅、中部深，大小不一，大的接近 0.5 mm；黑色斑点表面可见沿晶形貌且细体呈腐蚀特征。黑色斑点和周围的圆斑区域则均存在腐蚀性元素 Cl，局部还存在元素 S。

　　大梁的组织正常，内腔表面阳极化膜均匀、致密，黑色斑点为 Cl、S 元素导致的点状腐蚀坑，破坏了阳极化膜完整性。LD2 铝合金是耐腐蚀性能较好的一种材料，但铝合金对 Cl 元素非常敏感，容易发生晶间腐蚀。在阳极化时如果杂质离子 Cl$^-$ 被氧化膜吸收，会导致氧化膜的疏松、粗糙甚至局部腐蚀，溶液中铜、铁离子多时，氧化膜易出现暗色条纹和黑色斑点，所以要对溶液中的 Cl$^-$、Cu^{2+}、Fe^{3+} 等杂质离子含量进行严格控制。

　　大梁失效性质为点腐蚀，其原因是阳极化过程中存在 Cl$^-$ 等杂质离子。

　　铝合金经表面阳极氧化后，耐蚀性会有显著的提升。但是，由于 Cl$^-$ 有很强的吸附性和穿透性，对阳极氧化膜这种疏松结构的破坏尤其显著。此外，由于阳极氧化膜的疏松特性，其他金属离子，如 Cu^{2+}、Fe^{3+} 等，会与铝原子发生置换反应，从而直接腐蚀基体。因此，Cl$^-$ 以及部分金属离子，均对铝合金阳极氧化膜存在明显的危害。

8.4　磨损失效分析案例

1. 轴承磨损分析

　　轴承完成 50 h 性能试验后分解发现，轴承 1 粒滚珠表面在接近最大圆周处出现周向划伤，内、外圈滚道局部也可见损伤斑痕。

　　图 8-45 为滚珠划伤区及套圈损伤斑痕表面形貌，可见大量凹坑，凹坑底部存在明显刮削痕迹，凹坑存在尖锐棱角；损伤较轻的区域可见硬质颗粒物滑动形成的犁沟[图 8-45（b）]，局部可见镶嵌的颗粒物[图 8-45（c）]。上述形貌为典型的磨粒磨损形成的损伤特征。能谱检测结果表明，损伤区及镶嵌的颗粒物均含较高的 Al、O 元素，为外来物成分，外来颗粒物进入轴承，从而导致轴承产生磨粒磨损。

（a）轴承磨损

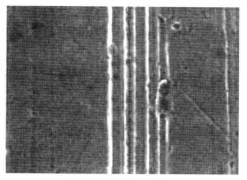

（b）轴承损伤较轻区域的犁沟　　　　　　（c）轴承滚珠损伤较轻区域的镶嵌颗粒物形貌

图 8-45　轴承磨粒磨损宏观与微观形貌

2. 齿轮泵动密封装置磨损分析

某齿轮泵动密封装置由套筒（材料 9Cr18）、环（材料 ZCuSn5Pb5Zn5）及盖（材料 12Cr2Ni4A，球面渗碳）组成，在试验时发生严重的磨损现象。整套泵动密封装置均有不同程度的磨损，特别是环的磨损严重，重量损失较大，伴随产生大量的铜屑；套筒与环接触面产生严重磨损，盖的球窝面也磨损较重，并产生严重的变色现象。

环损伤表面可见犁沟、碾压、撕脱（图 8-46）及大量的磨粒（图 8-47）等黏着磨损花样。套筒、盖的损伤表面大多为犁沟、碾压、撕脱等黏着磨损花样，还可见较多的磨粒嵌在表面上（图 8-48 和图 8-49），对黏着较为典型的部位进行能谱分析，结果大多存在大量的 Cu、Fe 及 Cr、Pb、Zn 元素，可见该表面粘有 Cu，即存在材料转移。由上述分析结果可知，套筒、环、盖的磨损失效模式均为黏着磨损。

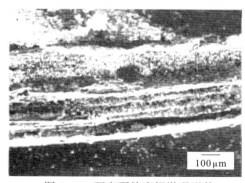
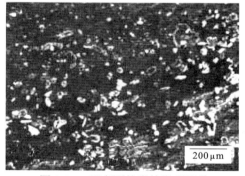

图 8-46　环表面的磨损微观形貌　　　　　　图 8-47　环表面的磨粒微观形貌

黏着磨损典型的特征是接触点局部的高温使相互运动的物体表面发生了固相黏着，使材料从一个表面转移到另一表面，如套筒、盖上的粘有 Cu。产生黏着磨损时表面温度较高，如盖表面严重变色，从温色判断，零件经历的温度可达 700℃以上。这种现象一般只有干磨时才会出现，主要与系统润滑不良有关。

结论与预防措施：

（1）套筒、环、盖的磨损失效模式均为黏着磨损；产生原因主要与系统润滑不良有关。

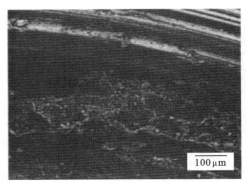

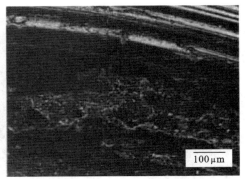

图 8-48　套筒磨损微观形貌　　　　　　　　图 8-49　盖磨损微观形貌

（2）装配时，动、静环表面应涂上一层清洁的机油和黄油，以避免启动瞬间产生干摩擦。辅助密封圈（包括动密封圈和静密封圈）安装前也需要涂上一层清洁的机油或黄油，以确保安装顺利。

（3）装配时避免安装偏差，保证压盖与轴或轴套外径的配合间隙（同心度）。

3. 雷达罩涂层磨损分析

目前，机载雷达罩常用的抗静电涂层主要为弹性和非弹性涂层。使用中发现，两种抗静电涂层在服役不同的时间后均发生了失效，导致雷达罩表面电阻突增，无法正常工作。

两种涂层损伤严重区域表面抗静电涂层呈网格状剥落，类似冲刷磨损特征，露出了里面的抗雨蚀层。涂层的损伤程度随着服役时间的延长而加重，非弹性涂层的损伤较弹性涂层严重，并在剩余涂层表面可见微裂纹特征，两种涂层的损伤形貌分别如图 8-50 所示。未损伤区域两种涂层的颜色明显变浅。随着服役时间的延长，涂层粉化明显，涂层发生了一定程度的老化。

为确定涂层的失效模式，参考《色漆和清漆　涂层老化的评级方法》（GB/T 1766—2008）对涂层进行老化试验，参考《落砂测定有机涂层耐磨性》（ASTM D968—2017）对新涂层与老化试验后涂层进行 45°落砂试验，模拟涂层在服役中受粒子的冲蚀磨损情况。老化试验后发现：非弹性涂层明显粉化，弹性涂层表面发生了轻微粉化，非弹性涂层较弹性涂层老化程度严重。

涂层落砂试验的结果见表 8-1。由表 8-1 可以看出，弹性涂层在入射角为 45°时的磨耗系数明显低于非弹性涂层。两种涂层老化后磨耗系数稍增。试样老化前后弹性涂层均以块状脱落，非弹性涂层均以粉状脱落。可见，涂层的冲刷磨损主要与其自身的性能有关，老化对涂层的损耗起一定的促进作用。落砂试验后涂层粉末为块状与颗粒状，如图 8-51（a）所示。失效件涂层稍粉化，但仍可见颗粒特征，与落砂涂层粉末形状相似，如图 8-51（b）所示。失效涂层的外观和微观特征与落砂试验的涂层相似。以上分析表明，涂层主要发生了冲蚀磨损失效，随着服役时间的延长，涂层老化对冲蚀磨损失效起了一定的促进作用。

（a）非弹性涂层服役时间较短　　　　　　　　（b）非弹性涂层服役时间较长

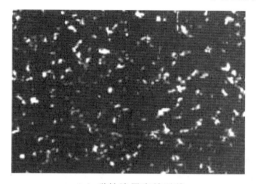

（c）弹性涂层失效形貌

图 8-50　非弹性与弹性涂层失效形貌

表 8-1　非弹性涂层与弹性涂层落砂试验结果（入射角 45°）

涂层	老化时间/h	磨耗系数
非弹性涂层	0	1.270
	100	1.272
弹性涂层	0	0.257
	100	0.260

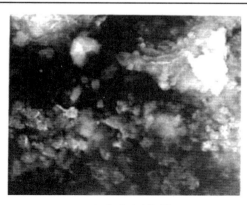

（a）落砂试验涂层　　　　　　　　　　　　　（b）失效件涂层

图 8-51　涂层粉末微观形貌

参考《塑料 拉伸性能的测定 第3部分：薄膜和薄片的试验条件》（GB/T 1040.3—2006）采用拉开法测两种涂层的强度，结果见表 8-2。由表可见，弹性涂层的强度和断后伸长率明显高于非弹性涂层，断后伸长率是非弹性涂层的 5 倍多。可见，涂层的剥落失效主要是涂层自身性能低所致。非弹性涂层的磨损程度较弹性涂层严重，主要是由于其强度特别是断后伸长率明显低于弹性涂层。

表 8-2　涂层的拉伸试验结果

涂层类型	拉伸强度/MPa	断后伸长率/%
树脂型涂层	8.7	79.4
橡胶型涂层	11.0	450.0

将非弹性涂层与弹性涂层均处理成各向同性的均匀体，由于抗雨蚀层未见破坏，假定涂层以下的材料为一体化的刚性体，涂层与一体化的刚性层之间的接触为紧密接触，涂层与一体化的刚性层均受到完全约束。涂层采用单层三维变形 Orphan 网格，模拟两种涂层受不同角度粒子冲击后的变形。两种涂层在 45°冲击时涂层的剪切变形情况如图 8-52 和图 8-53 所示。

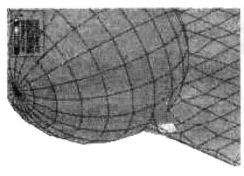

（a）切向　　　　　　　　　　　　　　　　（b）法向

图 8-52　在 45°非弹性涂层冲击时切向与法向最大位移

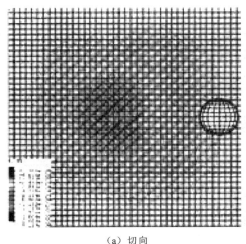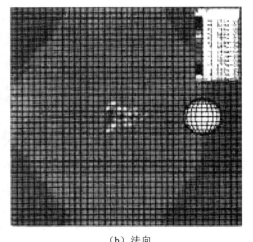

（a）切向　　　　　　　　　　　　　　　　（b）法向

图 8-53　45°冲击下弹性涂层内最大的切向位移与法向位移以及泥沙反弹瞬间

从有限元模拟结果可以看出，涂层受到冲击后会发生剪切变形，冲击角度在 30°～45° 范围内，非弹性涂层的失效程度最为严重，表现为涂层材料的严重折翘，并因此出现涂层剥落。这是由于非弹性涂层弹性差、断后伸长率低，材料脆性较大，协调变形能力较差，易造成涂层表面局部冲击能量集中而导致裂纹萌生，最终发生粉状剥落。

对于弹性涂层，尽管切向位移在涂层内集中分布，但法向位移在涂层内均匀分布，并且分布的范围比较大，尤其在 45° 冲击时，泥沙接触涂层后反弹出去。这表明，尽管泥沙冲击在涂层内造成了法向位移，但大部分向涂层厚度方向的冲击能量均被弹性涂层吸收，而涂层内的集中性切向位移不足以造成涂层的破坏。

以上描述是针对同一部位受一次性冲击的情况。若连续多次冲击或砂粒的尺寸增大，则在同样的冲击条件下弹性涂层也将出现失效。冲击角度在 30°～45° 范围内失效较严重。

涂层冲蚀磨损失效主要是由于涂层断后伸长率低、弹性差、协调变形能力差，无法抵抗受到冲击时的剪切变形导致的。

4. 推力球轴承异常磨损分析

某型飞机在准备起飞时，检查发现地面有较多油液，立即停飞检查，发现某系统液压泵漏油。该液压泵工作时间长于 270 h。分解检查发现，泵内 E46106X 单列向心推力球轴承异常磨损（图 8-54），轴尾密封环工作面磨损严重。磨损表面呈典型的疲劳特征（图 8-55）。轴承失效性质为疲劳磨损。

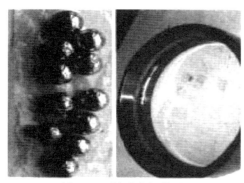 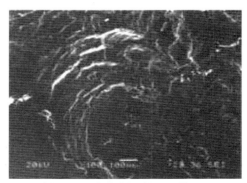

图 8-54　轴承磨损外观　　　　　　　图 8-55　疲劳磨损微观形貌

8.5　疲劳失效分析案例

1. 螺栓疲劳断裂

某型试验机在进行全尺寸翼身组合体疲劳试验约 200 h（6 300 次循环）后，左右翼各有一件螺栓发生断裂，断裂的两件螺栓均采用 1Cr15Ni4Mo3N 不锈钢制造，断裂位置如图 8-56 所示。

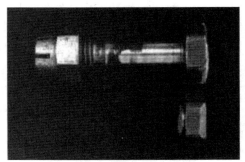

图 8-56　螺栓的断裂位置

对故障组件进行痕迹分析和扫描电镜观察以及金相组织和硬度分析，确定了螺栓的断裂性质为多源疲劳开裂，断裂的原因主要是工作过程中承受了较大的载荷；为确定故障螺栓承受的应力，对断裂螺栓进行疲劳应力定量分析。对不同裂纹位置的疲劳条带进行测量，结果如表 8-3 和图 8-57 所示。

表 8-3　螺栓疲劳应力范围断口定量分析相关参数

a/mm	a/b	E	Y	S/（$\times 10^{-3}$ mm）	$\Delta\sigma$/MPa	σ_{max}/MPa
0.99	0.415	1.159	1.201	0.818	989	1 061
1.20	0.459	1.185	1.209	0.873	940	1 008
1.52	0.520	1.224	1.213	0.897	870	934
1.80	0.569	1.256	1.242	0.989	837	898
2.10	0.619	1.290	1.254	1.33	901	967
2.40	0.667	1.323	1.254	1.31	859	921
2.96	0.750	1.382	1.266	1.28	791	849
3.30	0.799	1.418	1.229	1.62	882	946
4.0	0.894	1.489	1.254	1.83	875	939
4.50	0.960	1.532	1.251	1.63	802	860

$$\mathrm{d}a/\mathrm{d}N = c(\Delta K)^n$$
$$\Delta K = \Delta\sigma(\pi a)^{1/2} Y(a, b, \cdots)$$

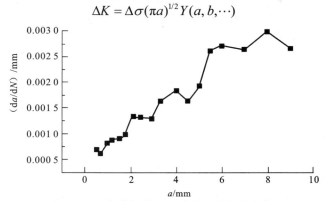

图 8-57　疲劳条带间距随裂纹长度的变化

对于截面为圆形的疲劳试样，且断裂起源于试样表面，有

$$\Delta\sigma = \Delta\left(\frac{s}{c}\right)^{1/n} E(k)\cdot\left(Y\cdot\sqrt{\pi a}\right)^{-1}$$

$$E(k) = \left[1+1.464\left(\frac{s}{c}\right)^{1.65}\right]^{1/2}, \quad a/b \leqslant 1$$

式中：a 为半圆表面裂纹的半短轴（即裂纹长度）；b 为半椭圆表面裂纹的半长轴。

根据试验条件：

$$R = 0.068 = \sigma_{\min}/\sigma_{\max}$$

$$\Delta\sigma = \sigma_{\max} - \sigma_{\min}$$

$$\sigma_{\max} = \Delta\sigma/(1-0.068)$$

对该螺栓进行和定量分析的相关参数也如表 8-3 所示。根据表 8-3，可得到疲劳应力范围（$\Delta\sigma$）与裂纹长度之间的关系，以及最大疲劳应力与裂纹长度之间的关系，分别如图 8-58 和图 8-59 所示。

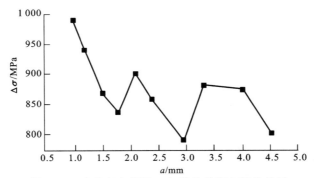

图 8-58　疲劳应力范围 $\Delta\sigma$ 与裂纹长度之间的关系

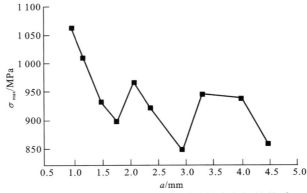

图 8-59　最大疲劳应力 $\sigma_{\max}$ 与裂纹长度之间的关系

由最大疲劳应力可知，源区附近的起裂应力已超出了材料的屈服强度，在疲劳扩展过程中，绝大多数位置的最大疲劳应力都大于疲劳强度，所以该螺栓是在大应力载荷作用下起裂和扩展的。

2. 齿轮断齿失效分析案例

图 8-60 断裂轴齿轮宏观形貌

一人字形轴齿轮在检修时发现动力输入侧齿轮上一个齿从齿根处整体断裂，如图 8-60 所示。该人字形轴齿轮材质为 50SiMnMoV，共有 34 根齿。技术要求：热处理工艺，调质处理+表面淬火；调质处理后硬度为 241～286 HB，齿部淬火后硬度为 45～50 HRC；齿面和齿根淬硬层深 2～4 mm。

对该断齿轴齿轮表面进行着色渗透探伤，发现有 14 根齿根部出现裂纹，裂纹总数量为 17 条，长度 40～300 mm 不等；并有 4 处齿顶崩落。

对断齿的断口进行宏观断口形貌分析（图 8-61）。断口为明显疲劳明断口，疲劳源位于齿轮的啮合面的根部，呈现多源疲劳特征，裂纹扩展区面上有明显的疲劳贝纹，最后瞬断区位于齿轮非啮合面的根部，瞬断区的面积占整个断面面积约 20%。整个断面无塑性变形。折断齿的啮合面有明显的纵向刀痕，在齿轮体上呈凹窝状。

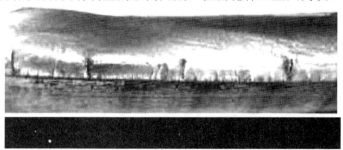

图 8-61 断齿断口宏观形貌

该轴齿轮的材质为 50SiMnMoV，在断齿上取样进行化学成分分析，结果如表 8-4 所示。可以看出 Si、Mo、V 含量偏低，其他元素符合标准要求。

表 8-4 硬度测试结果

测试部位	第 1 点	第 2 点	第 3 点	平均值
硬化层硬度（HRC）	54.5	56.5	5.0	55.5
心部硬度（HBS）	283	260	266	270

在断齿上分别对齿的硬化层及心部取样进行硬度测试，结果如表 8-4 所示。按技术要求，齿部淬火后硬度为 45～50 HRC；调质处理后硬度为 241～286 HB。淬硬层硬度和心部硬度均符合图纸要求。

在断齿上分别对齿的硬化层及心部取样进行硬度测试，结果如表 8-5 所示。按技术要求，齿部淬火后硬度为 45～50 HRC；调质处理后硬度为 241～286 HB。淬硬层硬度和心部硬度均符合图纸要求。

表 8-5　化学成分分析结果（质量分数）　　　　　　　　　　（单位：%）

项目	元素						
	C	Si	Mn	P	S	Mo	V
实测值	0.524	0.248	0.917	0.014	0.015	0.239	0.072
标准	0.460~0.540	0.700~1.000	1.000~1.300	≤0.035	≤0.035	0.300~0.40	0.08~0.150

在断齿上取断齿截面做金相检验。心部的金相组织为回火索氏体，硬化层的金相组织为淬火马氏体，如图 8-62、图 8-63 所示。

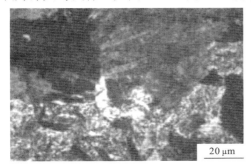

图 8-62　断齿心部金相组织

图 8-63　断齿硬化层金相组织（×500）

按技术要求，齿面和齿根淬硬层硬深 2~4 mm。对断齿横截面金相试样进行低倍观察淬硬层分布，齿面两侧硬化层分布不均匀，啮合侧硬化层深度为 2~4 mm；非啮合侧硬化层深度只有 0~2 mm；齿根部未发现硬化层，如图 8-64、图 8-65 所示。

图 8-64　齿面硬化层

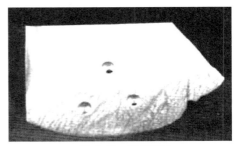

图 8-65　齿根硬化

对断齿的断口进行扫描电镜断口形貌分析，断口为准解理断口形貌，裂纹起源处有明显的指向裂纹源的放射性花样，在裂纹扩展区处有疲劳辉纹，如图 8-66、图 8-67 所示。

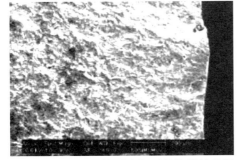

图 8-66　断口的裂纹起源处放射性花样

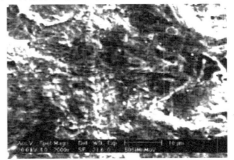

图 8-67　断口的裂纹扩展处疲劳

微观断口分析如下。

（1）轴齿轮服役受力：如图 8-68 所示，齿轮通过轴作用在齿根部过渡圆角的最大正应力应位于齿根部过渡的平分线上，失效轴齿轮的裂纹扩展面断口也正位于最大正应力面上。因此齿根处承受的弯曲正应力最大。轴齿轮要求齿轮的齿根和齿面进行硬化处理，其目的是提高承受最大弯曲正应力处且又是应力集中部位的齿根的表面硬度、提高抗弯曲疲劳强度。齿面的硬化处理目的是提高齿面的耐磨性和接触疲劳性能。

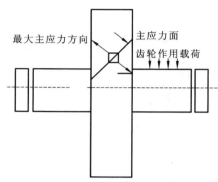

图 8-68　齿轮裂纹扩展处疲劳

（2）齿轮的断裂性质：齿轮断齿断口为凹窝蝶状断口，有明显疲劳贝纹，无明显塑性变形，最后瞬断区所占断口比例较小，因此该断裂非过载所致，是疲劳断裂。疲劳源位于齿轮啮合面的根部圆角处，呈多源疲劳特征。

（3）齿轮材质：该齿轮材料的化学成分不完全符合 50SiMnWoV 的化学成分标准要求，Si、Mo、V 含量偏低，但是齿轮心部的硬度达到了技术要求，因此部分元素含量偏低并不是该齿轮断裂的主要原因。

（4）表面硬化层处理工艺：硬化层金相组织为马氏体，硬化层硬度满足设计要求，表明加热制度及冷却制度制定合理，但工艺控制不稳定，造成硬化层深度分布不均，其中一侧硬化层深度不满足技术要求，齿根无淬硬层。硬化层深度分布不均、齿根不淬硬均造成齿根的抗弯曲疲劳强度严重不足。同时，齿根过渡圆角偏小又有纵向刀痕时，引起较大的应力集中，则在齿根处形成弯曲疲劳断裂。

相关结论如下。

（1）该轴齿轮的齿折断是弯曲疲劳断裂的结果，裂纹起源于齿根处。

（2）齿根处没有进行硬化处理造成齿根处抗疲劳性能不足是轴齿轮疲劳断裂的主要原因。另外，齿根过渡处倒角过小，且存在纵向刀痕，引起了较大应力集中，也会导致轴齿轮疲劳断裂。

（3）由于该齿轮承受载荷较高，对其材质、加工工艺、热处理工艺应该严格按照设计要求，保证加工精度，提高啮合精度，选择适当的齿根过渡处倒角尺寸，确保热处理到位，提高根部抗疲劳性能。

参 考 文 献

安志义, 曲敬信, 陈学群, 等, 1982. 某些冶金因素对粒子撞击磨损性能的影响. 电力机械(6): 3-14,48.

北京航空航天大学, 钟群鹏, 田永江, 1989. 失效分析基础. 北京: 机械工业出版社.

布鲁克斯, 考霍莱, 2003. 工程材料的失效分析. 谢斐娟, 等, 译. 北京:机械工业出版社.

陈南平, 顾守仁, 沈万慈, 1988. 机械零件失效分析. 北京: 清华大学出版社.

梁耀能, 2011. 机械工程材料. 2 版. 广州: 华南理工大学出版社.

廖景娱, 2003. 金属构件失效分析. 北京: 化学工业出版社.

刘瑞堂, 2014. 机械零件失效分析与实例. 哈尔滨: 哈尔滨工业大学出版社.

刘新灵, 张峥, 陶春虎, 2010. 疲劳断口定量分析. 北京: 国防工业出版社.

美国金属学会, 1986. 金属手册 第十卷: 失效分析与预防. 8 版. 北京: 机械工业出版社.

R. W. 赫次伯格, 1982. 工程材料的变形与断裂力学. 王克仁, 等, 译. 北京: 机械工业出版社.

束德林, 1987. 金属力学性能. 北京: 机械工业出版社.

孙智, 江利, 应鹏展, 2005. 失效分析: 基础与应用. 北京: 机械工业出版社.

陶春虎, 何玉怀, 刘新灵, 2011. 失效分析新技术. 北京: 国防工业出版社.

涂铭旌, 鄢文彬, 1993. 机械零件失效分析与预防. 北京: 高等教育出版社.

王振廷, 孟君晟, 2013. 摩擦磨损与耐磨材料. 哈尔滨: 哈尔滨工业大学出版社.

魏丽娜, 李光霞, 李长春, 等, 1997. 接触疲劳磨损理论用于预测激光熔覆层的寿命. 湖北工学院学报, 12(3): 20-24.

吴荫顺, 方智, 何积铨, 等, 1996. 腐蚀试验方法与防腐蚀检测技术. 北京: 化学工业出版社.

小栗富士雄, 小栗达男, 2002. 机械设计禁忌手册. 陈祝同, 刘惠臣, 译. 北京: 机械工业出版社.

杨川, 高国庆, 崔国栋, 2014. 金属零部件失效分析基础. 北京: 国防工业出版社.

张栋, 钟培道, 陶春虎, 等, 2004. 失效分析. 北京: 国防工业出版社.

中国机械工程学会材料学会, 1986. 机械产品失效分析与质量管理. 北京: 机械工业出版社.

中国机械工程学会材料学会, 1987. 模具的失效分析. 北京: 机械工业出版社.

中国机械工程学会材料学会, 1990. 失效分析基础知识. 北京: 机械工业出版社.

中国机械工程学会材料学会, 1992. 齿轮的失效分析. 北京: 机械工业出版社.

中国机械工程学会材料学会, 1993. 脆断失效分析. 北京: 机械工业出版社.

中国机械工程学会材料学会, 1993. 失效分析的思路与诊断. 北京: 机械工业出版社.

钟群鹏, 赵子华, 2006. 断口学. 北京: 高等教育出版社.

佐藤邦彦, 向井喜彦, 丰田政男, 1983. 焊接接头的强度与设计. 张伟昌, 严鸢飞, 徐晓, 译. 北京: 机械工业出版社.